普通高等教育·力学系列教材·应用型

理论力学

孙红旗　主　编

陈　振　依红杰　副主编

朱向东　主　审

人民交通出版社股份有限公司

北　京

内 容 提 要

本书共14章,分为三篇:静力学、运动学和动力学。静力学部分主要讲述物体受力分析的方法和力系的简化与平衡;运动学部分主要从几何的观点论述质点和刚体的运动规律;动力学部分讨论物体的运动及其受力的关系。本书内容涵盖了理论力学课程的基本要求,包括绪论、静力学公理及物体的受力分析、平面汇交力系和平面力偶系、平面任意力系、空间力系、摩擦、运动学基础、点的合成运动、刚体平面运动的概述和运动分解、质点动力学基本方程、动量定理、动量矩定理、动能定理、达朗贝尔原理、虚位移原理等。

本书可作为高等院校机械、动力、土木、航空航天等专业的理论力学课程教材,也可供高职院校、独立学院等作为教材使用,同时可供有关技术人员作为自学用书。

本书配有课件,教师可通过加入教学研讨群(QQ138253421)获取。

图书在版编目(CIP)数据

理论力学 / 孙红旗主编. — 北京 : 人民交通出版社股份有限公司, 2021.4

ISBN 978-7-114-16825-3

Ⅰ.①理… Ⅱ.①孙… Ⅲ.①理论力学—高等学校—教材 Ⅳ.① O31

中国版本图书馆 CIP 数据核字(2020)第170311号

普通高等教育·力学系列教材·应用型

Lilun Lixue

书　　名:理论力学

著 作 者:孙红旗

责任编辑:李　瑞

责任校对:孙国靖　扈　婕

责任印制:刘高彤

出版发行:人民交通出版社股份有限公司

地　　址:(100011)北京市朝阳区安定门外外馆斜街3号

网　　址:http://www.ccpcl.com.cn

销售电话:(010)59757969

总 经 销:人民交通出版社股份有限公司发行部

经　　销:各地新华书店

印　　刷:北京虎彩文化传播有限公司

开　　本:787×1092　1/16

印　　张:13.5

字　　数:327千

版　　次:2021年4月　第1版

印　　次:2022年6月　第2次印刷

书　　号:ISBN 978-7-114-16825-3

定　　价:40.00元

前言

理论力学是高等院校理工科类专业必修的一门专业基础课,是后续力学课程和其他相关专业课程的基础。

本书是为满足21世纪对大学生素质拓展的需要,根据应用型人才的培养需求,结合目前学生状况,在总结多年理论与实践教学经验的基础上,汲取了国内许多优秀教材的长处而编写的。本书坚持理论严谨,逻辑清晰、由浅入深的原则,同时注重工程实践,加大了实践教学内容。

本书内容丰富,定位适中,既突出了基本概念和基本理论,又注重了内容上的拓宽和更新;既力求用较少的课时完成基本要求,又为各种不同的需要提供了较大的选择余地,同时加强了工程概念和工程应用的内容。

本书的主要编写特点是:第一,本书适当提高了理论力学教学的起点,合并和缩减了部分章节中一些不必要的、重复的内容,同时考虑到了本课程的系统性。本书采用了由浅入深、由简单到复杂、由特殊到一般、由质点到质点系、由矢量到代数量循序渐进的叙述次序,便于学生理解和掌握。第二,本书的语言在保持严谨、逻辑的基础上,使叙述做到简洁明了、通俗易懂,更试图使语言具有一定的趣味性。第三,为加深学生对基本概念的理解,提高分析问题及解决问题的能力,在例题中着重阐述了分析问题的思路和解决问题的方法及步骤,并注意在重点章节设置一些有助于开发学生思维能力的多解法例题。

书中的主要符号、术语等完全采用国家标准。

本书绪论及第1、3、8、11、14章由孙红旗编写,第4、5、7、9、12章由陈振编写,第2、6、10、13章由依红杰编写。全书由朱向东教授主审。

由于作者水平有限,书中难免有不妥之处,欢迎各位读者批评指正。

编　者
2020 年 5 月

目录

第1篇　静　力　学

第2篇 运 动 学

第3篇 动 力 学

绪论

0.1 理论力学的内容和研究对象

理论力学是以伽利略(A. D. Galileo,1564—1642 年)和牛顿(A. D. Newton,1642—1727 年)总结的关于机械运动的基本定律为基础发展起来的,属于古典力学的范畴,是研究物体机械运动基本规律的科学。所谓机械运动,是指物体在空间的相对位置随时间而改变的运动形式。

自然界中的物质处在不断的运动变化之中,运动是物质存在的形式和固有属性,运动是绝对的,静止是相对的。物质的运动具有多样性,例如,物体在空间的变形、位移、发热;电磁场中的吸引与排斥;人类思维活动、生命历程等都属于物质的运动。其中,机械运动是最简单、最普遍的一种,日常生活中的机器运转、车辆行驶、河水流动、天体运动等都属于机械运动。在物质高级和复杂的运动形式中,通常都包含机械运动,因此,研究机械运动不仅可以揭示自然界各种机械运动的规律,而且还为研究物质其他运动奠定了基础。这就决定了理论力学在自然科学研究中所处的重要基础地位。

理论力学的研究体系是在 16~18 世纪伽利略和牛顿总结的物体机械运动基本定理为基础逐步形成、完善和发展起来的,因此这门学科仅适用于研究速度远小于光速的宏观物体的机械运动,属于经典力学的范畴。所谓“经典”,是相对于近代出现和发展起来的相对论和量子力学而言的,相对论研究物体速度可与光速相比较的运动,量子力学研究微观粒子的运动。由于在一般工程实际中,人们碰到的绝大多数是宏观物体,其运动速度远小于光速,所以解决这类物体机械运动中的力学问题,仍必须采用经典力学的原理。也就是说,理论力学在现代工程技术中仍具有十分重要的实用价值和现实意义。

研究物体的机械运动,必然要研究机械运动的基本形式及其传递和变换的规律,从而不可避免地要研究机械运动的传递和变换中物体相互之间的作用——力。所以理论力学的研究内容与力分不开。按照对问题的理解和认识,理论力学的内容一般分为静力学、运动学和动力学三个部分。

静力学研究力的基本性质、力系的简化方法及力系平衡的理论;运动学从几何角度研究物体机械运动的规律,不考虑引起物体运动的原因;动力学研究物体机械运动与作用于物体上的力之间的关系。

0.2 理论力学发展简史

理论力学的发展与其他自然科学一样,与社会生产力及社会物质文化的发展有不可分割的联系。

(1)古代力学的萌芽、理论力学基础的建立时期

力学是最早获得发展的科学之一。远在奴隶社会,人们就通过劳动积累的经验开始创造一些简单工具,在不断改进工具与克服困难的过程中又积累了不少经验,从经验里获得知识,是形成力学规律的起点。在这个时期,力学研究的对象主要是简单的工具和机械。

西方在阿基米德以后很长一个时期,由于封建、神权的长时期统治,生产力停滞不前,力学及其他科学得不到发展。而我国在这个时期经历了汉、隋、唐、宋、元至明朝,力学及机械学得到了发展。汉朝大科学家张衡创造了天文仪器"浑天仪"和测量地震的"候风地动仪"。三国时代的马钧创造了利用差动的指南车。隋朝伟大的工匠李春主持建造了著名的赵州桥,这个单跨石拱桥不但发挥了石料的抗压性能,而且具有美观的外形,它比世界上相同类型的石拱桥要早一千两百多年。这些都不断地推动力学发展。

西方在经过中世纪的停顿之后,于15世纪后期进入文艺复兴时期,由于商业资本的兴起,生产迅速发展,手工业、航海、建筑及军事技术等方面待解决的问题,推动了力学和其他科学迅速发展。意大利著名画家、物理学家列奥纳多·达·芬奇研究过物体沿斜面运动和滑动摩擦的问题,同时在研究平衡问题时引出了力矩的概念。波兰科学家尼古拉·哥白尼创立了宇宙"日心说",引起了科学界宇宙观的革命。在这个基础上,德国学者约翰·开普勒提出行星运动三大定律,为牛顿发现万有引力定律打下了基础。意大利著名科学家伽利略通过实验手段确定了自由落体运动规律,并明确提出了惯性定律及加速度的概念。

(2)理论力学的发展时期

17世纪是理论力学基础的建立时期,18~19世纪是其发展成熟的时期。18世纪,特别是西方工业革命后,天文、军事、水利、建筑、航海、航空、机械和仪器等工业的迅速发展,给力学提出了不少新问题。同时数学的发展为力学分析提供了有利条件,瑞士数学和力学家约翰·伯利最先提出了虚位移原理。

19世纪末至20世纪初,随着物理学和其他学科的迅速发展,出现了许多以牛顿定律为基础的经典力学无法解释的问题,使得牛顿力学的普遍性受到了怀疑。物理学家爱因斯坦创立了相对论力学,否定了绝对空间和绝对时间的概念,为力学这一学科的发展做出了巨大贡献。

20世纪以来,由于工业建设、现代国防技术和其他新技术的需要,研究工具和手段的日益完善,力学的模型越来越复杂,力学的研究领域不断扩大,形成了许多新的分支学科。分析力学、运动稳定性理论、非线性振动、陀螺理论和空气动力学等方面都有很大的发展。同时力学

还为非线性科学提供了范例,如孤立波、混沌、分叉等。它们既丰富了力学的体系,也使力学成为众多工程和科学的重要基础。21 世纪,仍有很多重要问题亟待解决。这首先是工程技术发展的需要,同时这些问题的解决也必然会促进力学的进步。

0.3　学习理论力学的作用

理论力学和其他学科一样,是随着人类社会的发展和生产发展的需要逐步形成和建立起来的。工程实践是理论力学形成的基础,而力学理论与工程实践经验的结合,又使各种工程逐渐由经验发展成为与之相关的科学,并进而指导和促进工程的发展与进步。以建筑结构的学科为例来看,人类社会的发展,必然形成对建筑结构不断的、新的需求,而要满足这些需求,就必须有新的材料、新的机械设备及能源技术作为保证,这些都与力学息息相关,因而促进了理论力学的发展和其他力学学科的分枝诸如材料力学、结构力学、流体力学、连续介质力学、弹性力学、计算力学等的形成和发展。要成为一名合格的工程技术人员,在学习专业知识的过程中,必须学习力学知识,它是学习其他专业课程必须具备的基础。理论力学作为一门理论性较强的技术基础课,又是基础的基础。学习理论力学课程,主要有以下作用:

(1)日常生活和工程实践中的机械运动现象十分普遍,学习理论力学,掌握机械运动规律,对提高工程技术人员的科学素质是必不可少的。这一方面可以为解决较复杂的工程实际问题打下一定的基础;另一方面也可以直接应用理论力学的理论解决一些较简单的工程问题。

(2)作为一门理论性较强的技术基础课,在工程类专业的课程中,理论力学是材料力学、弹性力学、结构力学、振动理论、土力学及地基基础、钢结构、建筑结构抗震等一系列课程的基础,是学好这些课程的基本保证。

(3)理论力学的研究方法与其他学科的研究方法有许多相通之处,充分理解理论力学的研究方法,不仅可以深入掌握这门学科,而且有助于后续其他学科内容的学习。同时,因为理论力学具有研究内容涉及面广、系统性和逻辑性强、既抽象又联系实际等特点,所以通过这门课的学习,对培养辩证唯物主义的世界观,培养逻辑思维能力、抽象化能力、正确分析和解决问题的能力都有十分重要的作用。

0.4　理论力学的研究方法

理论力学的研究方法与任何一门科学的研究方法一样,遵循认识过程的客观规律,符合自然辩证法的认识论。理论力学的形成与发展是在人类对自然的长期观察、实验以及生产活动中获得的经验进行分析、综合、归纳、总结的过程中逐步形成和发展的。

观察和实验是理论力学发展的基础。理论力学的基本概念和基本定律的建立正是以对自然的直接观察和生产生活中取得的经验为出发点并系统组织实验,从观察和实验的复杂现象中,抓住主要的因素和特征,去掉次要的、局部的和偶然的因素,深入现象的本质,找到事物的内在联系,从感性认识上升到理性认识,总结出普遍规律性的结论,并经过数学演绎和逻辑推理而形成理论。

在具体的学习过程中,要注意:

(1)正确理解有关力学概念的来源、含义和用途及有关理论公式推导的根据和关键,公式的物理意义及应用条件和范围;理论力学分析和解决问题的方法;各章节的主要内容和要点;各章节在内容和分析问题方法上的区别和联系。

(2)理论力学基本概念的理解和理论应用能力是通过大量习题的求解逐步加深和提高的。因此,在学习中必须要做一定量的习题。

(3)温故而知新,及时复习和常做小结。

PART1 第1篇

静力学

静力学研究物体的平衡规律,同时也研究力的一般性质及其合成法则。

所谓平衡,是指物体相对于地面保持静止或匀速直线运动的状态。平衡是机械运动的一种特殊形式。物体的机械运动是通过物体间的相互作用力来实现的,所以作为理论力学的首篇,静力学首先建立理论力学中最重要的概念——力,并研究力的性质,在此基础上进一步研究物体和物体系统平衡时作用力之间的平衡条件。

在静力学中,主要研究以下三个问题:

(1)物体的受力分析。分析某个物体共受几个力,以及每个力的大小、方向和作用点的位置。

(2)力系的等效替换或简化。力系是指作用于物体上的一组力。

若两个力系对物体的效应完全相同,则称这两个力系为等效力系。记为:

$$(\boldsymbol{F}_1,\boldsymbol{F}_2,\cdots,\boldsymbol{F}_n) \equiv (\boldsymbol{G}_1,\boldsymbol{G}_2,\cdots,\boldsymbol{G}_n)$$

等效的两个力系可以相互代替,称为力系的等效替换。如果用一个简单力系等效地替换一个复杂力系,则称为力系的简化。

研究力系等效替换并不限于分析静力学的问题,力学中关于力的概念、有关的分析理论和分析方法,在运动学、动力学部分的研究中还将用到,所以它也是研究运动学和动力学内容的基础。同时,静力学的内容也是后续的材料力学、结构力学等课程的重要基础。由于建筑结构及其相关设施多数首先是作为静止物体受平衡力系作用来处理的,所以静力学的理论与方法本身在工程技术中也有广泛的应用。

(3)建立力系的平衡条件。物体处于平衡状态时,作用在物体上的力系所满足的条件。

工程上常见的力系,按其作用线位置可以分为平面力系和空间力系;按其作用线的相互关系可以分为共线力系、平行力系、汇交力系和任意力系。不同力系的平衡条件各有其不同的特点。满足平衡条件的力系称为平衡力系。

本篇内容在理论力学课程中占有十分重要的地位,是设计结构、构件和机械零件时静力计算的基础。对机械、建筑等工程类专业来说,静力学是学习理论力学的重点,所以学习时应给予足够的重视。

第1章 静力学公理和物体的受力分析

1.1 刚体和力的概念

本节首先介绍两个常用又十分重要的静力学基本概念。而涉及的这些概念的基本性质，将在后面的有关章节详细说明。

1.1.1 刚体的概念

所谓刚体，是指在力的作用下，其内部任意两点之间的距离始终保持不变的物体。显然，现实中并无刚体存在。这里所说的刚体，只是实际物体在一定条件下抽象的力学模型。

任何物体受力后都会发生变形，一个物体能否简化为刚体，应看物体的变形在所研究的问题中起什么样的作用。如桥梁问题，在计算承载时可视为刚体，在计算振动时就要视为变形体。由此可见，当忽略变形不会对研究的结果产生显著的影响，却能使问题的研究大大简化时，可把实际的物体抽象为刚体，这是合理的，也是必要的，不能把刚体的概念绝对化。

在理论力学中，由于静力学主要研究力的外效应，此时微小变形对结果整体的影响可以忽略，所以将研究的物体都抽象为刚体。由于静力学研究的力学模型是刚体和刚体系统，故静力学又称刚体静力学，它是研究变形体力学的基础。

1.1.2 力的概念

力是力学中一个极为重要的基本概念。它产生于生产实践，并经过人们对感性认识加以概括和改造，提高到理性认识而形成的科学概念。

力是物体之间相互的机械作用，这种作用的效果是使物体的运动状态发生变化，同时使物体的形状发生改变。力使物体运动状态发生改变的效应称为力的外效应或运动效应；力使物体产生变形的效应称为力的内效应或变形效应。静力学不考虑物体的变形，所以只涉及力的外效应，力的内效应将在后续的材料力学等学科中介绍。

物体间的相互作用力，一般分为两类：一类是由于两个物体相互接触而产生的力，如拉力、压力、摩擦力等；另一类是由于物体和场之间相互作用产生的力，如重力、电场力、电磁力等。在做受力分析的时候，必须注意区分施力物体和受力物体。

力对物体作用的效应取决于力的大小、方向和作用点，通常称为力的三要素。需要特别指出的是，力的方向包括方位和指向两个要素。由于力的大小和方向具有矢量的特征，力的合成又服从矢量合成规则，所以力是一种矢量。力矢量在印刷时常用黑体字母 $\boldsymbol{F}$ 表示，如图 1-1 所示，而力的大小则用普通字母 F 表示。在书写中，由于写不出黑体字，常在字母的上方加一个箭头，以示该字母表示一个矢量，例如 $\vec{F}$，表示力矢量与仅表示力的大小是不同的，这点初学者很容易混淆，需要特别注意。

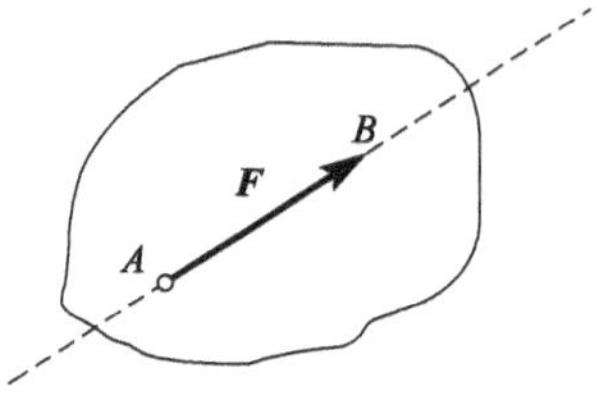

图 1-1

力的单位在国际单位制(SI)中是有专门名称的导出单位，用牛顿(N)或千牛顿(kN)表示，1kN = 1000N。

同时作用于物体上的若干个力统称为**力系**。若两个力系分别作用于同一物体而作用效果相同，称这两个力系为**等效力系或互等力系**。如果一个力与一个力系等效，则称该力为此力系的合力，而此力系中的各力称为合力的分力。求力系的合力称为**力的合成**；将一个力分解成两个或两个以上的分力，称为**力的分解**。

1.2　静力学公理

理论力学的研究方法，其特点之一就是把在观察和实验等实践过程中经反复验证的正确结果，提炼成具有普遍意义的公理。**所谓公理，是指符合客观实际，不能用更简单的原理去代替，为大家所公认，无须证明的普遍规律**。下面将要介绍的静力学公理，是人们关于力的基本性质的概括和总结，它们构成了静力学全部理论的基础，静力学的所有定理都是借助数学工具，从这些公理中推导出来的。学习中不要求重复理解这些公理的形成过程，但是理解、掌握和熟练应用这些公理，对于学好理论力学十分重要。

1.2.1　二力平衡公理

作用于刚体上的两个力，使刚体保持平衡的充要条件是：两个力的大小相等、方向相反，且作用于同一直线上。

满足此条件且作用于同一物体上的两个力是一个最简单的平衡力系。二力平衡条件对于刚体来说是必要和充分条件；而对于非刚体来说，该条件只是平衡的必要条件而不是充分条件。

工程上,常遇到只有两点受力而处于平衡的构件,称为二力构件或二力杆。如图1-2a)、b)所示(不计自重),不论构件的几何形状如何,只要符合二力平衡条件,就可按二力构件来处理。掌握二力构件的这种受力特征,对物体进行受力分析是很有用的。

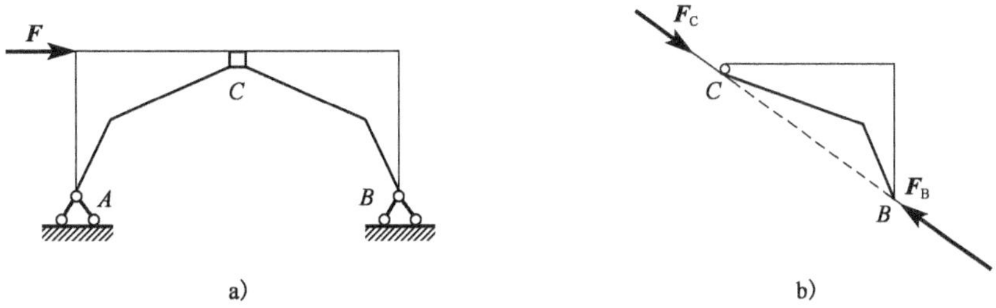

图 1-2

1.2.2 加减平衡力系公理

在作用于刚体的力系上加上或减去任意的平衡力系,并不改变原力系对刚体的作用。

此公理只适用于刚体,而不适用于变形体,它是研究力系等效变换的重要依据。根据加减平衡力系公理可以导出如下推理:

推理1 力的可传递性

作用于刚体上某点的力,可以沿着它的作用线移到刚体内的任一点,并不改变该力对刚体的作用。

证明:设有力 $\boldsymbol{F}$ 作用在刚体上的 A 点,如图1-3a)所示。根据加减平衡力系原理,可在力的作用线上任取一点 B,加上由两个相互平衡的力 $\boldsymbol{F}_1$ 和 $\boldsymbol{F}_2$ 组成的平衡力系,且使 $F_1=F_2=F$,如图1-3b)所示。可见力系($\boldsymbol{F},\boldsymbol{F}_1,\boldsymbol{F}_2$)与力 $\boldsymbol{F}$ 等效,其中力 $\boldsymbol{F}$ 和 $\boldsymbol{F}_1$ 也可组成一个平衡力系,根据加减平衡力系原理,减去后仍与原力系等效。这样只剩下一个力 $\boldsymbol{F}_2$,如图1-3c)所示,已知 $F_2=F$,即原来的力 $\boldsymbol{F}$ 沿其作用线移到了点 B。

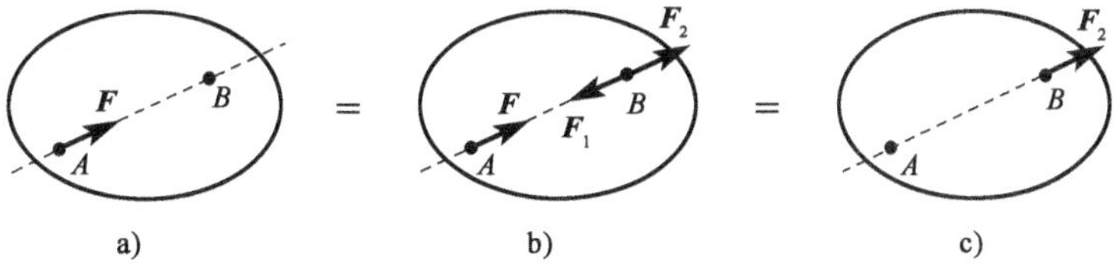

图 1-3

正是力的可传性,使力的三要素中力的作用点可由力的作用线取而代之。作用于刚体上的力的三要素为大小、方向、作用线。作用于刚体上的力是滑动矢量。

1.2.3 力的平行四边形公理

作用于物体某一点的两个力的合力,亦作用于同一点上,其大小及方向可由这两个力所构成的平行四边形的对角线来表示。这就是力的平行四边形公理。

平行四边形公理表述的法则,实际上就是一般矢量合成的法则。因为力是矢量,所以求合力也就是求力系矢量的矢量和。力的平行四边形公理给出了进行力系合成的理论依据，对多个力相交于一点的力系也可以用这一法则进行合成。图 1-4 所示是力的平行四边形公理所描述的两个共点力合成的几何关系。由图可以看出，求两个共点力的合力时，只要作出力的平行四边形的一半即可。具体做法如图 1-4c）所示：从任选 a 点画 ac 表示力矢 $\boldsymbol{F}_1$，再从其末端 c 点起画 cd 表示力矢 $\boldsymbol{F}_2$，则 ad 即表示合力矢 $\boldsymbol{F}_R$。至于先画 $\boldsymbol{F}_1$ 还是先画 $\boldsymbol{F}_2$，这种作图的先后顺序不影响合成的最终结果，如图 1-4d）是先画 $\boldsymbol{F}_2$，再画 $\boldsymbol{F}_1$，所得最终合力与图 1-4c）完全相同。三角形 acd 或 abd 称为力三角形，这种求两个共点力合力的方法称为力的三角形法则。为了使图形清晰可见，分析时常把力三角形画在力所作用的物体之外。这样，按力三角形法则只是求出合力的大小和方向，其作用线实际应通过这两个力的作用点。

其数学表达如下：

$$\boldsymbol{F}_R = \boldsymbol{F}_1 + \boldsymbol{F}_2 \tag{1-1}$$

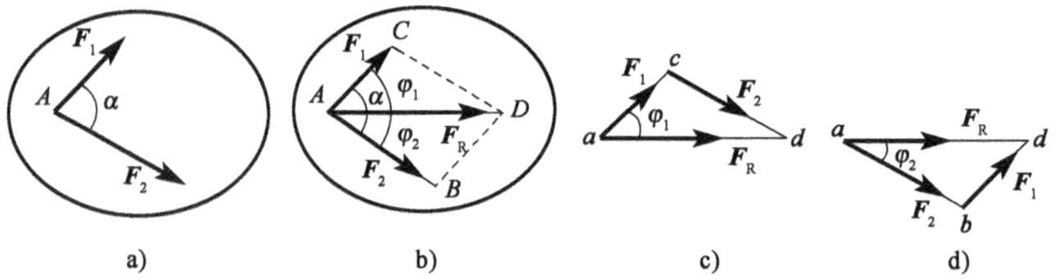

图 1-4

力的平行四边形公理还表明：作用于同一点上的两个力 $\boldsymbol{F}_1$ 和 $\boldsymbol{F}_2$ 对物体的作用可由其合力 $\boldsymbol{F}_R$ 等效替代。反之，根据此公理也可以将一个力分解为作用于同一点的两个分力。由于同一对角线可以画出无穷多个不同的平行四边形，所以若不附加任何条件，这种分解的结果是不定的。要使分解的力大小或方向确定，必须附加足够的条件。对于具体问题，通常遇到的是将一个力分解为方向已知的两个分力，特别是分解为方向互相垂直的两个力，这种分解称为正交分解，所得的两分力称为正交分力。

推理 2　三力平衡汇交定理

作用于刚体上三个相互平衡的力，若其中两个力的作用线汇交于一点，则此三力必在同一平面内，且第三个力的作用线通过汇交点。

证明：设力系 $(\boldsymbol{F}_1, \boldsymbol{F}_2, \boldsymbol{F}_3)$ 为平衡力系，且 $\boldsymbol{F}_1$ 和 $\boldsymbol{F}_2$ 的作用线相交于 O 点，如图 1-5 所示。根据力的平行四边形公理，$\boldsymbol{F}_1$ 和 $\boldsymbol{F}_2$ 存在一合力 $\boldsymbol{F}$，则 $\boldsymbol{F}$ 和 $\boldsymbol{F}_3$ 必为一平衡力系。根据二力平衡公理，$\boldsymbol{F}$ 和 $\boldsymbol{F}_3$ 必共线。又因 $\boldsymbol{F}$ 与 $\boldsymbol{F}_1$ 和 $\boldsymbol{F}_2$ 共面，且相交于点 O，故 $\boldsymbol{F}_3$ 也与 $\boldsymbol{F}_1$、$\boldsymbol{F}_2$ 共面，并交于点 O。

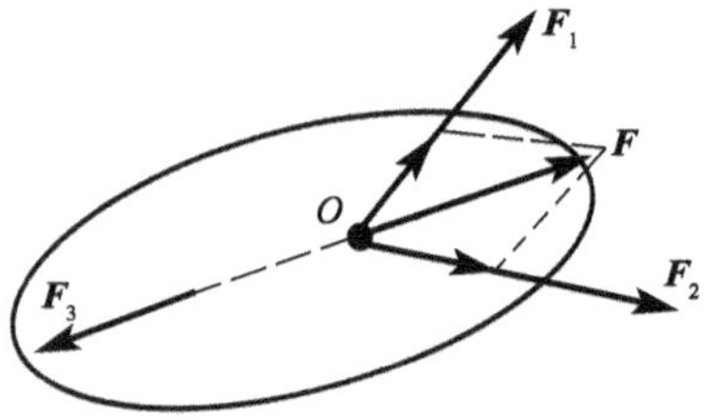

图 1-5

1.2.4 作用和反作用公理

两物体间的相互作用力总是同时存在同时消失的，且大小相等、方向相反、沿同一直线，分别作用在两个物体上。

这个公理概括了自然界中物体间相互作用力的关系，表明一切力总是成对出现在两个相互作用的物体之间。根据这个公理，已知作用力则可得知反作用力。这个公理是分析物体及物体系统受力时必须遵循的原则。

必须注意，作用力与反作用力虽然等值、反向、共线，但却是分别作用在两个物体上的，因此不是一对平衡力，不要与二力平衡公理混淆。

1.2.5 刚化原理

变形体在某一力系作用下处于平衡，如将此变形体刚化为刚体，其平衡状态保持不变。

将一个变形体变成大小和形状完全相同的刚体，称为这个变形体的刚化，所以上述原理称为刚化原理或硬化原理。这个原理提供了把变形体抽象为刚体模型的条件。例如，一根绳索在等值、反向、共线的两个拉力作用下处于平衡，如将此绳索刚化为刚体，则平衡状态保持不变。而绳索在两个等值、反向、共线的压力作用下不能平衡时就不能刚化成刚体。刚体的平衡条件是变形体平衡的必要条件，而非充分条件。

刚化原理建立了刚体静力学与变形体静力学之间的关系，同时也说明了刚体平衡规律的普遍意义，在刚体静力学的基础上，考虑变形体的特性可进一步研究变形体的平衡问题。

1.3 约束和约束反力

在力学问题的研究中，求未知力是重要内容之一，而在未知力中又以求解约束反力最多。了解约束的概念，掌握各种约束反力的特点，常是对物体进行正确受力分析的关键。本节介绍约束的概念、各种常见的理想约束及其相应约束反力的特点，包括它们的作用位置、方位和指向的确定等，为进一步对物体进行受力分析和计算打下基础。

如果一个物体不受任何限制，可以在空间自由运动（例如可在空中自由飞行的飞机），则此物体称为**自由体**；反之，一个物体受到一定的限制，其沿某些方向的运动成为不可能（例如绳子悬挂的物体），则此物体称为**非自由体**。

非自由体之所以不能在空间内任意运动，是由于它们以某种形式与周围其他物体相联系，使其某些方向的位移受到周围物体的限制。着陆的飞机只能沿跑道滑行才能安全停下来，对飞机而言，跑道对飞机的滑行起到了限制作用；车床主轴与轴承相联系，对主轴而言，轴承限制了它的移动而只能转动。**在力学中，将限制物体某些方向位移的其他物体称为约束。**对飞机而言，跑道是约束；对车床主轴而言，轴承是约束。

常见的约束，一般分为几何约束和运动约束。对于运动约束的研究及应用，将在运动学及动力学中涉及。在静力学中，仅涉及几何约束的问题。**将仅限制物体几何位置的约束称为几何约束。**由上述各例可知，几何约束对物体所加的限制是通过相互接触而实现的。力是物体间相互的机械作用，当物体的某些位移（线位移或角位移）被约束阻止时，约束必承受此物体对它的作用(力或力偶)。根据作用与反作用定律,此约束必然也给予物体以反作用(反作用力或反作用力偶)。由此可见,几何约束的效果可以用力来代替。也就是说,**几何约束给予被约束物体的反作用力,称为约束反力,简称约反力**。对于停在机坪上的飞机,对飞机而言,机坪是约束,它阻止飞机向下的运动,因而,机坪给飞机的约束反力向上。一般地,约束反力的方向与该约束所能够阻碍的位移方向相反。这是确定约束反力的一般原则。而约束反力的大小则由物体的平衡方程求出。求约束反力大小的问题将在后续章节介绍。

上面说明了分析约束反力的一般原则和方法。约束反力的方向与约束的性质有关。在解决实际问题时,如果对每个具体的约束都要用上述的一般原则去分析,是不方便的。在工程实际中,约束的具体形式多种多样。为便于以后分析,下面将工程中常见的约束按其性质归纳为几种基本类型,并分析约束反力的相关特征。

1)柔性约束

柔性约束指由柔软的绳索、链条或胶带等构成的约束,如图1-6a)、c)所示。这类约束的特点是只能承受拉力,不能抵抗压缩和弯曲。这一约束特征决定了柔性约束的约束反力只能是沿柔性体的轴线而背离被约束物体的拉力,如图1-6b)、d)所示。

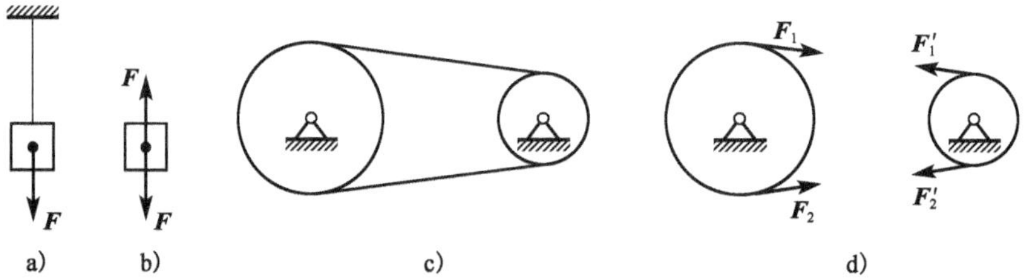

图 1-6

2)光滑面约束

光滑面约束指物体与约束间的接触面比较光滑,以至于可以忽略摩擦的影响。这类约束的特征是阻止物体沿接触面的公法线进入约束,或沿接触处公法线脱离接触,而不限制沿接触面在接触处的切线方向的滑动。因此,光滑面约束的约束反力作用点在接触处,作用线沿接触点处的公法线并指向被约束的物体,如图1-7b)、c)、d)所示。如齿轮的齿面接触、加了润滑油的机床导轨对机床工作台的接触等都属于此类型约束。

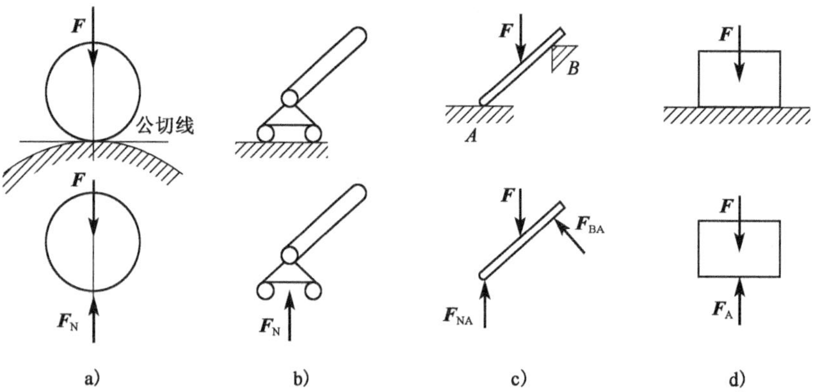

图 1-7

3)光滑铰链约束

这类约束在工程实践中具有多种具体形式,其中主要的几种如下:

(1)光滑圆柱铰链约束

这种约束是以圆柱形销钉将两个钻有直径大小与销钉外径相同的孔的构件连接在一起而构成,如图1-8a)、b)所示。若不计摩擦,则此二构件均视为受到光滑圆柱铰链约束。图1-8c)是这类约束的简化符号图。这种约束的特点是:只能限制两构件沿任何径向的相对位移,但不能限制绕铰链(销钉)中心(即孔的中心)轴线的相对转动。如果不计销钉的长度与构件的厚度,则构件与销钉的接触是光滑圆弧面上的点接触。图1-8d)示出了构件与销钉的接触情况。光滑圆柱铰链对构件的约束反力应沿光滑圆弧面在接触点 K 处沿公法线指向构件,即约束反力的作用线通过铰链中心。由于接触点 K 的位置不能预知,因此,约束反力 $\boldsymbol{F}_N$ 的具体方向亦不能预先确定。即光滑圆柱铰链的约束反力是压力,该力在垂直于圆柱销轴线的平面内,通过圆柱销中心,方位不定。通常,为了计算方便,将约束反力用垂直于销钉轴线的两个正交分力 $\boldsymbol{F}_x$、$\boldsymbol{F}_y$ 代替,如图1-8e)所示。当用圆柱销连接两个构件时,连接处称为铰接点或中间铰,简称节点。

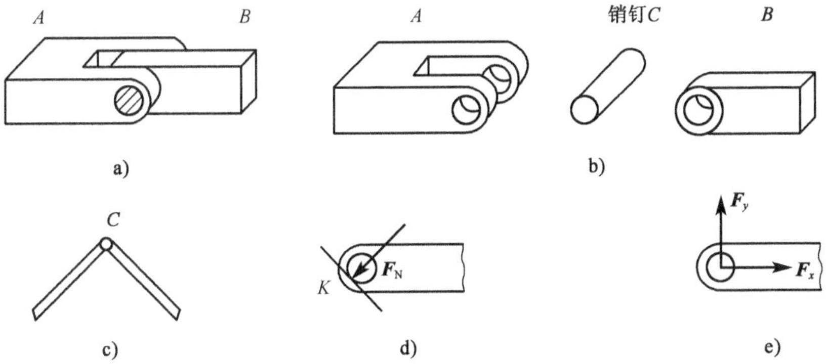

图 1-8

(2)固定铰(或固定铰支座)

上面所述的光滑圆柱铰链约束,若将构成该约束的构件 A(或构件 B)与地面固连,则称其为固定铰支座,如图1-9a)所示。固定铰支座对构件的约束反力的方向特征与上面的光滑圆柱铰链约束相同。这种约束的简图示如图1-9b)所示,其约束反力的示意图示如图1-9c)所示。

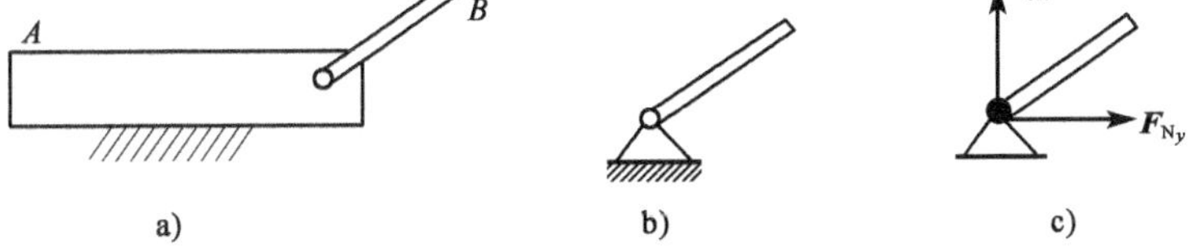

图 1-9

(3)辊轴支座(或活动铰链支座)

这是一种复合约束。在上述光滑圆柱铰链约束中,若将构件 A 与构件 B 的底部放上可滚动的一排辊轴，如图 1-10a）所示，如不计辊轴与支承面的摩擦，则这种约束只能限制构件进入支承面方向的运动，而不能阻止沿支承面切线方向的移动和绕销钉的转动。因此，这种约束的性质与光滑接触面约束相同，其约束反力的方向应垂直于支承面且通过铰链中心。图 1-10b）给出了这种约束的简图，图 1-10c）给出了这种约束对应的约束反力的示意图。

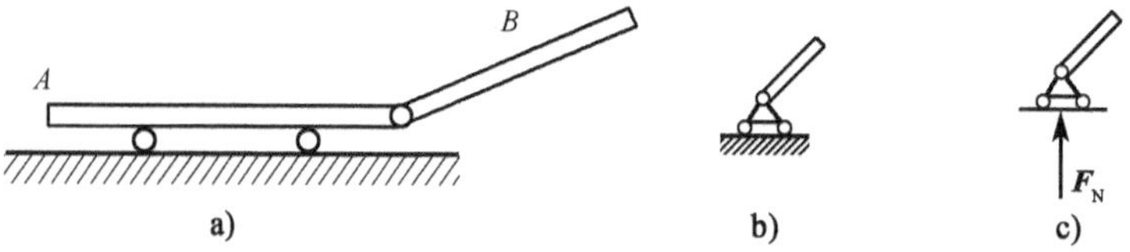

图 1-10

（4）向心轴承（或径向轴承）

向心轴承是机器中常见的一种约束。由于轴颈长度远小于轴长，故可略去不计。通常，轴承润滑状况良好或采用滚动轴承，可略去轴承的摩擦，如图 1-11a）所示。因此，该约束可归入光滑圆柱铰链约束，图 1-11b）示出了该约束的简图，约束反力可用 $\boldsymbol{F}_x$、$\boldsymbol{F}_y$ 两正交分力表示，如图 1-11c）所示。

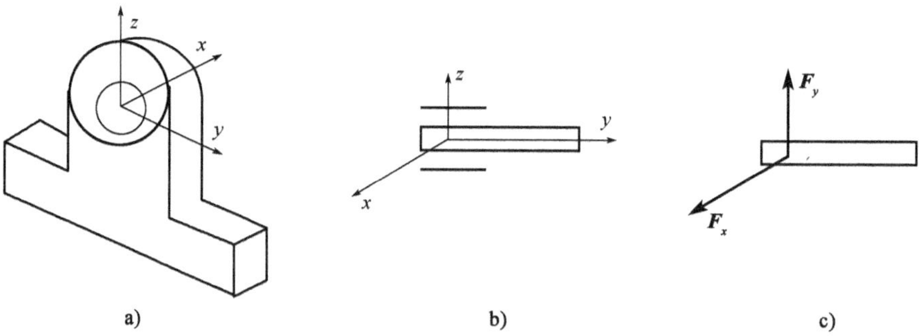

图 1-11

（5）球形铰链

球形铰链，其结构是某一物体上的一个球形体，被嵌入另一固定的球壳中，球与球壳的半径近似相等，球心固定不动，构件只能绕球心任意转动，但不能取得任何径向的位移。因此，若略去摩擦，则球形铰的约束反力必过球心，但其作用线的方位和指向都难以预先确定。由于这种约束反力可能在空间具有任意方向，因此，它可以阻止球体沿过球心的空间任意三个正交轴方向的线位移。即球形铰链的约束反力，可用过球心并沿任意三个正交轴方向的三个分力来表示。图 1-12a）为球形铰链的示意图，图 1-12b）为计算简图，图 1-12c）为球形铰链的约束反力的简图。球形铰链属于空间约束的类型，机床上的照明灯座就是这种约束。

（6）止推轴承

止推轴承是机器中常见的一种约束。图 1-13a）给出了该约束的简图。忽略轴颈长度，则止推轴承相当于一个向心轴承与一个光滑面约束的组合，如图 1-13b）所示。因此，止推轴承约束的作用与球形铰链约束相当，如图 1-13c）所示。该约束的约束反力与球形铰链约束相同。

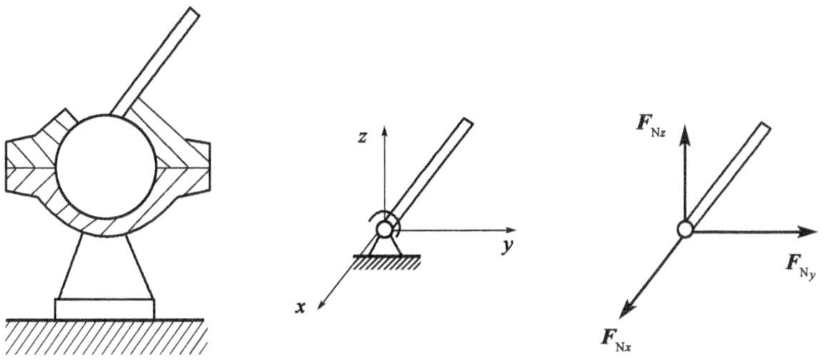

图 1-12

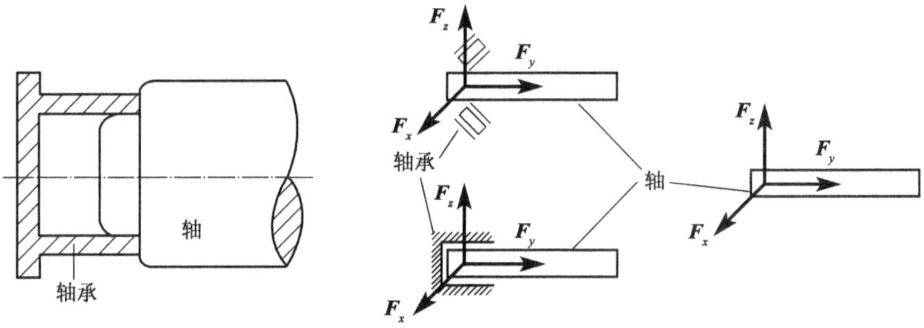

图 1-13

1.4 物体的受力分析和受力图

研究刚体的运动规律和平衡规律,必须先研究刚体所受的全部外力,包括主动力和约束力。为了清楚地表示刚体所受力的全部状况,首先把所要研究的刚体(即研究对象)从周围的约束物体中分离,单独画出它的简图,分析它受到哪些外力(包括主动力和约束反力),这一过程称为受力分析。然后将分析出的全部力用矢量符号画在该刚体的简图上,就得到了此研究对象的受力图。对任何选定的研究对象,进行正确的受力分析,并画出其受力图,是研究物体各种力学问题的基本方法,也是能否熟练地解决各类问题的关键步骤。

正确地画出受力图,是求解静力学问题的关键。画受力图时,应按下述步骤进行:

(1)根据题意选取研究对象。

(2)画作用于研究对象上的主动力。

(3)画约束反力。

凡在去掉约束处,需根据约束的类型逐一画上约束反力。应特别注意二力杆的判断。有些情况也可应用三力平衡汇交定理判断出铰链处约束反力的方向。

在画受力图时要注意:

(1)受力图中只画研究对象的简图和所受的全部作用力。

(2)每画一力都要有依据,既不要多画,也不要漏画,研究对象内各部分间相互作用的力(即内力)和研究对象施予周围物体的力不画。所画约束力要与除去的约束性质相符合,而物体间的相互约束力要符合作用与反作用定律。

(3)同一约束的约束力在同一题目中画法应保持一致。

下面通过例题说明。

[**例 1-1**] 水平梁 AB,其 A 端为固定铰支座,B 端为辊轴支座,受集中力 $\boldsymbol{F}$ 作用,如图 1-14a)所示,梁重不计,画出梁 AB 的受力图。

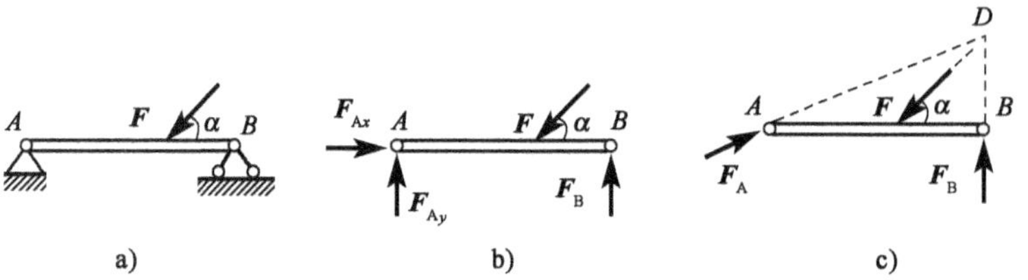

图 1-14

解:(1)取梁 AB 为研究对象。

(2)画梁 AB 上的主动力为 $\boldsymbol{F}$,如图 1-14a)所示。

(3)画梁 AB 周围的约束反力(按约束的性质):B 处为辊轴支座,其约束反力 $\boldsymbol{F}_B$ 垂直于支承面上,大小未知;A 处为固定铰支座,其约束反力用通过 A 点并相互垂直、大小未知的正交分力 $\boldsymbol{F}_{Ax}$、$\boldsymbol{F}_{Ay}$ 表示。梁 AB 受力图如图 1-14b)所示。

梁 AB 的受力图还可以依据三力平衡汇交定理画成图 1-14c)的形式。即先判定出 $\boldsymbol{F}_B$ 的方向,并找出 $\boldsymbol{F}$ 与 $\boldsymbol{F}_B$ 的交点 D,再依据 $\boldsymbol{F}_A$ 必沿 AD 的连线确定出的 $\boldsymbol{F}_A$ 方位。画受力图时确定出未知力方向的好处,是在求解过程中可减少未知量的个数。本例中,图 1-14b)中为三个未知量,而图 1-14c)中为两个未知量。

[**例 1-2**] 如图 1-15a)所示的结构中,已知物块 E 的重量为 $\boldsymbol{G}$,不计各杆自重,试分析各杆及物块的受力,并画出以各物件和以整体为对象的受力图。

解:按题意,应分别取杆 AB、CD、物件 E 及整体为研究对象进行受力分析,并画出其受力图。

(1)取物块 E 为研究对象,它受主动力 $\boldsymbol{G}$ 和绳索拉力 $\boldsymbol{F}$ 的作用,其受力图如图 1-15d)所示。

(2)取杆 AB 为研究对象,不计自重,它只在两端点 A 和 B 处受到铰链的二力作用而处于平衡。根据二力平衡条件知,此二力必共线、反向,并由杆 CD 的平衡可以判断杆 AB 所受此二力为压力,受力图如图 1-15c)所示。

(3)取杆 CD 为研究对象,它在 D 端受绳索拉力 $\boldsymbol{F}'$,则显然此力与 $\boldsymbol{F}$ 等值、反向、共线。在 B、C 两处分别受到铰链的约束反力。虽然在一般情况下,可用二正交分力分别表示此二力,但是,其中杆 CD 在 B 处的约束力与杆 AB 在 B 处所受约束反力 $\boldsymbol{F}_B$ 构成作用与反作用的关系,故杆 CD 于 B 处的力必与 $\boldsymbol{F}_B$ 等值、反向、共线,即如图 1-15e)中 $\boldsymbol{F}'_B$ 所示。再根据三力平衡汇交定理,杆 CD 所受的三力必相交于一点,故 C 点的受力 $\boldsymbol{F}_C$ 的方向如图 1-15b)所示。在一般情况下,如计算 F_C 与 CD 的夹角,还必须进行一定的几何计算,所以通常也可以把 $\boldsymbol{F}_C$ 分解成正交的二力 $\boldsymbol{F}_{Cx}$ 和 $\boldsymbol{F}_{Cy}$,如图 1-15e)所示。

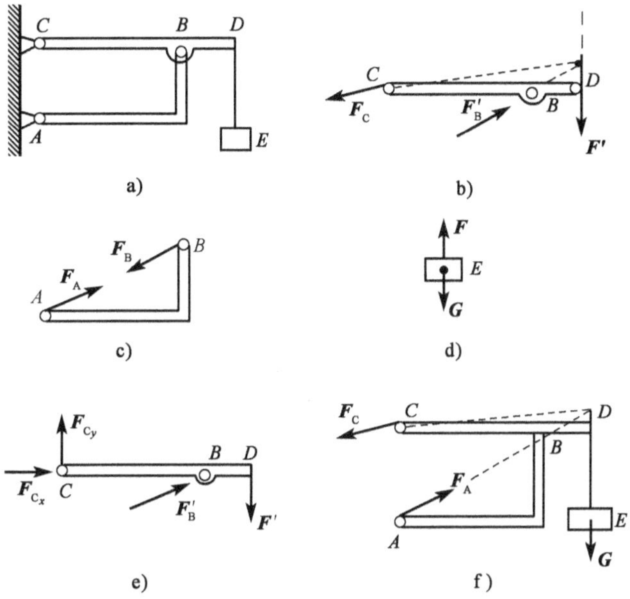

图 1-15

(4)取整体为研究对象,这时 $\boldsymbol{F}$、$\boldsymbol{F}'$、$\boldsymbol{F}_B$、$\boldsymbol{F}'_B$ 均为内力,不予分析,故整体在重力 $\boldsymbol{G}$ 和约束反力 $\boldsymbol{F}_C$、$\boldsymbol{F}_A$ 三力作用下处于平衡,其受力图如图 1-15f)所示。

[**例 1-3**] 三铰拱如图 1-16a)所示,试求整体、AC 部分、BC 部分的受力图。

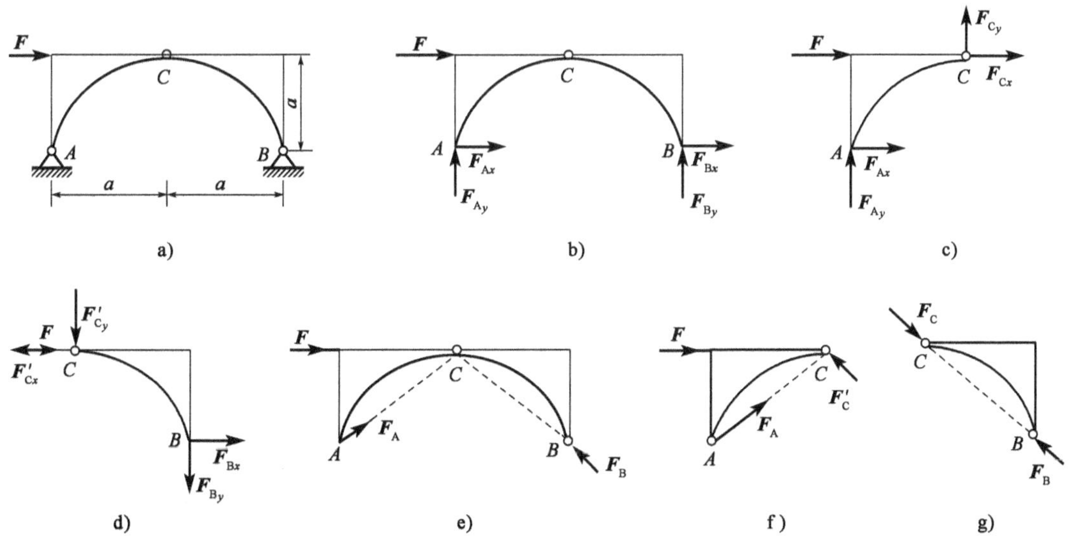

图 1-16

解:(1)以整体为研究对象,作用于其上的主动力有 $\boldsymbol{F}$,约束反力有 $\boldsymbol{F}_{Ax}$、$\boldsymbol{F}_{Ay}$、$\boldsymbol{F}_{Bx}$和 $\boldsymbol{F}_{By}$,其受力图如图 1-16b)所示。

(2)以 AC 部件为研究对象,作用于其上的主动力有 $\boldsymbol{F}$,约束反力有 $\boldsymbol{F}_{Ax}$、$\boldsymbol{F}_{Ay}$、$\boldsymbol{F}_{Cx}$和 $\boldsymbol{F}_{Cy}$,其受力图如图 1-16c)所示。

(3)以 BC 部件为研究对象,作用于其上的主动力有 $\boldsymbol{F}$,约束反力有 $\boldsymbol{F}'_{Cx}$、$\boldsymbol{F}'_{Cy}$、$\boldsymbol{F}_{Bx}$和 $\boldsymbol{F}_{By}$,其受力图如图 1-16d)所示。

本题的各受力图也可画为图 1-16e)、f)、g)的形式。

习题

1-1　如题 1-1 图所示,画出下列各物体的受力图,设所有接触处均为光滑接触,除注明者外,各物体自重不计。

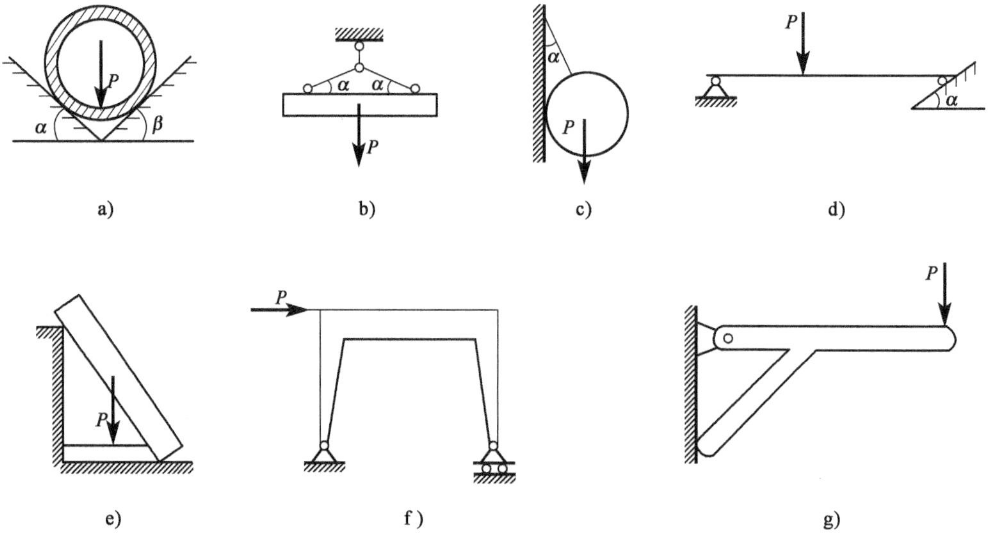

题 1-1 图

1-2　如题 1-2 图所示,画出图示中指定物体的受力图。凡未特别注明者,物体的自重均不计,且所有接触面都是光滑的。

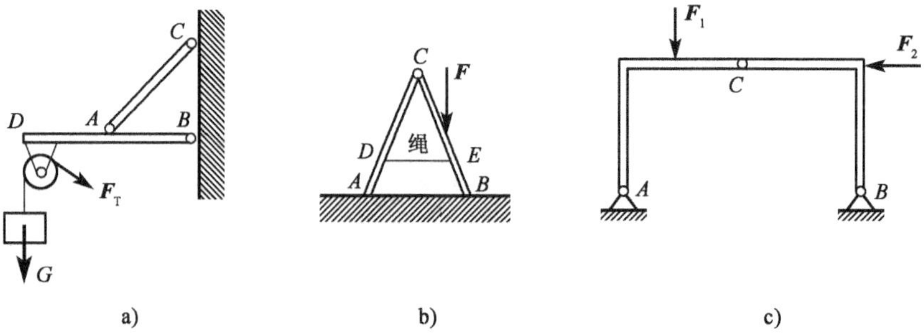

题 1-2 图

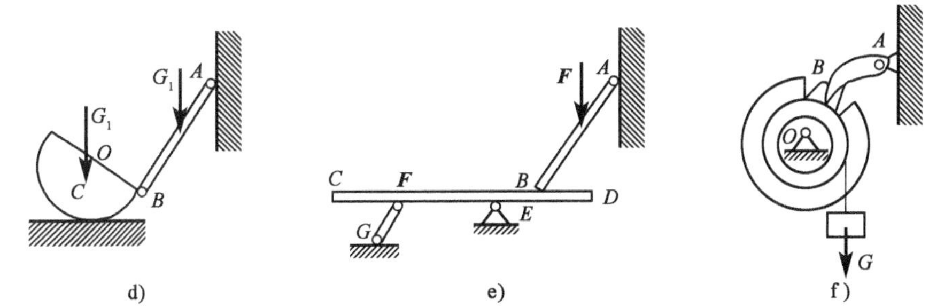

题 1-2 图

1-3　如题 1-3 图所示,画出图示中各梁的受力图,梁的自重均不计。

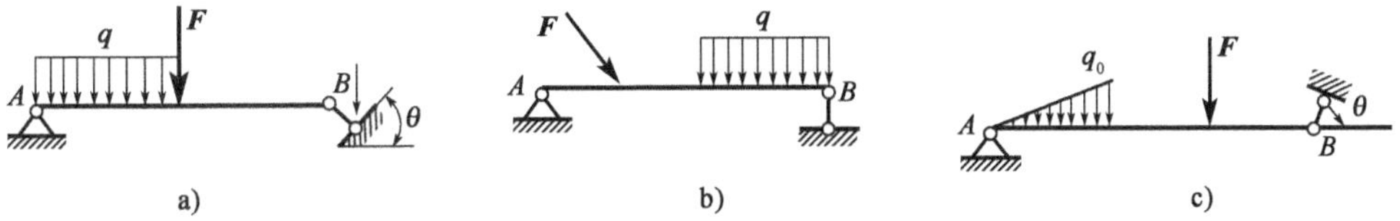

题 1-3 图

第2章 平面基本力系

平面汇交力系与平面力偶系是两种简单力系,是研究复杂力系的基础。本章将分别用几何法与解析法研究平面汇交力系的合成与平衡问题,同时介绍平面力偶系的基本特性及平面力偶系合成与平衡问题。

2.1 平面汇交力系

平面汇交力系是指各力的作用线都在同一平面内且汇交于一点的力系。

2.1.1 平面汇交力系合成的几何法

1)力多边形规则

力系简化的几何法是以第1章介绍的公理为依据,主要应用几何作图,简单的可结合三角关系计算的方法,研究力系中各分力与合力的几何关系,得出力系简化的几何条件。由于空间力系作图不方便,所以这种方法主要适用于平面力系。对于平面汇交力系,并不要求力系中各分力的作用点位于同一点,因为根据力的可传性原理,只要它们的作用线汇交于同一点即可。

先分析用几何法简化两个汇交力 $\boldsymbol{F}_1$ 和 $\boldsymbol{F}_2$ 的合成结果。直接应用力的平行四边形法则,结果得合力 $\boldsymbol{F}_R$,几何关系如图2-1所示。

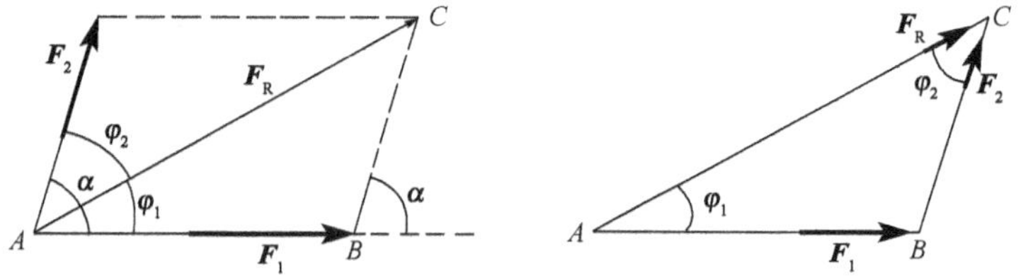

图 2-1

这一矢量关系的数学表达式为：

$$F_R = F_1 + F_2 \tag{2-1}$$

图 2-2a) 所示为作用于任一刚体上的力 F_1、F_2、F_3和 F_4，它们的作用线汇交于点 A，形成一平面汇交力系。根据力的可传性原理，将各力沿其作用线移动至汇交点 A 形成作用点相同的力系，称为共点力系，如图 2-2b) 所示，这是汇交力系的一种特例。对此力系进行简化，求其合力，可以连续应用力的三角形法则，先将 F_1、F_2合成得 F_{R1}，再把 F_{R1}与 F_3合成得 F_{R2}，以此类推，最终得到的力 F_R就是原汇交力系 F_1、F_2、F_3和 F_4的合力，如图 2-2c) 所示，这是此力系简化的几何表达。矢量关系的数学表达式为：

$$F_R = F_1 + F_2 + F_3 + F_4 \tag{2-2}$$

实际作图时，不必画出虚线所示的中间合力，只要根据一定的比例尺将表达各力矢的有向线段首尾相接，形成一个不封闭的多边形，如图 2-2d) 所示，再用有向线段由最先画的分力矢的起点连至最后画的分力矢的终点，将不封闭的多边形封闭起来，这一有向线段表达的就是此力系的合力矢 F_R，如图 2-2e) 所示。**各分力矢和合力矢构成的多边形 *adcde* 称为力多边形**，合力矢是力多边形的封闭边。按与各分力同样的比例，封闭边的长度表示合力的大小，合力的方位与封闭边的方位一致，指向由力多边形的起点至终点，合力的作用线通过汇交点。这种求合力矢的几何作图法称为**力多边形法则**。由图 2-2f) 可知，改变各分力矢相连的先后顺序，会影响力多边形的形状，但不会影响这些力合成的最终结果。

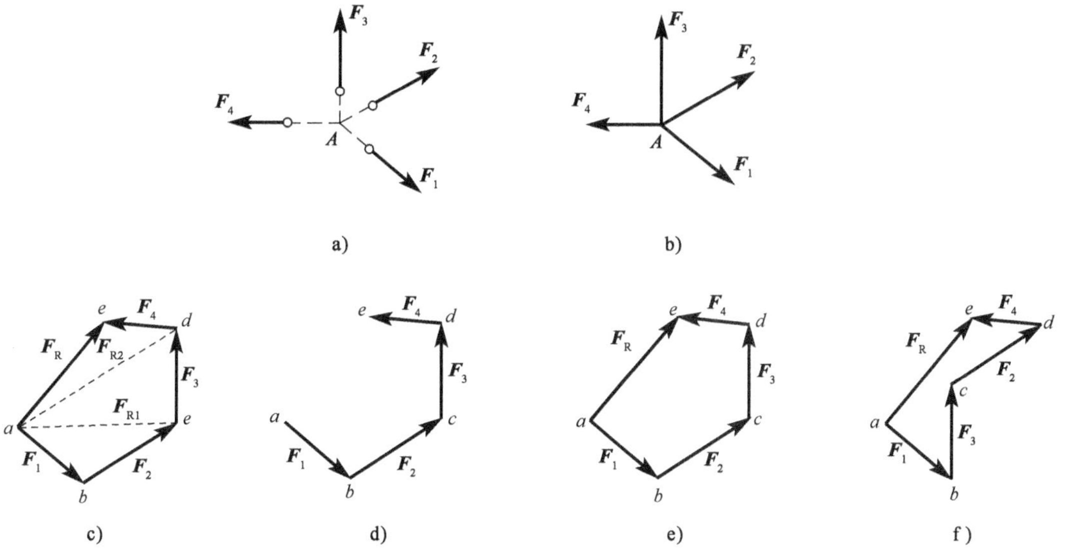

图 2-2

推广到由 n 个力组成的平面汇交力系，可得如下结论：

平面汇交力系合成的最终结果是一个合力，合力的大小和方向等于力系中各力的矢量和，可由力多边形的封闭边确定，合力的作用线通过力系的汇交点。

矢量关系式可表示为：

$$F_R = \sum_{i=1}^{n} F_i \tag{2-3}$$

2)平面汇交力系平衡的几何条件

由于平面汇交力系可用其合力来代替,显然,平面汇交力系平衡的必要和充分条件是该力系的合力等于零。如用矢量等式表示,即:

$$\boldsymbol{F}_{\mathrm{R}} = \sum_{i=1}^{n}\boldsymbol{F}_i = 0 \tag{2-4}$$

在平衡情形下,力多边形中最后一力的终点与第一力的起点重合,此时的力多边形称为封闭的力多边形。于是,平面汇交力系平衡的必要与充分条件是该力系的力多边形自行封闭,这就是平面汇交力系平衡的几何条件。

求解平面汇交力系的平衡问题时可用图解法,即按比例先画出封闭的力多边形,然后,用尺和量角器在图上量得所要求的未知量;也可根据图形的几何关系,用三角公式计算出所要求的未知量,这种解题方法称为几何法。

[**例 2-1**] 支架的横梁 AB 与斜杆 DC 彼此以铰链 C 相连接,并各以铰链 A、D 连接于铅直墙上,如图 2-3a)所示。已知 $AC = CB$,杆 DC 与水平线成 45°角,荷载 $F = 10\mathrm{kN}$,作用于 B 处。设梁和杆的重量忽略不计,求铰链 A 的约束反力和杆 DC 所受的力。

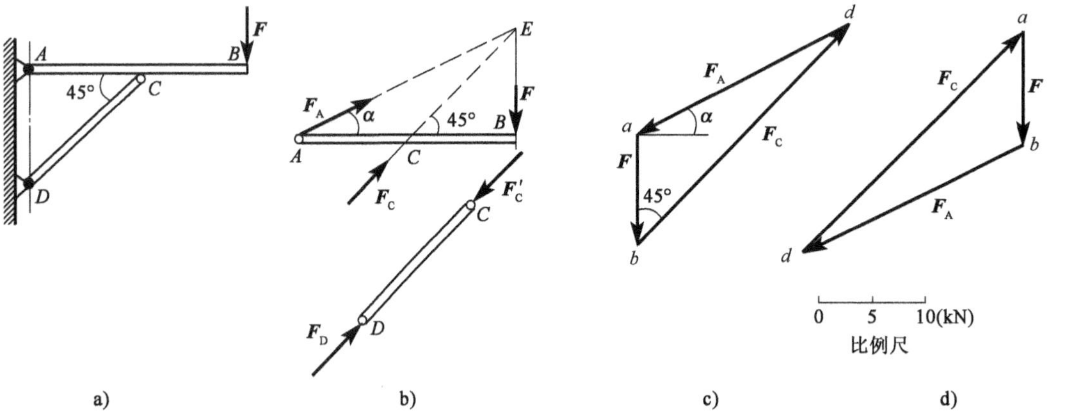

图 2-3

解:选取横梁 AB 为研究对象。横梁在 B 处受荷载 $\boldsymbol{F}$ 作用。DC 为二力杆,它对横梁 C 处的约束反力 $\boldsymbol{F}_{\mathrm{C}}$ 的作用线必沿两铰链 D、C 中心的连线。铰链 A 的约束反力 $\boldsymbol{F}_{\mathrm{A}}$ 的作用线可根据三力平衡汇交定理确定,即通过另两力的交点 E,如图 2-3b)所示。

根据平面汇交力系平衡的几何条件,这三个力应组成一封闭的力三角形。按照图中力的比例尺,先画出已知力 $ab = F$,再由点 a 作直线平行于 AE,由点 b 作直线平行于 CE,这两直线相交于点 d,如图 2-3c)所示。由于三角形 abd 封闭,可确定 $\boldsymbol{F}_{\mathrm{C}}$ 和 $\boldsymbol{F}_{\mathrm{A}}$ 的指向。

在力三角形中,线段 bd 和 da 分别表示力 $\boldsymbol{F}_{\mathrm{C}}$ 和 $\boldsymbol{F}_{\mathrm{A}}$ 的大小,量出它们的长度,按比例换算得:

$$F_{\mathrm{C}} = 28.3\mathrm{kN}, F_{\mathrm{A}} = 22.4\mathrm{kN}$$

根据作用力和反作用力的关系,作用于杆 DC 上 C 端的力 F'_{C} 与 F_{C} 的大小相等,方向相反。由此可知杆 DC 受压力,如图 2-3b)所示。

应该指出,封闭力三角形也可如图 2-3d)所示,同样可求得力 $\boldsymbol{F}_{\mathrm{C}}$ 和 $\boldsymbol{F}_{\mathrm{A}}$,且结果相同。

通过以上例题,可总结出几何法解题的主要步骤如下:

(1)选取研究对象。根据题意,选取适当的平衡物体作为研究对象,并画出简图。

(2)画受力图。在研究对象上,画出它所受的全部已知力和未知力(包括约束反力)。若某个约束反力的作用线不能根据约束特性直接确定(如铰链),而物体又只受三个力作用,则可根据三力平衡汇交定理确定该力的作用线。

(3)作力多边形或力三角形。选择适当的比例尺,作出该力系的封闭力多边形或封闭力三角形。必须注意,作图时总是从已知力开始。根据矢序规则和封闭特点,就可以确定未知力的指向。

(4)求出未知量。用比例尺和量角器在图上量出未知量,或者用三角公式计算出来。

2.1.2 平面汇交力系合成的解析法

解析法是通过力矢在坐标轴上的投影来分析力系的合成及其平衡条件。

1)力在正交坐标轴系的投影与力的解析表达式

如图2-4所示,已知力 $\boldsymbol{F}$ 与平面内正交轴 x、y 的夹角分别为 α、β,则力 $\boldsymbol{F}$ 在 x、y 轴上的投影分别为:

$$\left.\begin{aligned} F_x &= F\cos\alpha \\ F_y &= F\cos\beta = F\sin\alpha \end{aligned}\right\} \tag{2-5}$$

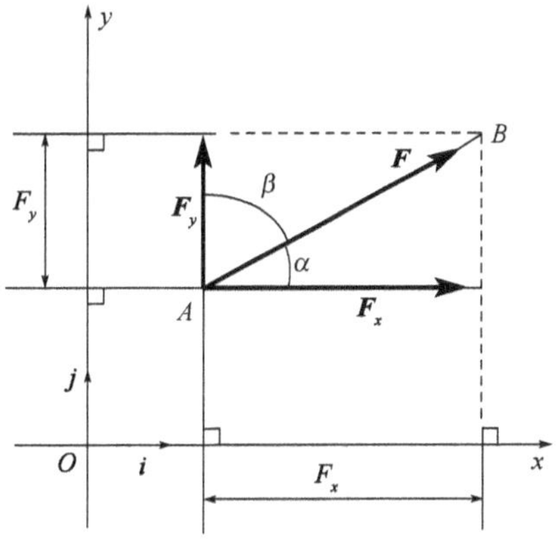

图 2-4

即力在某轴的投影,等于力的模乘以力与投影轴正向间夹角的余弦。力在轴上的投影为代数量,当力与轴间夹角为锐角时,其值为正;当夹角为钝角时,其值为负。

由图2-4可知,力 $\boldsymbol{F}$ 沿正交轴 Ox、Oy 可分解为两个分力 $\boldsymbol{F}_x$ 和 $\boldsymbol{F}_y$ 时,其分力与力的投影之间有下列关系:

$$\boldsymbol{F}_x = F_x\boldsymbol{i}, \boldsymbol{F}_y = F_y\boldsymbol{j} \tag{2-6}$$

由此,力的解析表达式为:

$$\boldsymbol{F} = F_x\boldsymbol{i} + F_y\boldsymbol{j} \tag{2-7}$$

式中,$\boldsymbol{i}$、$\boldsymbol{j}$ 分别为 x、y 轴的单位矢量。

显然,已知力 $\boldsymbol{F}$ 在平面内两个正交轴上的投影 F_x 和 F_y 时,则该力矢的大小和方向余弦分别为：

$$\left.\begin{aligned}F &= \sqrt{F_x^2 + F_y^2}\\ \cos(F,\boldsymbol{i}) &= \frac{F_x}{F},\cos(F,\boldsymbol{j}) = \frac{F_y}{F}\end{aligned}\right\} \tag{2-8}$$

必须注意，力在轴上的投影 F_x、F_y 为代数量，而力沿轴的分量 $\boldsymbol{F}_x = F_x\boldsymbol{i}$ 和 $\boldsymbol{F}_y = F_y\boldsymbol{j}$ 为矢量，二者不可混淆。当 Ox、Oy 两轴不相垂直时，力沿两轴的分力 $\boldsymbol{F}_x$、$\boldsymbol{F}_y$ 在数值上也不等于力在两轴上的投影 F_x、F_y，如图 2-5 所示。

2）平面汇交力系合成的解析法

设作用于刚体的平面汇交力系是 $\boldsymbol{F}_1$、$\boldsymbol{F}_2$、$\boldsymbol{F}_3$、$\boldsymbol{F}_4$，如图 2-6 所示，从图上可见：

$$a_1e_1 = a_1b_1 + b_1c_1 + c_1d_1 + d_1e_1,$$
$$a_2e_2 = a_2b_2 + b_2c_2 + c_2d_2 + d_2e_2$$

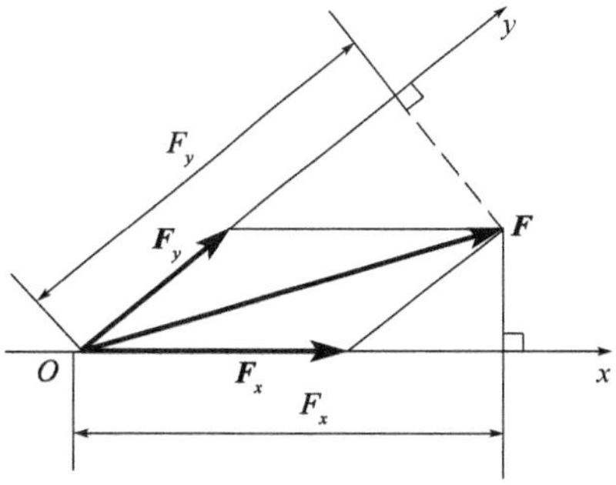

图 2-5

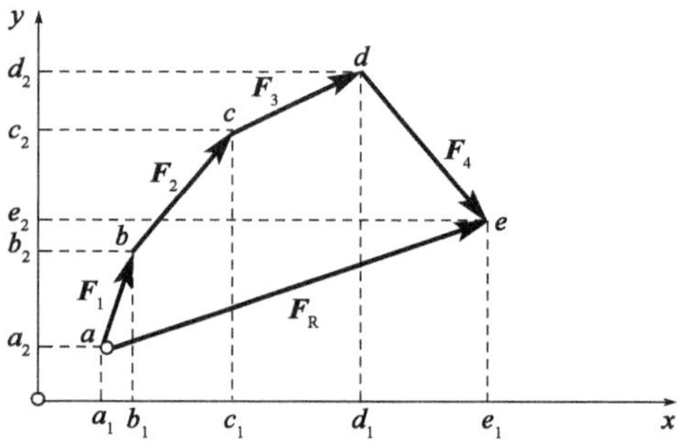

图 2-6

即：

$$F_{Rx} = F_{1x} + F_{2x} + F_{3x} + F_{4x},$$
$$F_{Ry} = F_{1y} + F_{2y} + F_{3y} + F_{4y}$$

若某汇交力系由 n 个力组成，则合力

$$F_{Rx} = F_{1x} + F_{2x} + F_{3x} + F_{4x} + \cdots + F_{nx} = \sum F_x,$$
$$F_{Ry} = F_{1y} + F_{2y} + F_{3y} + F_{4y} + \cdots + F_{ny} = \sum F_y \tag{2-9}$$

结论：合力在任一轴上的投影，等于各分力在同一轴上的投影的代数和，这称为合力投影定理。

合力的大小为：

$$F_R = \sqrt{(\sum F_{ix})^2 + (\sum F_{iy})^2} \tag{2-10}$$

合力的方向为：

$$\cos\alpha = \frac{\sum F_{ix}}{F},\cos\beta = \frac{\sum F_{iy}}{F} \tag{2-11}$$

［例 2-2］ 求图 2-7 所示平面共点力系的合力。

解：由式(2-9)～式(2-11)得：

$$F_{Rx} = \sum F_{ix} = F_1\cos30° - F_2\cos60° - F_3\cos45° + F_4\cos45°$$
$$= 200\cos30° - 300\cos60° - 100\cos45° + 250\cos45°$$
$$= 129.3(N)$$
$$F_{Ry} = \sum F_{iy} = F_1\sin30° + F_2\sin60° - F_3\sin45° - F_4\sin45°$$
$$= 200\cos60° + 300\cos30° - 100\cos45° - 250\cos45°$$
$$= 112.3(N)$$
$$F_R = \sqrt{F_{Rx}^2 + F_{Ry}^2} = \sqrt{129.3^2 + 112.3^2} = 171.3(N)$$
$$\cos\alpha = \frac{F_{Rx}}{F_R} = \frac{129.3}{171.3} = 0.7548$$
$$\cos\beta = \frac{F_{Ry}}{F_R} = \frac{112.3}{171.3} = 0.6556$$

则合力 $\boldsymbol{F}_R$ 与 x、y 轴夹角分别为：

$$\alpha = 40.99°, \beta = 49.01°$$

合力 $\boldsymbol{F}_R$ 的作用线通过汇交点 O。

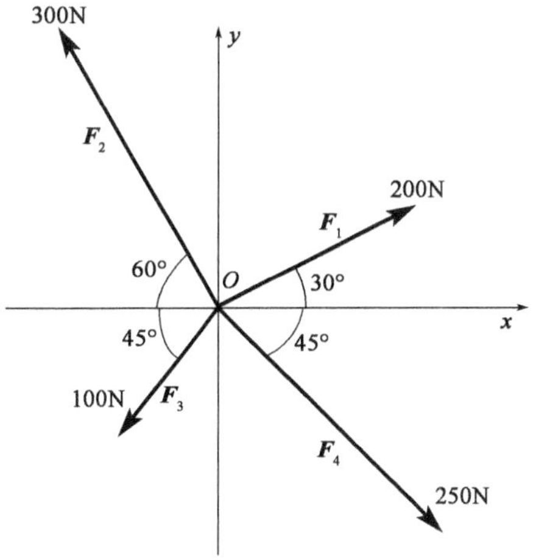

图 2-7

3)平面汇交力系的平衡方程

平面汇交力系平衡的必要和充分条件是该力系的合力 F_R等于零。由式(2-10)应有：

$$F_R = \sqrt{(\sum F_{ix})^2 + (\sum F_{iy})^2} = 0$$

欲使上式成立，必须同时满足：

$$\sum F_{ix} = 0, \sum F_{iy} = 0 \tag{2-12}$$

于是，平面汇交力系平衡的必要和充分条件是各力在两个坐标轴上投影的代数和分别等于零。式(2-12)称为平面汇交力系的平衡方程。这是两个独立的方程，可以求解两个未知量。

下面举例说明平面汇交力系平衡方程的实际应用。

[例2-3] 如图2-8a)所示，重物 $P = 20kN$，用钢丝绳挂在支架的滑轮 B 上，钢丝绳的另一端缠绕在绞车 D 上。杆 AB 与 BC 铰接，并以铰链 A、C 与墙连接。如两杆和滑轮的自重不计，并忽略摩擦和滑轮的大小，试求平衡时杆 AB 和 BC 所受的力。

解:(1)取研究对象。由于 AB、BC 两杆都是二力杆,假设杆 AB 受拉力、杆 BC 受压力,如图 2-8b)所示。为了求出这两个未知力,可通过求两杆对滑轮的约束反力来解决。因此,选取滑轮 B 为研究对象。

(2)画受力图。滑轮受到钢丝绳的拉力为 $\boldsymbol{F}_1$ 和 $\boldsymbol{F}_2$(已知 $\boldsymbol{F}_1=\boldsymbol{F}_2=\boldsymbol{P}$)。此外,杆 AB 和 BC 对滑轮的约束反力为 $\boldsymbol{F}_{BA}$ 和 $\boldsymbol{F}_{BC}$。由于滑轮的大小可忽略不计,故这些力可看作是汇交力系,如图 2-8c)所示。

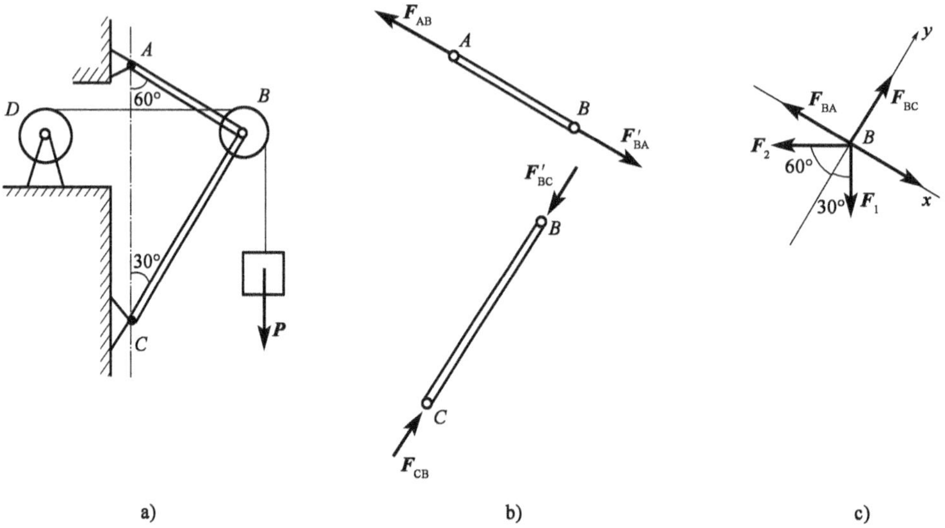

图 2-8

(3)列平衡方程。选取坐标轴如图 2-8c)所示。为使每个未知力只在一个轴上有投影,在另一轴上的投影为零,坐标轴应尽量取在与未知力作用线相垂直的方向。这样在一个平衡方程中只有一个未知数,不必解联立方程,即:

$$\sum F_{ix}=0 \quad -F_{BA}-F_1\cos 60°-F_2\cos 30°=0$$

$$\sum F_{iy}=0 \quad -F_{BC}\sin 30°-F_1\cos 30°-F_2\cos 60°=0$$

其中,$F_1=F_2=P$。

解得:$F_{BA}=-0.366P=-7.321\text{kN}$(压),$F_{BC}=1.366P=27.32\text{kN}$(拉)。

所求结果,F_{BC} 为正值,表示这力的假设方向与实际方向相同,即杆 BC 受压;F_{BA} 为负值,这表示这力的假设方向与实际方向相反,即杆 AB 也受压力。

2.2 力对点之矩的概念及计算

力对刚体的作用效应使刚体的运动状态发生改变(包括移动与转动),其中力对刚体的移动效应可用力矢来度量,而力对刚体的转动效应可用力对点的矩(简称力矩)来度量,即力矩是度量力对刚体转动效应的物理量。

2.2.1 力对点之矩——力矩

力对物体的作用效果，一般分为平移和转动。力的平移效应应由力矢量的大小和方向来决定；而力的转动效应，则取决于力矩。**力矩是力使物体转动效应的度量**。力使物体的转动效应可分为力使物体绕点转动和绕轴转动两种，分别称为力对点之矩和力对轴之矩。这里通过介绍平面上的力对点之矩引入力矩概念，至于空间力对点之矩和力对轴之矩将在以后章节详细讨论。

力矩，即力对点之矩，是力使物体绕某点（称为力矩中心，简称矩心）转动效应的度量，它也是力学中的一个重要概念。实践表明，力使物体绕某点转动的效应，取决于：

(1) 力的大小以及矩心到力作用线的距离（称为力臂）；

(2) 力和矩心所组成的平面的位置（力矩作用平面在空间的方位，如图 2-9 所示）；

(3) 力使物体绕矩心转动的转向。

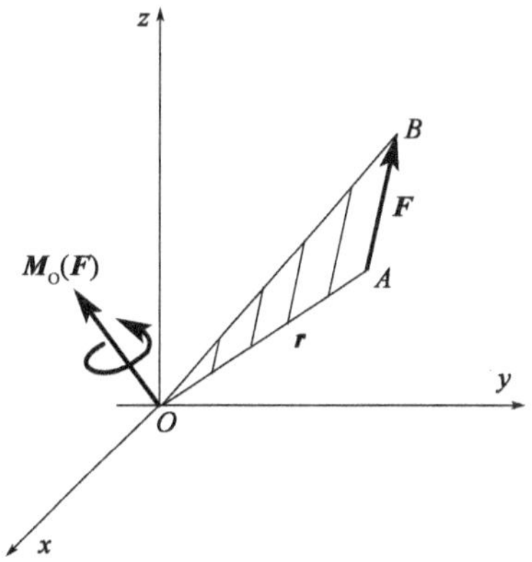

图 2-9

力对点之矩是一个代数量，其大小等于力与力臂的乘积，正负号规定为：力使物体绕矩心逆时针方向转动时为正，反之为负。

以 $M_O(\boldsymbol{F})$ 表示力 $\boldsymbol{F}$ 对于点 O 之矩，则：

$$M_O(\boldsymbol{F}) = \pm Fh = \pm 2S_{\triangle OAB}$$

式中，$S_{\triangle OAB}$表示三角形 OAB 的面积。

力矩的常用单位为 N · m 或 kN · m。当力的作用线通过矩心时，力臂 $h=0$，则 $M_O(\boldsymbol{F})=0$。以 $\boldsymbol{r}$ 表示由点 O 到 A 的矢径，则矢积 $\boldsymbol{r}\times\boldsymbol{F}$ 的模 $|\boldsymbol{r}\times\boldsymbol{F}|$ 等于该力矩的大小，且其指向与力矩转向符合右手规则。

2.2.2 合力矩定理

合力矩定理：平面汇交力系的合力对于平面内任一点之矩等于所有各分力对于该点之矩的代数和。

证明：如图 2-10 所示，$\boldsymbol{r}$ 为矩心 O 到汇交点 A 的矢径，$\boldsymbol{F}_R$ 为平面汇交力系 $\boldsymbol{F}_1,\boldsymbol{F}_2,\cdots,\boldsymbol{F}_n$ 的合力，即：

$$\boldsymbol{F}_R = \boldsymbol{F}_1 + \boldsymbol{F}_2 + \cdots + \boldsymbol{F}_n$$

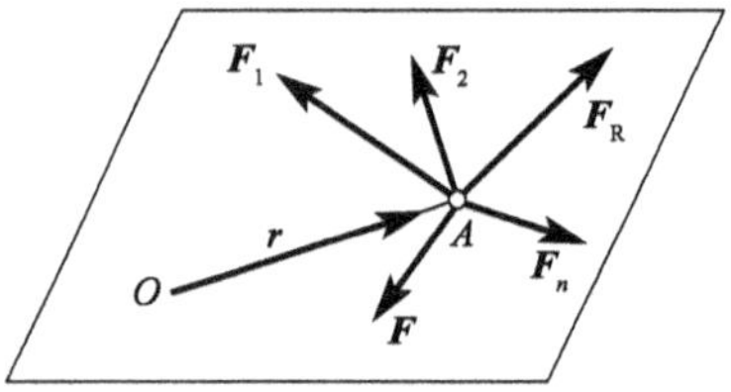

图 2-10

以 $\boldsymbol{r}$ 对上式两端作矢积，有：

$$\boldsymbol{r} \times \boldsymbol{F}_R = \boldsymbol{r} \times \boldsymbol{F}_1 + \boldsymbol{r} \times \boldsymbol{F}_2 + \cdots + \boldsymbol{r} \times \boldsymbol{F}_n$$

由于力 $\boldsymbol{F}_1, \boldsymbol{F}_2, \cdots, \boldsymbol{F}_n$ 与点 O 共面，上式各矢积平行，因此上式矢量和可按代数和计算。而各矢量积的大小就是力对点 O 之矩，于是证得合力矩定理，即：

$$M_O(\boldsymbol{F}_R) = M_O(\boldsymbol{F}_1) + M_O(\boldsymbol{F}_2) + \cdots + M_O(\boldsymbol{F}_n) = \sum_{i=1}^{n} M_O(\boldsymbol{F}_i) \tag{2-13}$$

按力系等效概念，式(2-13)易于理解，且适用于任何有合力存在的力系。

当平面汇交力系平衡时，合力为零；由式(2-13)可知，各力对任一点 O 之矩的代数和皆为零。即：

$$\sum M_O(\boldsymbol{F}_i) = 0$$

上式说明：可用力矩方程代替投影方程求解平面汇交力系的平衡问题。

［例 2-4］ 力 $\boldsymbol{F}$ 作用于支架上 C 点，如图 2-11 所示。已知 $F = 1200\text{N}, a = 140\text{mm}, b = 120\text{mm}$，试求力 $\boldsymbol{F}$ 对其作用面内点 A 之矩。

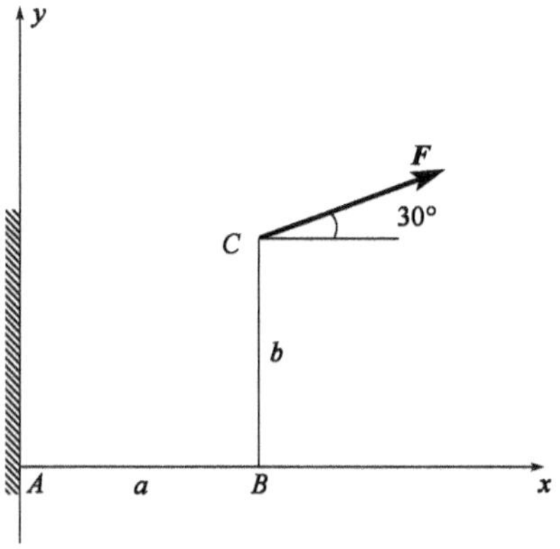

图 2-11

解：本题直接用力对点之矩计算力臂不易求得，若把力分解为水平和铅直方向的两个分力，并利用合力矩定理计算比较方便，即：

$$\begin{aligned} M_A(\boldsymbol{F}) &= M_A(\boldsymbol{F}_x) + M_A(\boldsymbol{F}_y) \\ &= -b\boldsymbol{F}_x + a\boldsymbol{F}_y = -40.7\text{N} \cdot \text{m} \end{aligned}$$

负号表示力矩的转向为顺时针转向。

2.3 平面力偶理论

2.3.1 力偶与力偶矩

大小相等，方向相反，作用线相互平行但不在同一直线上的两个力组成的力系称为力偶。如图2-12a)所示，力偶中两个力的作用线之间的距离 d 称为力偶臂，力偶所在的平面称为力偶作用面，力偶常用符号($\boldsymbol{F}$,$\boldsymbol{F}'$)表示。

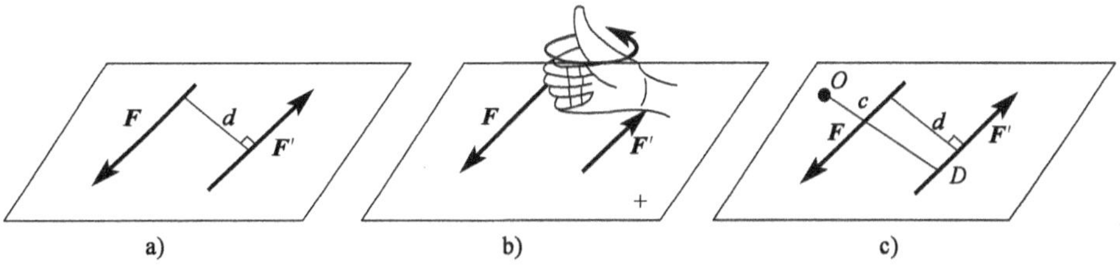

图 2-12

力偶对物体的作用效果，实际是组成力偶的两个力作用效果的叠加。由于这两个力大小相等，方向相反，所以它们在任意轴或任意方向的投影之和恒等于零，其作用效果是力使物体平移的运动效应相互抵消，但使物体的转动效应却一致。因而，力偶对物体作用的外效应是仅使物体发生转动。

如图2-13所示，用绞板绞管子的螺纹，将管子夹在台钳上，操作者在绞板套杆的两端各施大小相等、方向相反的平行力 $\boldsymbol{P}$ 和 $\boldsymbol{P}'$，组成一个力偶，使绞板转动。由于力偶的合力恒为零，所以不能用一个力与力偶等效，也不能用一个力与力偶平衡，**力偶只能与力偶等效，只能让力偶与力偶平衡**。力偶和力一样，是一种物体间机械作用的基本形式。

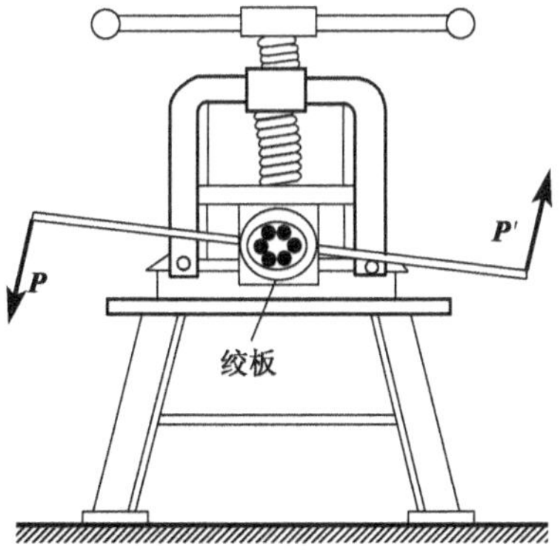

图 2-13

力偶使物体产生转动效应，用力偶矩度量。力偶矩表示为 $M(\boldsymbol{F},\boldsymbol{F}')$，也可以简写为 M，它等于力偶中力的大小与力偶臂长的乘积，即：

$$M(\boldsymbol{F},\boldsymbol{F}') = M = \pm Fd$$

式中的正负号表示力偶在其作用面内的转向,符号规定与力矩的相同,即逆时针转向时为正,反之为负。也可以用右手螺旋法则确定,如图 2-12b)所示。图 2-12c)所示为求力偶中的两个力对力偶作用面内任一点 O 的矩,可以发现:力偶对其作用面内任一点的矩与矩心 O 的位置无关。也就是说,力偶对其作用面内任一点的矩都等于力与力偶臂的乘积,这是力偶与力矩的主要区别。力偶矩的单位与力矩的单位相同,即 N · m 或 kN · m。

2.3.2 力偶的性质

性质 1:力偶中的两力对空间任一点的矩的矢量和等于其力偶矩矢,而在平面情况下力偶中二力对力偶作用面内任一点之矩的代数和恒等于力偶矩。即有:

$$M_O(\boldsymbol{F}) + M_O(\boldsymbol{F}') = M$$

性质 2:力偶对刚体的转动效应完全由力偶矩矢决定。

性质 3:只要保持力偶矩的大小和转向不变,力偶可移至与其作用面平行的任一平面而不改变力偶对刚体的作用效应。

综合以上性质,可归纳力偶的等效条件:作用于刚体上的两个力偶,只要它们的力偶矩矢相等,则它们对刚体的作用等效。对于同一平面内的两个力偶,若两力偶矩代数值相等,则它们对刚体的作用等效。

由于力偶可以在同平面内以及平行平面内移动,故力偶矩矢可以平移至刚体内的任何位置,而无须确定力偶矩矢的起点,因而**力偶矩矢是自由矢量**。

2.3.3 力偶系的简化及平衡条件

1)平面力偶的简化

设在刚体的同一平面内作用有两个力偶 m_1 和 m_2,$m_1 = F_1d_1$,$m_2 = -F_2d_2$,如图 2-14a)所示。

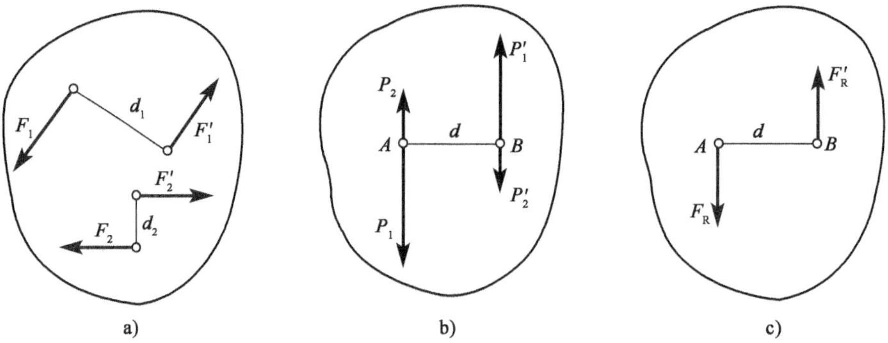

图 2-14

根据上述力偶的性质,在保持原力偶矩不变的条件下,同时改变这两个力偶矩的力和力偶臂,使它们具有相同的力偶臂长 d,经变换后力偶中的力可由 $M_1 = P_1d$,$M_2 = -P_2d$ 算出。将这两个同臂力偶在作用面内作适当移转,使力的作用线两两重合,如图 2-14b)所示。将 A 点的力 $\boldsymbol{P}_1$、$\boldsymbol{P}_2$ 及 B 点的力 $\boldsymbol{P}_1'$、$\boldsymbol{P}_2'$分别合成得:

$$F_R = P_1 - P_2, F'_R = P'_1 - P'_2$$

由 F_R 和 F'_R 组成的力偶(F_R,F'_R)就是原来两个力偶的合力偶,如图2-14c)所示,该合力偶的力偶矩为:

$$M = F_R d = (P_1 - P_2)d = M_1 + M_2 \quad (2\text{-}14)$$

此关系推广到由任意 n 个力偶组成的平面力偶系,有:

$$M = M_1 + M_2 + \cdots + M_n = \sum M_i \quad (2\text{-}15)$$

可见,平面力偶系合成的最终结果是一个合力偶,合力偶的力偶矩等于力偶系中各力偶矩的代数和。

2)平面力偶系的平衡

由合成结果可知,力偶系平衡时,其合力偶的矩等于零。因此,**平面力偶系平衡的必要和充分条件是所有合力偶矩的代数和等于零**。即:

$$\sum M_i = 0 \quad (2\text{-}16)$$

[**例2-5**] 图2-15a)所示为一简支梁,在梁的 C 处作用一力偶,梁的跨度 $l=5\text{m}$,求 A、B 两处的支座反力。

解:取 AB 梁为研究对象,因梁处于平衡状态,作用在梁上的主动力只有力偶,根据力偶只能与力偶平衡的性质,A、B 处的支座反力必须组成一个力偶才能满足平衡条件,同时根据可动铰支座约束反力的性质判知,支座 B 处的约束反力 F_B 必沿铅垂方向,由此可知,A 处的约束反力 $\boldsymbol{F}_A$ 必与 $\boldsymbol{F}_B$ 等值、反向、相互平行,受力分析如图2-15b)所示。

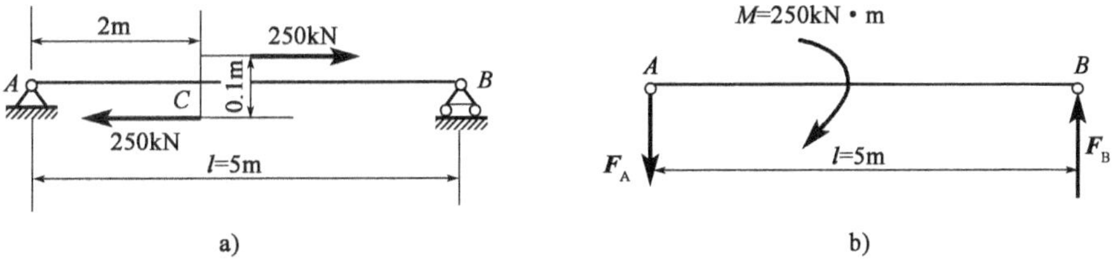

图 2-15

列力偶平衡方程:

$$\sum M = 0 \quad -M + F_B \times 5 = 0$$

因 $M = 25\text{kN}\cdot\text{m}$,所以求得:

$$F_B = \frac{M}{5} = \frac{25}{5} = 5(\text{kN}),$$

$$F_A = F_B = 5\text{kN}$$

习题

2-1 铆接薄板在孔心 A、B 和 C 处受三力作用,如题2-1图所示。$F_1=100\text{N}$,沿铅直方向;$F_3=50\text{N}$,沿水平方向,并通过点 A;$F_2=50\text{N}$,力的作用线也通过点 A,尺寸如图所示,求此力系的合力。

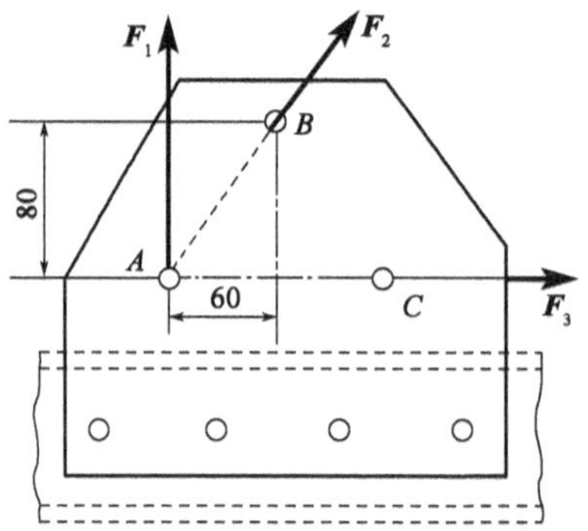

题2-1图

2-2　如题2-2图所示，结构中各杆的自重不计，AB和CD两杆铅垂，力P和Q的作用线水平。已知$P=2\text{kN}$，$Q=1\text{kN}$，求杆CE所受的力。

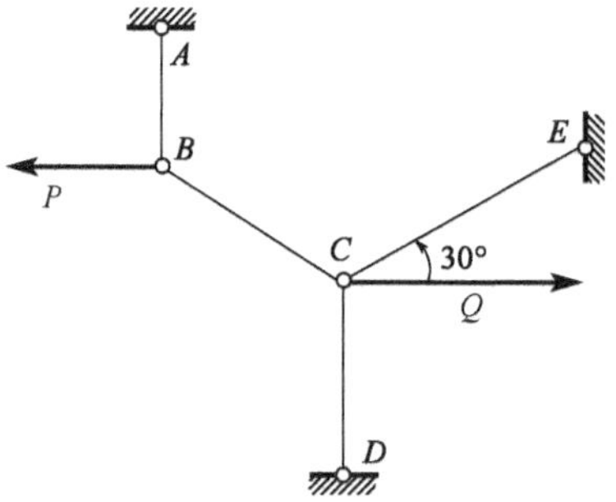

题2-2图

2-3　支架由杆AB、AC构成，A、B、C三处都视为铰链连接，A点作用有铅垂力G，求如题2-3图所示4种情况下AB、AC杆所受的力，并说明是拉力还是压力，各杆自重不计。

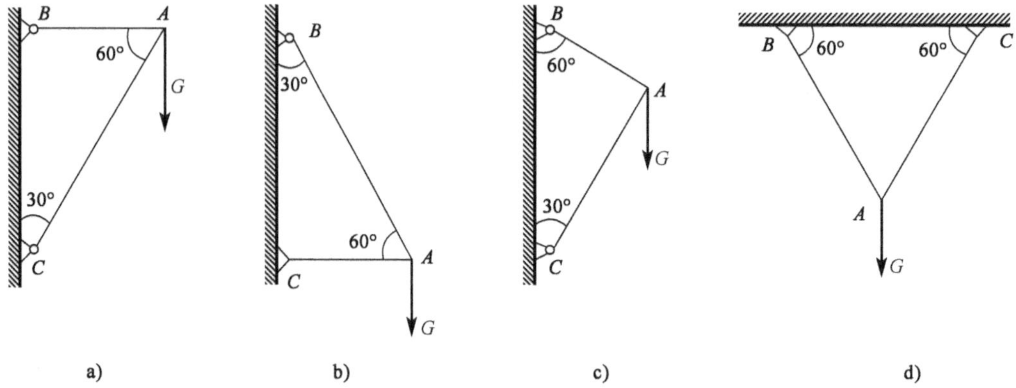

题2-3图

2-4 如题2-4图所示组合梁自重不计,受力如图所示,求 C、B 处的约束反力。

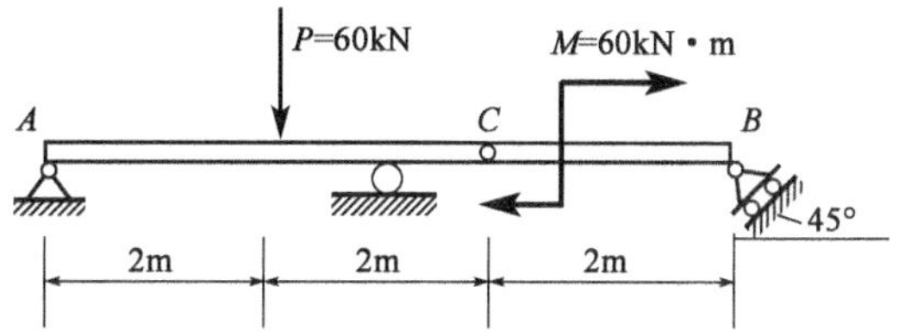

题2-4图

2-5 如题2-5图所示三铰拱刚架,受水平力 P 的作用,求固定铰支座 A、B 和铰链 C 处的约束反力。

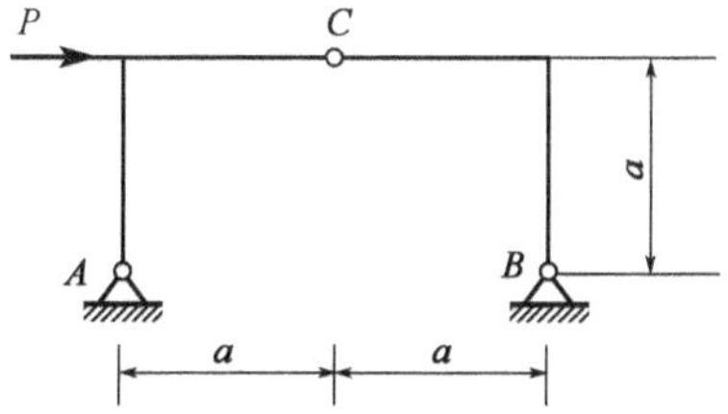

题2-5图

2-6 如题2-6图所示,水平梁上作用着两个力偶,其中一个力偶矩 $M_1=60\text{kN}\cdot\text{m}$,另一个力偶矩 $M_2=40\text{kN}\cdot\text{m}$,已知 $AB=3.5\text{m}$,求 A、B 两处支座的约束反力。

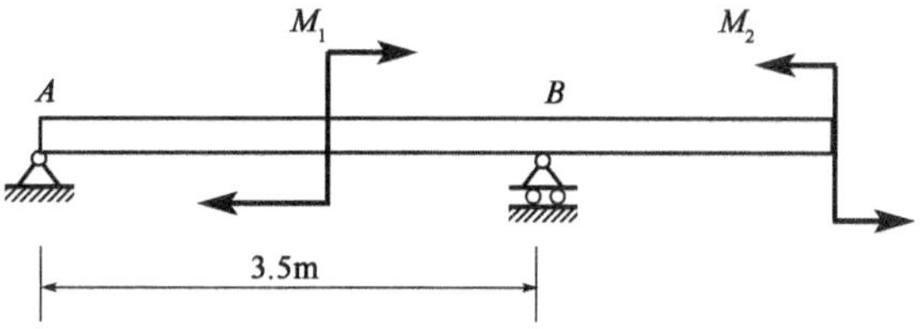

题2-6图

第3章 平面任意力系

工程中经常遇到平面任意力系的问题,即作用在物体上的力的作用线都分布在同一平面内(或近似地分布在同一平面内),并呈任意分布的力系。当物体所受的力都对称于某一平面时,也可将它视作平面任意力系问题。

本章将在前述内容的基础上,详述平面任意力系的简化和平衡问题。

3.1 平面力系向任一点的简化

3.1.1 力的平移定理

力系向一点简化是一种较为简便并具有普遍性的力系简化方法。此方法的理论基础是力的平移定理。

设刚体上一任意点 A 处作用一力 $\boldsymbol{F}$,如图 3-1a)所示,根据加减平衡力系公理,在刚体上的另外任意点 B 处加上一对平衡力 $\boldsymbol{F}'$ 和 $\boldsymbol{F}''$,如图 3-1b)所示,令 $F' = -F'' = F$。显然,$\boldsymbol{F}$ 与 $\boldsymbol{F}''$ 构成一个力偶,其力偶矩为 $M = (\boldsymbol{F},\boldsymbol{F}'') = -F \cdot d$。可见,原作用于点 A 的力 $\boldsymbol{F}$ 与作用于点 B 的力 $\boldsymbol{F}'$ 和力偶 M 的共同作用等效,如图 3-1c)所示,力偶 M 称为附加力偶。且有

$$M = M_B(\boldsymbol{F}) = -F \cdot d \tag{3-1}$$

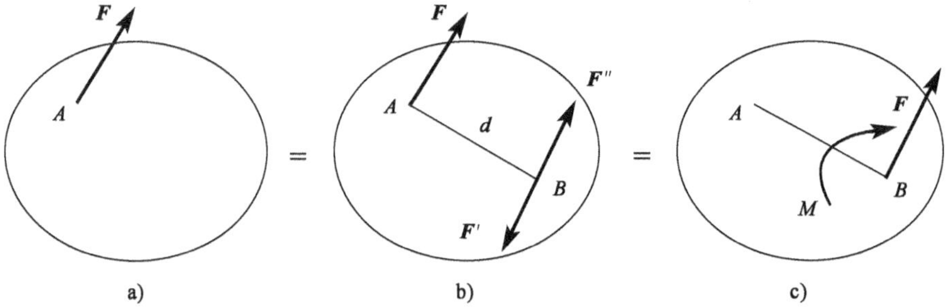

图 3-1

比较可见,附加力偶的力偶矩等于原来力 $\boldsymbol{F}$ 对新作用点 B 之矩,即 $M = M_B(\boldsymbol{F})$ 。这就是力的平移定理:**作用在刚体上某点 A 的力 F 可以等效地平行移到这刚体上的其他任意点 B,但必须同时附加一个力偶,此附加力偶的力偶矩等于原来点 A 的力 F 对新作用点 B 的矩。**

力的平移定理说明,一个力可以用另一作用点的一个同样大小和方向的力及一个力偶等效替代。那么反过来,一个力和一个力偶能否由一个力等效替代呢?请读者思考。

3.1.2 力系向任意一点简化、主矢和主矩

设有一由 n 个力 $\boldsymbol{F}_1,\boldsymbol{F}_2,\boldsymbol{F}_3,\cdots,\boldsymbol{F}_n$ 组成的平面力系作用于刚体上,如图 3-2a)所示,将该力系向空间平面内任一点简化。这个任选的点称为**简化中心**。为了简化力系,利用力的平移定理将力系中各力向简化中心 O 等效平移,得到作用在简化中心的一个平面汇交力系 $\boldsymbol{F}'_1$,$\boldsymbol{F}'_2,\boldsymbol{F}'_3,\cdots,\boldsymbol{F}'_n$和一个平面力偶系 $M_1 = M_O(\boldsymbol{F}_1),M_2 = M_O(\boldsymbol{F}_2),\cdots,M_n = M_O(\boldsymbol{F}_n)$,如图 3-2b)所示。利用已讨论过的结果,可得作用于 O 点的力 $\boldsymbol{F}'_R$一个力偶 M_O,如图 3-2c)所示,称 $\boldsymbol{F}'_R$为原力系的主矢,M_O 为原力系对简化中心 O 的主矩。也就是说,平面力系向平面内任一点简化,其结果为作用于该点的一主矢和一主矩。即:

$$\begin{cases} \boldsymbol{F}'_R = \sum \boldsymbol{F}' = \sum \boldsymbol{F}_i \\ M_O = \sum M_O(\boldsymbol{F}_i) \end{cases} \tag{3-2}$$

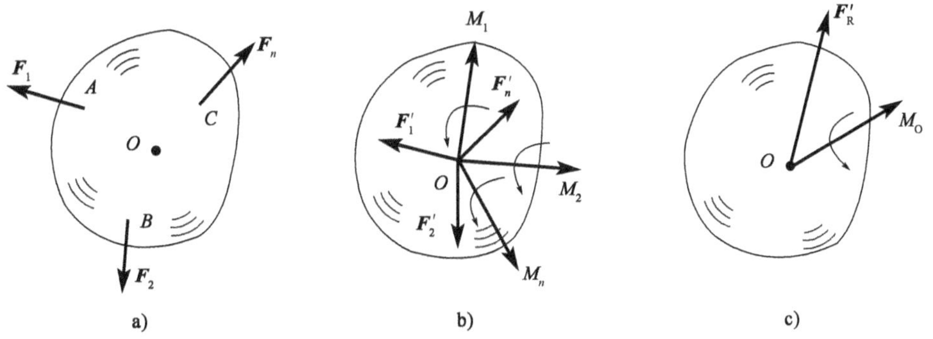

图 3-2

在解析法中,主矢的大小和方向为:

$$\left.\begin{aligned} &F'_{Rx} = \sum F_{ix}, F'_{Ry} = \sum F_{iy} \\ &F'_R = \sqrt{(\sum F_{ix})^2 + (\sum F_{iy})^2} \\ &\cos\alpha = \boldsymbol{F}'_{Rx}/\boldsymbol{F}'_R, \cos\beta = \boldsymbol{F}'_{Ry}/\boldsymbol{F}'_R \end{aligned}\right\} \tag{3-3}$$

式中,α、β 分别为主矢 $\boldsymbol{F}'_R$与坐标轴 x、y 正向之间的夹角。

主矩的大小和方向为:

$$\left.\begin{aligned} &M_{Ox} = \sum M_x(\boldsymbol{F}_i), M_{Oy} = \sum M_y(\boldsymbol{F}_i) \\ &M_O = \sqrt{[\sum M_x(\boldsymbol{F}_i)]^2 + [\sum M_y(\boldsymbol{F}_i)]^2} \\ &\cos\alpha' = M_{Ox}/M_O, \cos\beta' = M_{Oy}/M_O \end{aligned}\right\} \tag{3-4}$$

式中,α'、β'分别为主矩 M_O 与坐标轴 x、y 正向之间的夹角。

结论:平面力系向作用面内任一点简化,一般可得到一个力和一个力偶,该力通过简化中

心,其大小和方向等于力系的主矢,主矢的大小和方向与简化中心无关;该力偶的力偶矩等于力系对简化中心的主矩,主矩的大小和转向与简化中心相关。

3.1.3 固定端约束(插入端约束)

物体的一部分固嵌于另一物体中所构成的约束称为固定端约束。例如,电线杆、固定在刀架上的车刀、焊接在立柱上的托架等所受到的约束就是固定端约束,这种约束不但限制物体在任意方向的移动,还限制物体的转动,如图 3-3 所示。

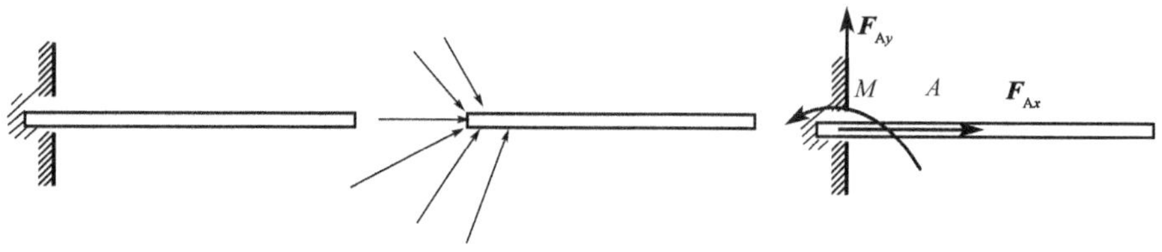

图 3-3

3.2 力系简化的各种结果分析

平面任意力系向作用面内一点简化的结果,可能有 4 种情况,即①$F'_R=0,M_O\neq0$;②$F'_R\neq0,M_O=0$;③$F'_R\neq0,M_O\neq0$;④$F'_R=0,M_O=0$。下面分别进行讨论。

3.2.1 平面任意力系简化为一个力偶的情形

如果力系的主矢等于零,而力系对于简化中心的主矩不等于零,即:

$$F'_R=0,M_O\neq0$$

在这种情况下,原力系向简化中心等效平移后的汇交力系已自行平衡,只剩下附加力偶系,而附加力偶系最终合成得一个合力偶,因此原力系与此合力偶等效。也就是说,原力系简化成一个力偶,这个力偶是原力系的合力偶,因力系中各力的矢量和等于零,这时无论向平面内哪一点简化得到的都是这个力偶,所以此合力偶矩与简化中心的位置不再有关,其大小、转向都是确定的常数。这是平面力系简化的一种最简形式。

3.2.2 平面任意力系简化为一个合力的情形

如果平面力系向点 O 简化的结果为主矩等于零,而主矢不等于零,即:

$$F'_R\neq0,M_O=0$$

力系等效于经过简化中心 O 的一个力 $\boldsymbol{F}'_R$。这个力与原力系等效,故原力系简化的结果是一个合力,其大小和方向为:

$$\left.\begin{aligned}\boldsymbol{F}'_R&=\sqrt{(\sum F_{ix})^2+(\sum F_{iy})^2}\\ \cos\alpha&=\frac{\sum F_{ix}}{F'_R},\cos\beta=\frac{\sum F_{iy}}{F'_R}\end{aligned}\right\}\tag{3-5}$$

式中，α、β 分别为主矢 $\boldsymbol{F}'_{\mathrm{R}}$ 与坐标轴 x、y 正向之间的夹角。

3.2.3 平面任意力系简化为一个合力和一个力偶的情形

若 $F'_{\mathrm{R}} \neq 0$，$M_O \neq 0$，则由力线平移定理，可将简化所得的作用于 O 点的力 $\boldsymbol{F}_{\mathrm{RO}}$ 和矩为 M_O 的力偶进一步合成为一力 $\boldsymbol{F}_{\mathrm{R}}$（图 3-4），合力 $\boldsymbol{F}_{\mathrm{R}}$ 的大小及方向与力 $\boldsymbol{F}_{\mathrm{RO}}$ 相同，即：

$$F_{\mathrm{R}} = F_{\mathrm{RO}} = F'_{\mathrm{R}} = \sum F$$

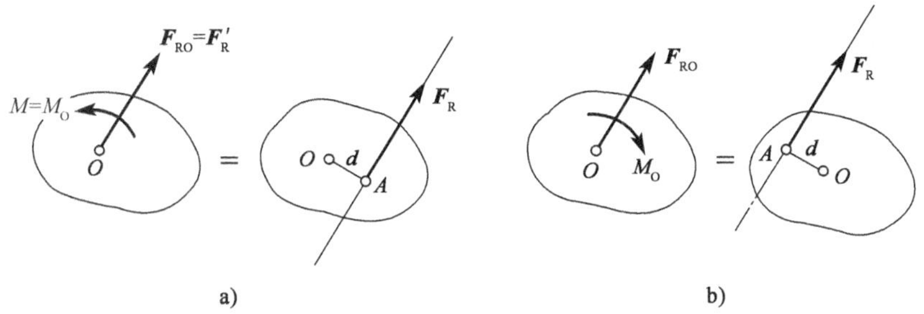

图 3-4

由简化中心至合力作用线的垂直距离为：

$$d = \frac{|M|}{F_{\mathrm{R}}} = \frac{|M_O|}{F'_{\mathrm{R}}}$$

当 $M_O > 0$ 时，合力 $\boldsymbol{F}_{\mathrm{R}}$ 在 $\boldsymbol{F}_{\mathrm{RO}}$ 的右边［顺着 $\boldsymbol{F}_{\mathrm{RO}}$ 的方向，图 3-4a）］；而当 $M_O < 0$ 时，合力 $\boldsymbol{F}_{\mathrm{R}}$ 在 $\boldsymbol{F}_{\mathrm{RO}}$ 的左边［图 3-4b）］。

在这种情况下，根据图 3-4 及主矩表达式可知，合力 $\boldsymbol{F}_{\mathrm{R}}$ 对于 O 点之矩为：

$$M_O(\boldsymbol{F}_{\mathrm{R}}) = \pm F_{\mathrm{R}} d = M$$

但是

$$M = M_O = \sum M_O(\boldsymbol{F})$$

于是得：

$$M_O(\boldsymbol{F}_{\mathrm{R}}) = \sum M_O(\boldsymbol{F})$$

这就表明，**若平面任意力系可合成为一合力，则其合力对于作用面内任一点之矩等于力系内各力对于同一点之矩的代数和**。这就是平面任意力系情况下的合力矩定理。

3.3 平面任意力系的平衡条件及平衡方程

3.3.1 平面任意力系平衡的充分必要条件

由上一节平面任意力系简化理论可知：当力系的主矢和对任一确定点 A 的主矩全为零时，则合力为零，即力系为平衡力系；相反，当二者至少有一个不为零时，则力系的最简结果或是一力偶，或是一不为零的合力，即力系均为非平衡力系。前者说明主矢和主矩全为零是力系平衡的充分条件，后者则说明主矢和主矩均为零是力系平衡的必要条件。即**平面任意力系**

平衡的充分必要条件是力系的主矢和对任一确定点的主矩同时为零。写成数学表达式为：

$$\left.\begin{aligned}\sum \boldsymbol{F}_i &= 0\\ \sum M_O(\boldsymbol{F}_i) &= 0\end{aligned}\right\} \tag{3-6}$$

3.3.2 平面任意力系平衡方程的基本形式

平面任意力系平衡的充分必要条件即式(3-6)中第一方程为矢量方程式。在处理实际问题的应用中，常用两个与之等价的投影代数方程来取而代之，即：

$$\left.\begin{aligned}\sum F_{ix} &= 0\\ \sum F_{iy} &= 0\end{aligned}\right\} \tag{3-7}$$

这两个投影方程与 $\sum \boldsymbol{F}_i = 0$ 的等价性是显而易见的。于是，就得到了完全由代数方程给出的一组平面任意力系平衡的充要条件：

$$\left.\begin{aligned}\sum F_{ix} &= 0\\ \sum F_{iy} &= 0\\ \sum M_A &= 0\end{aligned}\right\} \tag{3-8}$$

按式(3-8)，平面任意力系平衡的条件也可以表述为：力系中所有各力在两个任选正交轴上投影的代数和分别等于零，各力对任意点之矩的代数和也同时等于零。式(3-8)也称为平面任意力系的平衡方程。

3.3.3 平面任意力系平衡方程的其他两种形式

平面任意力系平衡方程除了基本形式外，还可以写成以下两种等价形式。

(1)二矩式

$$\left.\begin{aligned}\sum F_{ix} &= 0\\ \sum M_A &= 0\\ \sum M_B &= 0\end{aligned}\right\} \quad (x\text{ 轴与 }AB\text{ 的连线互不垂直}) \tag{3-9}$$

(2)三矩式

$$\left.\begin{aligned}\sum M_A &= 0\\ \sum M_B &= 0\\ \sum M_C &= 0\end{aligned}\right\} \quad (A、B、C\text{ 三点不共线}) \tag{3-10}$$

上述三组方程都可用来解决平面任意力系的平衡问题，究竟选用哪一组方程，需要根据具体条件决定。对于受平面任意力系作用的单个刚体的平衡问题，只能写出 3 个独立的平衡方程，求解 3 个独立的未知量。

[**例 3-1**] 起重机自重 $P=10\text{kN}$，可绕铅直轴 AB 转动，起重机的挂钩上挂有重 $Q=40\text{kN}$ 的重物，起重机尺寸如图 3-5a)所示，求在止推轴承 A 和轴承 B 处的约束反力，两轴承的厚度不计。

解：首先，取研究对象，对其进行受力分析。

以起重机为研究对象，建立坐标系，如图 3-4b)所示。因主动力 $\boldsymbol{P}$ 和 $\boldsymbol{Q}$ 均作用在铅垂面内，故轴承 B 的约束反力 $\boldsymbol{F}_B$ 沿水平方向，假定指向右边。止推轴承 A 处的约束反力用水平力 $\boldsymbol{F}_{Ax}$ 和垂直力 $\boldsymbol{F}_{Ay}$ 表示，受力分析如图 3-5b)所示。

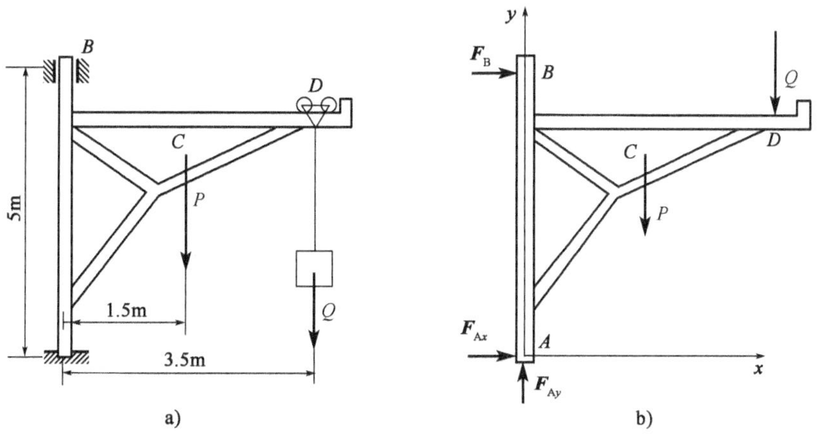

图 3-5

其次,列平衡方程如下:

$$\sum F_x = 0 \Rightarrow F_{Ax} + F_{Bx} = 0$$
$$\sum F_y = 0 \Rightarrow F_{Ay} - P - Q = 0$$
$$\sum M_A(F) = 0 \Rightarrow -5F_B - 1.5P - 3.5Q = 0$$

最后,带入数据求解得:

$$F_B = -(1.5P + 3.5Q)/5 = -31\text{kN}$$
$$F_{Ax} = -F_B = 31\text{kN}$$
$$F_{Ay} = P + Q = 50\text{kN}$$

如计算结果为负,表明它的实际指向与假定方向相反。

3.3.4 平面平行力系

各力的作用线在同一平面内且相互平行的力系称为平面平行力系。平面平行力系是平面任意力系的一种特殊情形。

如图3-6所示,设物体受平面平行力系 $\boldsymbol{F}_1,\boldsymbol{F}_2,\cdots,\boldsymbol{F}_n$ 的作用。如选取 x 轴与各力垂直,则不论力系是否平衡,每一个力在 x 轴上的投影恒等于零,于是,平面平行力系的独立平衡方程的数目只有两个,即:

$$\begin{cases} \sum F_y = 0 \\ \sum M_O(\boldsymbol{F}) = 0 \end{cases}$$

平面平行力系的平衡方程,也可用两个力矩方程的形式,即:

$$\begin{cases} \sum M_A(\boldsymbol{F}) = 0 \\ \sum M_B(\boldsymbol{F}) = 0 \end{cases}$$

其中,AB 连线不与各力的作用线平行。

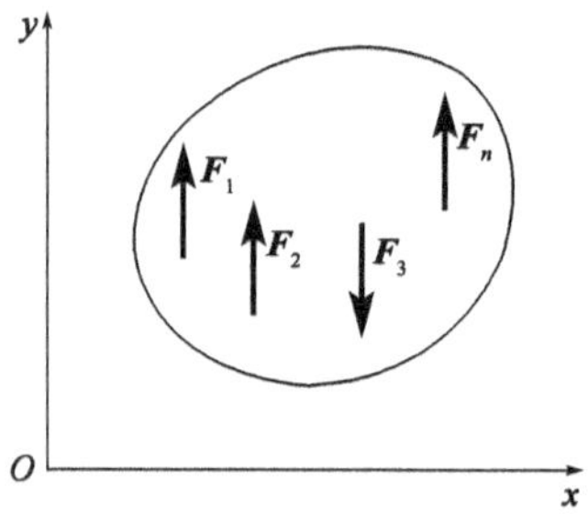

图 3-6

3.4 刚体系统的平衡、静定和静不定问题

3.4.1 刚体系统的静定问题

在工程实际问题中往往会遇到由若干个物体通过适当的约束相互连接而成的系统，这种系统称为物体系统，简称物系。在物体系统问题中，每个分离体上的力系，它的独立方程的数目是一定的，可求解的未知数也是一定的。**如果单个物体或物系未知量的数目正好等于独立的平衡方程的数目**，通过静力学平衡方程可完全确定这些未知量，这种平衡问题称为**静定问题。如果未知量的数目多于独立的平衡方程的数目**，仅通过静力学平衡方程不能完全确定这些未知量，这种问题称为**静不定问题或者超静定问题**。对于静不定问题，必须考虑物体因受力作用而产生的变形，加列某些补充方程后才能使问题得到求解。静不定问题已经超出理论力学范畴，将在材料力学和结构力学中研究。

这里说的静定与静不定问题是对整个系统而言的，若从该系统中取出一分离体，它的未知量的数目多于它的独立平衡方程的数目，并不能说明该系统就是静不定问题，而要分析整个系统的未知量数目和独立方程数目。

下面举一些静定和静不定问题的例子。

吊车起吊重物，重物用两根绳子挂在吊钩上，如图 3-7a）所示。若重物的重力 $\boldsymbol{P}$ 已知，求绳子的拉力。以重物为研究对象，则两根绳子的拉力是未知力。由图可见，重物所受的力在吊钩处形成一平面汇交力系，平面汇交力系有两个独立的平衡方程，可以求解两个未知数，所以这是个静定问题。有时为了安全起见，用三根绳子悬挂重物，如图 3-7b）所示，这时重物受的仍然是平面汇交力系，但未知的绳子拉力有三个，所以变成了静不定问题。

图 3-8a）所示一悬臂梁，其固定端一般有三个未知的约束反力，因受平面任意力系作用的刚体可列出三个独立的平衡方程，独立的平衡方程数与未知力的个数相等，所以这是个静定问题。工程实际中，为防止梁产生过大的弯曲变形，常在 B 端增加一个滚动支座，如图 3-8b）所示。支座增加，相应的约束反力也增加，但独立的平衡方程没有增加，因此问题变成了静不定问题。

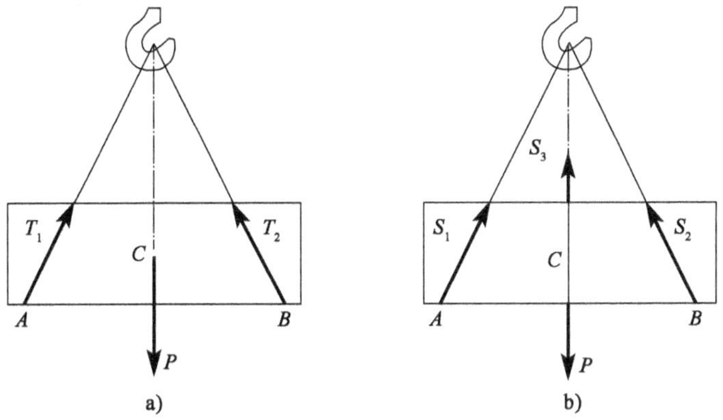

图 3-7

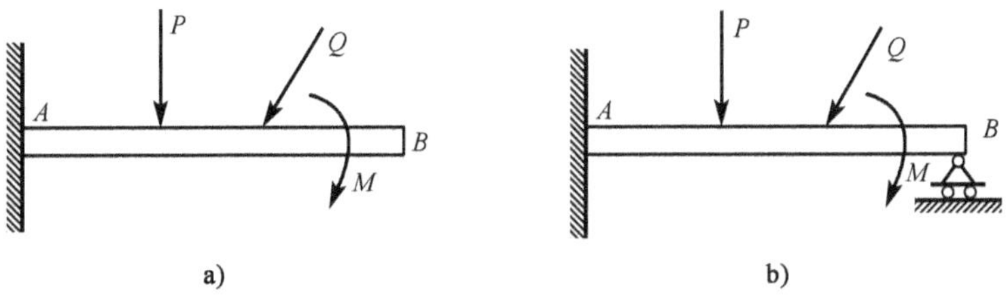

图 3-8

3.4.2 刚体系统的平衡问题

两个以上的刚体通过相互之间存在的某种约束形式所组成的系统称为**刚体系或物系**。物系的平衡问题仍可分为静定问题、静不定问题以及有条件的平衡问题。一个平衡的物系，其中每一个刚体所受到的力系一定是平衡力系。根据每个刚体所受力系的类型，可知每个力系所具有的独立平衡方程数 m_i。求和即得物系整体所具有的独立平衡方程数 $m = \sum m_i$。如果各个力系中总的未知约束力数为 n(由于各刚体之间的相互作用力为等值、反向，所以每一对作用与反作用的约束力只能计为一个未知约束力)，那么，当 $n = m$ 时，物系的平衡问题为静定问题；当 $n > m$ 时，物系的平衡问题为静不定问题；当 $n < m$ 时，物系的平衡问题为有条件的平衡问题。此时，如不满足平衡条件，则物系的力学问题(包括求未知的约束力)不属于静力学问题，而是一个动力学的问题。

在求解静定物系的平衡问题时，可选用任一个物体为研究对象，列出全部平衡方程，然后求解；也可以先取整个系统为研究对象，列出平衡方程，这样的方程不包含内力，式中未知量较少，解出部分未知量后，再从系统中选取某些物体作为研究对象，列出另外的平衡方程，直至求出所有的未知量为止。在选择研究对象和列平衡方程时，应使每一个平衡方程的未知量个数尽可能地少，最好是只含有一个未知量，以避免求解联立方程。此外，在求解过程中应注意以下几点：

(1)首先判断物体系统是否属于静定问题。

(2)恰当地选择研究对象。在一般情况下，首先以系统的整体为研究对象，这样不出现未知的内力,易于解出未知量。当不能解出未知量时,应立即选取单个物体或部分物体的组合为研究对象,一般应先选受力简单而作用有已知力的物体为研究对象,求出部分未知量后再研究其他物体。

(3)受力分析。首先从二力构件入手,受力图比较简单,有利于解题,解除约束时要严格地按照约束的性质画出相应的约束力。对于一个销钉连接三个或三个以上物体时,要明确所选对象中是否包括该销钉,解除了哪些约束,然后正确画出相应的约束力。画受力图时,关键在于正确画出铰链反力。除二力构件外,通常用二分力表示铰链反力;不画研究对象的内力;两物体间的相互作用力应该符合作用与反作用定律,即作用力与反作用力必定等值、反向和共线。

(4)列平衡方程求未知量。列出恰当的平衡方程,尽量避免在方程中出现不需要求的未知量。为此可恰当地运用力矩方程,适当选择两个未知力的交点为矩心,所选的坐标轴应与较多的未知力垂直,判断清楚每个研究对象所受的力系及其独立方程的个数、物系独立平衡方程的总数。避免列出不独立的平衡方程,解题时应从未知力最少的方程入手,尽量避免联立求解。

(5)校核。求出全部所需的未知量后可再列一个不重复的平衡方程将计算结果代入,若满足方程,则计算无误。

[例 3-2] 图 3-9a)所示平面结构由 AB、BC 两均质杆在 B 处用销钉连接,A、C 处由固定支座支承。在销钉 B 上悬挂一重物。已知重物重 $\boldsymbol{Q}$,均质杆 AB 重 $\boldsymbol{P}_1$,BC 杆重 $\boldsymbol{P}_2$。试求销钉 B 对杆 BC 的约束反力。

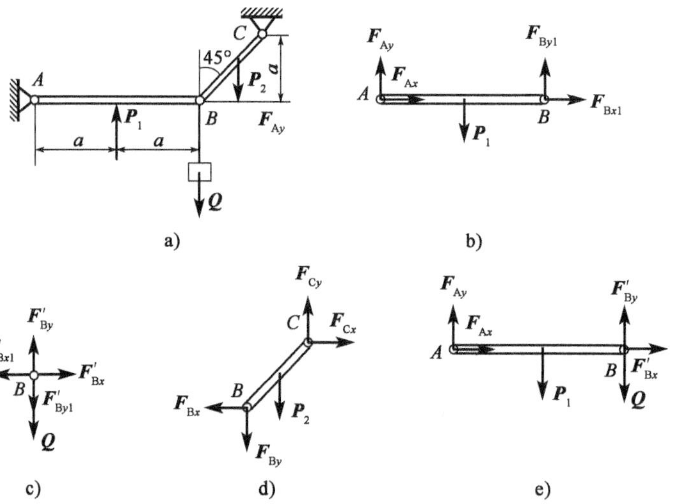

图 3-9

分析:就此系统整体而言,销钉 B 对杆 BC 的约束反力是内力,所以必须取分离构件为研究对象才能求出。另外,因 AB 杆、BC 杆和销钉 B 上都作用有主动力,它们通过销钉 B 相互影响,所以仅取 BC 杆或销钉 B 为研究对象,也求不出此约束反力。

[解 1] 分别取杆 AB、销钉 B 及杆 BC 为研究对象,受力分析如图 3-9b) ~ d)所示。根据题意,欲求的力是 $\boldsymbol{F}_{Bx}$ 和 $\boldsymbol{F}_{By}$,销钉上的 $\boldsymbol{F}'_{Bx}$ 和 $\boldsymbol{F}'_{By}$ 与和 $\boldsymbol{F}_{Bx}$、$\boldsymbol{F}_{By}$ 和 $\boldsymbol{F}'_{Bx1}$ 与 $\boldsymbol{F}'_{By}$ 和 $\boldsymbol{F}_{By1}$ 是作用力与反作用力的关系。列平衡方程如下。

对图 3-9b),有:

$$\sum M_A(\boldsymbol{F}) = 0 \quad 2aF_{By1} - aP_1 = 0 \tag{3-11}$$

对图 3-9c),有:

$$\sum F_y = 0 \quad F'_{By} - F'_{By1} - Q = 0 \tag{3-12}$$

对图 3-9d),有:

$$\sum M_C(\boldsymbol{F}) = 0 \quad aF_{By} - aF_{Bx} + \frac{a}{2}P_2 = 0$$

由于:

$$F'_{By} = F_{By}, F'_{By1} = F_{By1}$$

由式(3-11)和式(3-12)得:

$$F_{By} = Q + \frac{P_1}{2},$$

$$F_{Bx} = \frac{P_1 + P_2}{2} + Q$$

[解2] 分别以杆 BC 和杆 AB 与销钉 B 的组合体为研究对象,受力分析如图 3-9d)和 e)所示。

对图 3-9e),有:

$$\sum M_A(\boldsymbol{F}) = 0 \quad 2F'_{By} - 2aQ - aP_1 = 0 \tag{3-13}$$

对图 3-9d),有:

$$\sum M_C(\boldsymbol{F}) = 0 \quad aF_{By} - aF_{Bx} + \frac{1}{2}aP_2 = 0 \tag{3-14}$$

由式(3-13)得:

$$F_{By} = Q + \frac{1}{2}P_1$$

带入式(3-14)得:

$$F_{Bx} = \frac{P_1 + P_2}{2} + Q$$

[例3-3] 图 3-10a)中各杆件之间均为铰链连接,杆自重不计,B 为插入端 $P = 1000\text{N}$,$AE = EB = CE = ED = 1\text{m}$,求插入端 B 的约束反力,以及 AC 杆的内力。

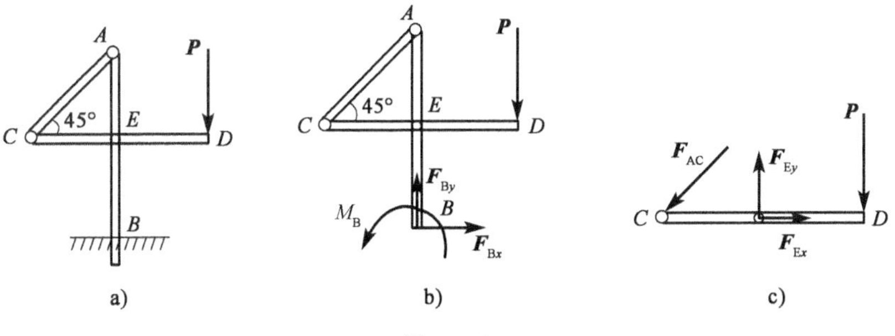

图 3-10

解:(1)先取整体为研究对象,受力分析如图 3-10b)所示,列平衡方程如下:

$$\sum F_x = 0 \quad F_{Bx} = 0$$

$$\sum F_y = 0 \quad F_{By} - P = 0$$

$$\sum M_B(\boldsymbol{F}) = 0 \quad M_B - P \cdot ED = 1000 \times 1 = 0$$

解得：$F_{Bx}=0, P=1000\text{kN}, M_B=1000\text{kN}$。

(2)再以 CD 杆为研究对象，受力方向如图 3-10c)所示，列平衡方程：

$$\sum M_E(\boldsymbol{F})=0 \quad \sum M_E = F_{AC}\cdot\sin45°\times ED - P\times1=0$$

解得：$F_{AC}=\sqrt{2}P=1414\text{N}$。

[例 3-4] 水平梁是由 AB、BC 两部分组成的，A 处为固定端约束，C 处为铰链连接，B 端为滚动支座，已知 $F=10\text{kN}$，$q=20\text{kN/m}$，$M=10\text{kN}\cdot\text{m}$，几何尺寸如图 3-11$a$)所示，试求 A、C 处的约束力。

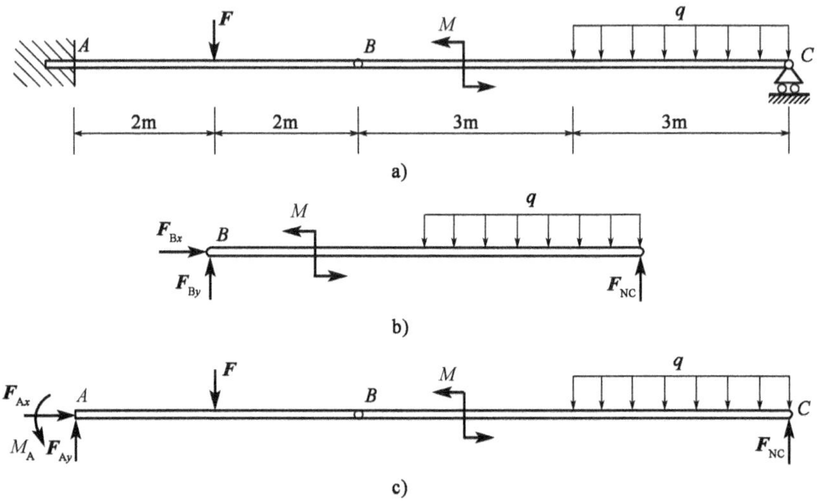

图 3-11

解：(1)选梁 BC 为研究对象，作用在它上的主动力有：力偶 M 和均布荷载 q；约束力，即 B 处的两个垂直分力$\boldsymbol{F}_{Bx}$、$\boldsymbol{F}_{By}$，C 处的法向力$\boldsymbol{F}_{NC}$，如图 3-11b)所示。列平衡方程：

$$\sum M_B(\boldsymbol{F}_i)=0 \quad 6F_{NC}+M-3q\times\left(3+\frac{3}{2}\right)=0$$

解得：$F_{NC}=43.33\text{kN}$。

(2)选整体为研究对象，作用在它上的主动力有：集中力 $\boldsymbol{F}$、力偶 M 和均布荷载 q；约束力即固定端 A 处的两个垂直分力 $\boldsymbol{F}_{Ax}$、$\boldsymbol{F}_{Ay}$ 和力偶矩 M_A，以及 C 处的法向力$\boldsymbol{F}_{NC}$，如图 3-11c)所示。列平衡方程如下：

$$\sum M_A(\boldsymbol{F}_i)=0 \quad M_A-2F+10F_{NC}+M-3q\times\left(7+\frac{3}{2}\right)=0$$

$$\sum F_x=0 \quad F_{Ax}=0$$

$$\sum F_y=0 \quad F_{Ay}-F-3q+F_{NC}=0$$

解得 A 端的约束力为：

$F_{Ax}=0, F_{By}=26.67\text{kN}, M_A=86.7\text{kN}\cdot\text{m}$，方向如图 3-11c)所示。

3.5 摩　擦

在前述的讨论中，把物体间的接触都假设为理想光滑的。实际上，这种完全光滑的接触是不存在的,两物体的接触面之间一般都有摩擦。只是在有些问题中,摩擦力很小,对所研究的问题影响较小,可以忽略不计,因而把接触面看作是光滑的。但是,对于另外一些实际问题,如汽车在公路上行驶、皮带轮和摩擦轮的传动等,摩擦是明显的甚至是起主要作用的,此时摩擦不能被忽略,必须加以考虑。

任何物体的表面都不可能是绝对光滑的,所以任何相互接触物体的表面,如果存在相对滑动或滑动的趋势,在接触面的切面上必然产生阻碍滑动的阻力,这种阻力就称为摩擦力。**摩擦力是两个相互接触物体表面起阻碍其相对滑动趋势的阻力**。若两个接触的表面有相对滑动的趋势而尚未产生运动,此时的摩擦力称为静滑动摩擦力;若已产生滑动,此时的摩擦力称为动滑动摩擦力。下面分别讨论这两种状态下的摩擦力。

3.5.1 滑动摩擦

1)静滑动摩擦、静滑动摩擦力定理

将重为 $\boldsymbol{P}$ 的物体放在粗糙的水平面上,并施加一水平力 $\boldsymbol{F}$,如图3-12a)所示。根据观察可知,当 $\boldsymbol{F}$ 的大小不超过某一数值时,物体虽有向右滑动的趋势,但仍保持相对静止。这个现象表明,物体除受法向反力 $\boldsymbol{F}_N$ 之外,还有一水平向左的反力 $\boldsymbol{F}_s$,如图3-12b)所示。$\boldsymbol{F}_s$ 即为静滑动摩擦力,简称静摩擦力。当力 F 从零开始逐渐增加,使物体处于将动未动的临界状态时所对应的静滑动摩擦力称为最大静滑动摩擦力,简称最大静摩擦力,记作 $\boldsymbol{F}_{max}$。此后如果 $\boldsymbol{F}$ 继续增大,物体与水平面之间产生相对滑动,静滑动摩擦力也就变成动滑动摩擦力。这是静摩擦力与一般约束反力不同的地方。

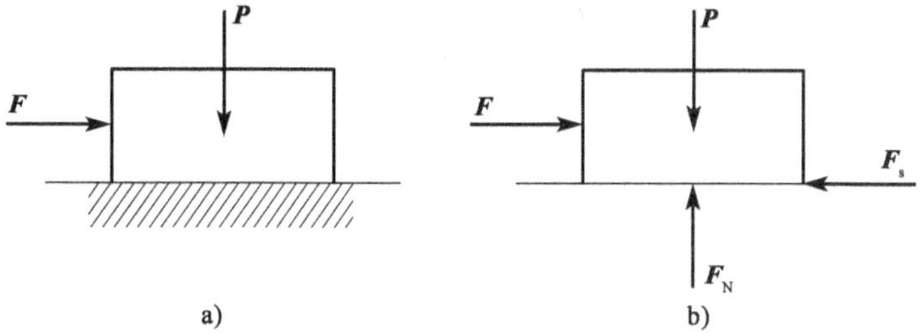

图 3-12

概括静滑动摩擦力的性质,如下:

(1)当物体与约束面之间有正压力并有相对滑动趋势时,沿接触面切面方向产生静滑动摩擦力,摩擦力的方向与物体滑动趋势的方向相反。

(2)静摩擦力的大小由平衡条件确定,其数值在零与最大值之间,即:

$$0 < F < F_{max}$$

当物体处于由静止到运动的临界状态时,静摩擦力达到最大值。

静滑动摩擦力定理——库仑定律

使物体保持静止的最大摩擦力 $\boldsymbol{F}_{max}$ 的大小与正压力 $\boldsymbol{F}_N$ 成正比,引入比例系数 f,有:

$$\boldsymbol{F}_{max} = f\boldsymbol{F}_N \tag{3-15}$$

式中,$\boldsymbol{F}_N$ 为正压力,即接触面的法向约束反力;f 为静摩擦系数,它与材料的性质和接触面情况有关,一般通过试验测定,为无量纲量。

2)动滑动摩擦、动滑动摩擦力定理

若力 $\boldsymbol{F}$ 的大小继续增大,临界状态将被打破,物体开始运动。对应物体运动时的摩擦力称为动滑动摩擦力,简称动摩擦力。记作 $\boldsymbol{F}_d$。通常

$$F_{max} > F_d \tag{3-16}$$

动滑动摩擦力定理

物体相对滑动时产生的动摩擦力 F_d 的大小与正压力 N 成正比,即:

$$F_d = \mu N \tag{3-17}$$

式中,μ 为无量纲量,仅与材料属性及接触面情况有关。

表 3-1 列举了几种材料的滑动摩擦系数值,仅供参考。

几种材料的滑动摩擦系数 表 3-1

材料名称	静滑动摩擦系数 f		动滑动摩擦系数 μ	
	无润滑	有润滑	无润滑	有润滑
钢-钢	0.15	0.10~0.20	0.15	0.05~0.10
钢-铸铁	0.30		0.18	0.05~0.15
钢-青铜	0.15	0.10~0.15	0.15	0.10~0.15
铸铁-皮革	0.30~0.50	0.15	0.60	0.15
木材-木材	0.40~0.60	0.10	0.20~0.50	0.07~0.15
青铜-青铜		0.10	0.20	0.07~0.17

3.5.2 摩擦角与自锁现象

1)摩擦角

正压力 $\boldsymbol{F}_N$ 与静摩擦力 $\boldsymbol{F}_s$ 的合力 $\boldsymbol{F}_R$ 称为全约束反力,设全约束反力与接触面法线的夹角为 α,如图 3-13 所示,则:

$$\tan\alpha = \frac{F_s}{F_N}$$

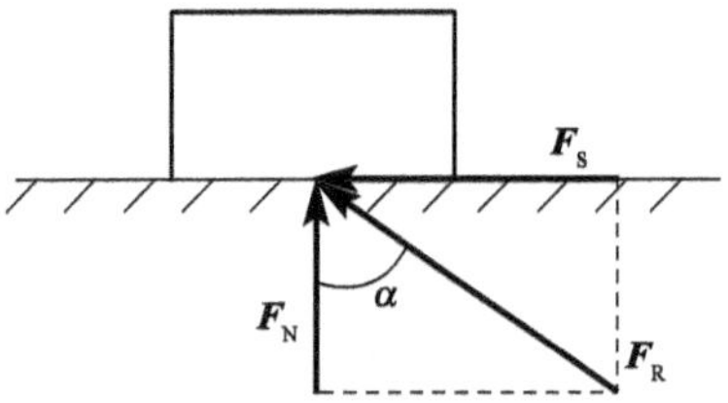

图 3-13

当物体处于临界状态时,摩擦力达到最大值,即 $\boldsymbol{F}_{max}$,这时 α 也达到其最大值,用摩擦角 φ 表示,即 $\varphi = \alpha_{max}$。有:

$$\tan\varphi = \frac{F_{max}}{F_N} = \frac{F_N f}{F_N} = f$$

由于物体可以在切平面上沿任意方向滑动,而每一个方向的滑动都可以找到一条与摩擦角对应的全约束反力的作用线,所有方向的全约束反力作用线在空间形成一个锥形,称为摩擦

锥,如图 3-14 所示。

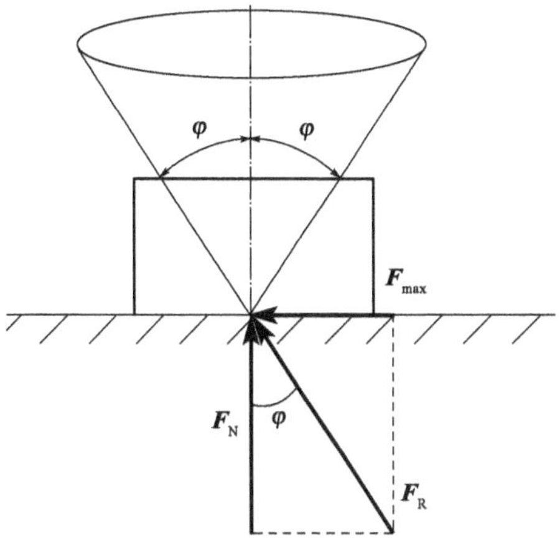

图 3-14

2) 自锁

如图 3-15 所示,主动力 $\boldsymbol{P}$ 与 $\boldsymbol{T}$ 的合力 $\boldsymbol{Q}$ 称为全主动力。设全主动力 $\boldsymbol{Q}$ 与法线之间的夹角为 φ ,则由上述讨论可知,随着 $\boldsymbol{P}$ 增大, φ 减小;随着 $\boldsymbol{T}$ 增大, φ 增大。

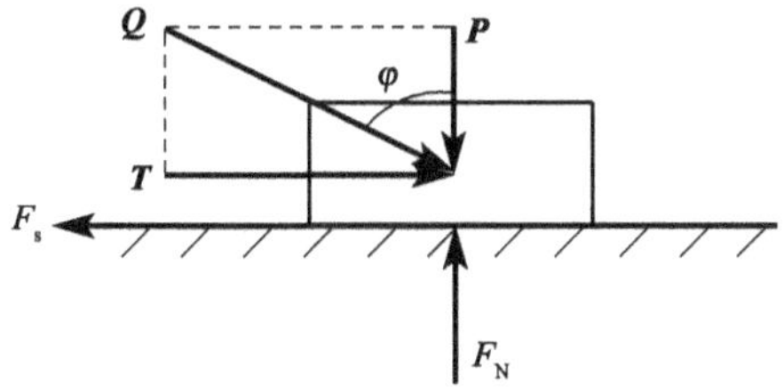

图 3-15

由于摩擦力的特性,全约束反力的作用线不可能在摩擦锥之外,而全主动力的作用线与接触面法线之间的夹角则可任意。当 $\Psi \leqslant \varphi$ 时,物体不会移动,因为全约束反力与全主动力总能构成二力平衡力系;当 $\Psi > \varphi$ 时,全约束反力与全主动力不能构成平衡力系,物体将发生滑动。亦即当主动力的作用线在摩擦锥之内($\Psi \leqslant \varphi$)时,不论全主动力 $\boldsymbol{Q}$ 有多大,物体都能保持静止不动,这种现象称为自锁现象。自锁现象所对应的条件 $\Psi \leqslant \varphi$ 称为自锁条件。工程中常利用和避免自锁现象。如螺纹千斤顶的螺纹杆应保证能自锁,而车床的丝杆则要避免自锁。

3) 考虑摩擦时的平衡问题

考虑摩擦的平衡问题与不考虑摩擦的平衡问题在解法上无本质区别,但是考虑摩擦的平衡问题,在受力分析时,必须考虑摩擦力。摩擦力总是沿着接触面的切面并与物体相对滑动的趋势相反。求解时还必须判断物体是处于何种状态。若物体处于非临界平衡态,则摩擦力的大小是未知量,要使用平衡方程确定;若物体处于临界平衡态,则此时的摩擦力为 $F = F_{max} = F_N$,相当于多了一个补充方程,或者可以认为摩擦力是已知量。需注意的是,由于静摩擦力 F_s 的值可以在 0 到 F_{max} 之间变化,所以在考虑摩擦的平衡问题中,主动力的值也允许在一定范围内变化。

[**例3-5**] 重 $\boldsymbol{P}$ 的物体放在倾角为 θ 的斜面上,物体与斜面间的摩擦角为 α_m,且 $\theta > \alpha_m$。在物体上作用一力 $\boldsymbol{F}_Q$,此力与斜面平行,如图 3-16a)所示。求能使物体保持平衡的力 $\boldsymbol{F}_Q$ 的值。

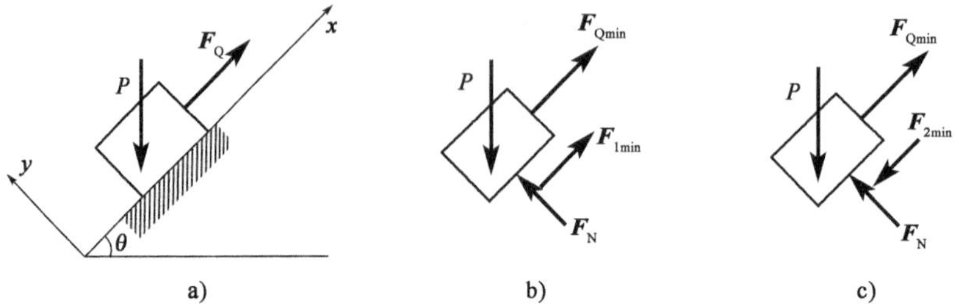

图 3-16

解:由于 $\theta > \alpha_m$,物体在自重作用下不能在斜面上保持平衡。当作用力 $\boldsymbol{F}_Q$ 逐渐增大使其刚好拉住物块时,物块处于平衡的临界状态,此时 $F_Q = F_{Qmin}$,受力如图 3-16b) 所示。继续增大 $\boldsymbol{F}_Q$ 的值,可能使物块向上滑动,当物块处在向上滑动的临界状态时,$F_Q = F_{Qmax}$,受力如图 3-16c) 所示。由物体不下滑与不上滑两个临界状态,可确定出平衡时 $\boldsymbol{F}_Q$ 的取值范围:

$$F_{Qmax} > F_Q > F_{Qmin}$$

为求出两个临界状态时的 F_Q 值,取物块为研究对象。首先考虑物体不下滑的临界状态,受力如图 3-16b)所示,列平衡方程如下:

$$\sum F_x = 0 \Rightarrow F_{Qmin} + F_{1max} - P\sin\theta = 0$$
$$\sum F_y = 0 \Rightarrow F_N - P\cos\theta = 0$$

另有补充方程:

$$F_{1max} = F_N\tan\alpha_m$$

三式联立,可以解得:

$$F_{Qmin} = P(\sin\theta - \tan\alpha_m\cos\theta)$$

再考虑物体不上滑的临界状态,受力如图 3-16c)所示,列平衡方程如下:

$$\sum F_x = 0 \Rightarrow F_{Qmax} + F_{2max} - P\sin\theta = 0$$
$$\sum F_y = 0 \Rightarrow F_N - P\cos\theta = 0$$

另有补充方程:

$$F_{2max} = F_N\tan\alpha_m$$

三式联立,可以解得:

$$F_{Qmax} = P(\sin\theta + \tan\alpha_m\cos\theta)$$

于是,物体平衡时力 F_Q 大小为:

$$P(\sin\theta + \tan\alpha_m\cos\theta) \geqslant F_Q \geqslant P(\sin\theta - \tan\alpha_m\cos\theta)$$

[**例3-6**] 如图 3-17a)所示,钳形夹具夹住一重物 M,M 重 P。已知 $DE = 2a$,$AB = BC = 2a$,$H = 4a$,$\angle OAB = \angle OCB = 90°$,$\angle AOC = 120°$,夹具自重不计,求保持重物不至落下的最小摩擦系数 f。

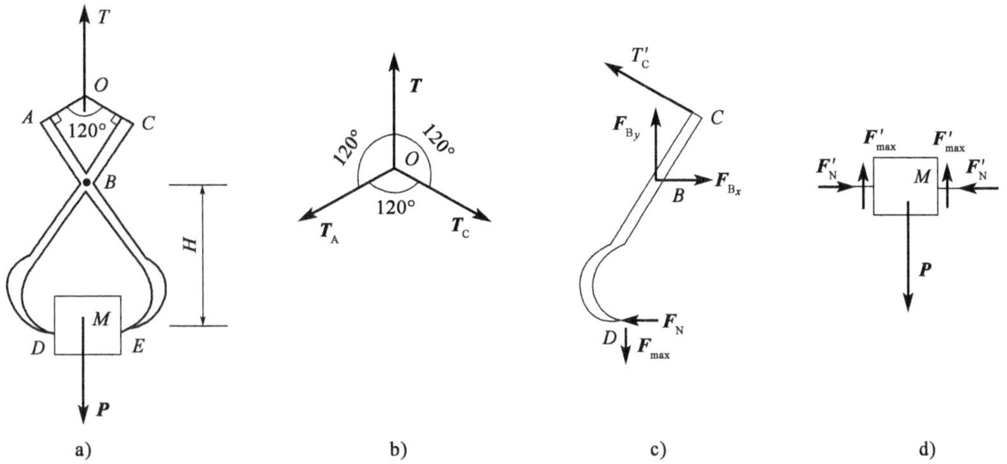

图 3-17

解:取整体为研究对象,受力分析如图3-17a)所示,显然

$$T=P$$

再取节点O研究,受力分析如图3-17b)所示,则有

$$T_A = T_C = T = P$$

再研究CBD部分,受力分析如图3-17c)所示,设夹具与重物接触点处于即将滑动的临界状态,列平衡方程:

$$\sum m_B(\boldsymbol{F}) = 0 \Rightarrow T'_C \cdot 2a - F_N \cdot 4a + F_{max} \cdot a = 0$$

因为$F_{max} = F_N, T_C = T'_C$,代入上式,可得:

$$F_N = \frac{2P}{4-f},$$

$$F_{max} = F_N f = \frac{2P}{4-f} f$$

最后研究重物M,受力分析如图3-17d)所示,设重物处于即将下滑的临界平衡状态,列平衡方程:

$$\sum F_y = 0 \Rightarrow 2F'_{max} - P = 0$$

可得:

$$F'_{max} = \frac{P}{2}$$

由$F'_{max} = F_{max}$,可得:

$$\frac{2P}{4-f} f = \frac{P}{2}$$

因此,保持重物不至落下的最小摩擦系数为:

$$f = 0.8$$

习题

3-1　如题3-1图所示，光滑三角铰支架中，已知 $AB = AC = 2\text{m}$，$BC = 1\text{m}$，在 C 上悬挂一重为10kN的重物。不计杆重，求两杆所受的力。

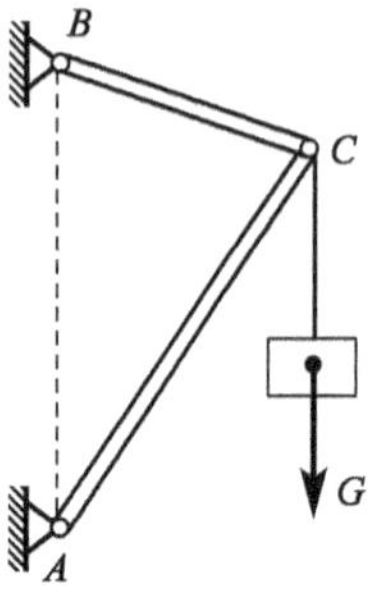

题3-1图

3-2　作用在悬臂梁上的分布荷载如题3-2图所示，试求该荷载对 A 端的力矩。

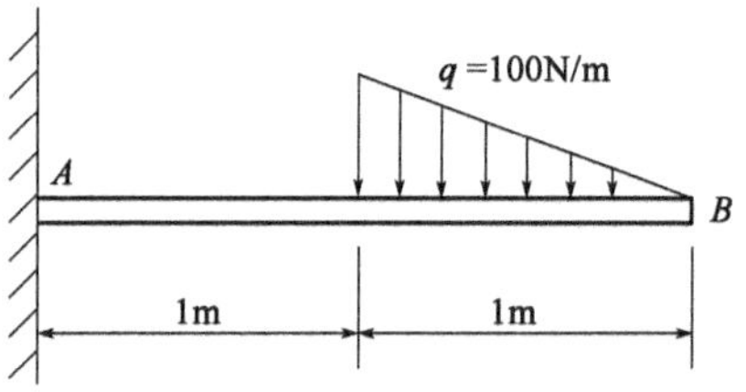

题3-2图

3-3　三铰拱钢架受集中荷载 F 作用，不计架自重，求题3-3图所示两种情况下支座 A、B 的约束力。

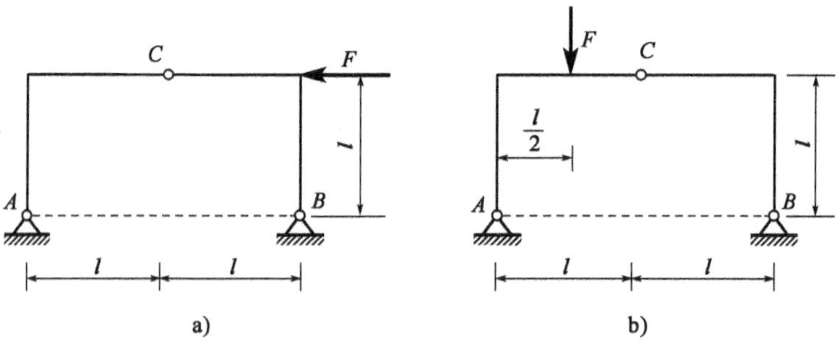

题3-3图

3-4　如题3-4图所示，将两个相同的光滑圆柱放在矩形槽内，各圆柱的半径 $r = 20\text{cm}$，重 $W_1 = W_2 = 600\text{N}$，求接触点 A、B、C 的约束反力。

3-5　多跨梁的支承及荷载情况如题3-5图所示，求支座 A、B 和 D 的反力。

3-6　如题3-6图所示，求结构固定端的约束反力。

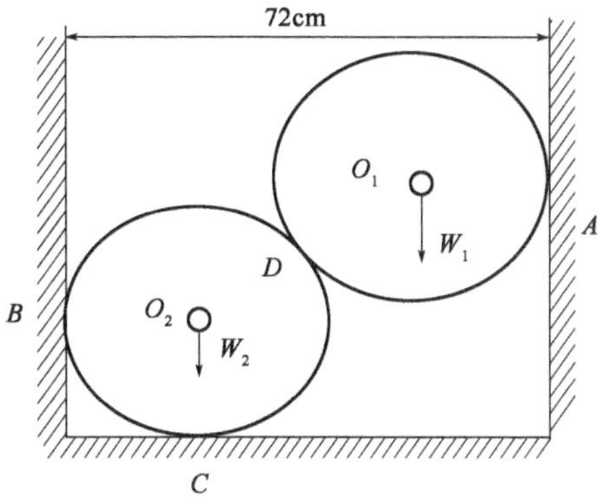

题3-4图

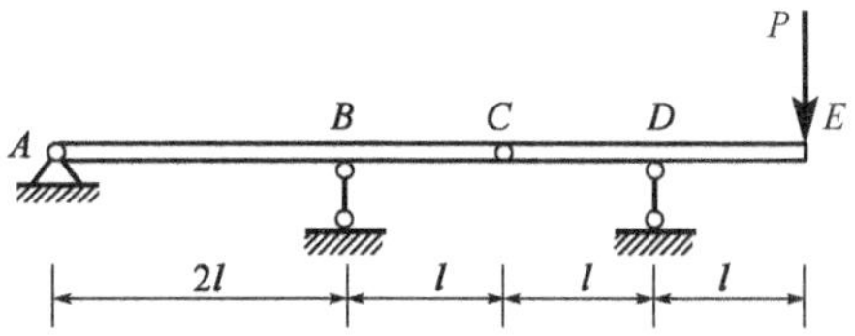

题3-5图

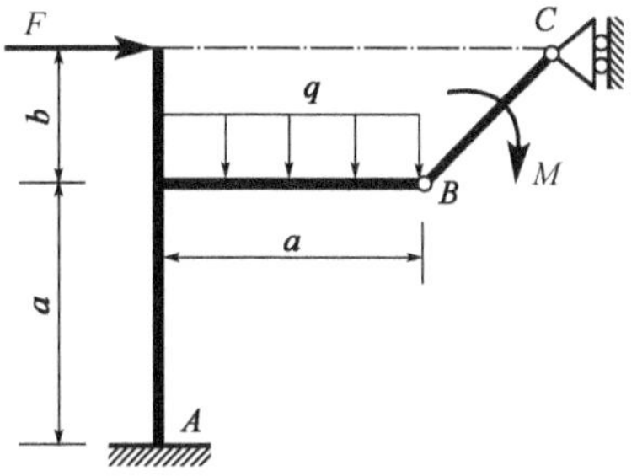

题3-6图

3-7 组合结构如题3-7图所示,求支座反力和各杆的内力。

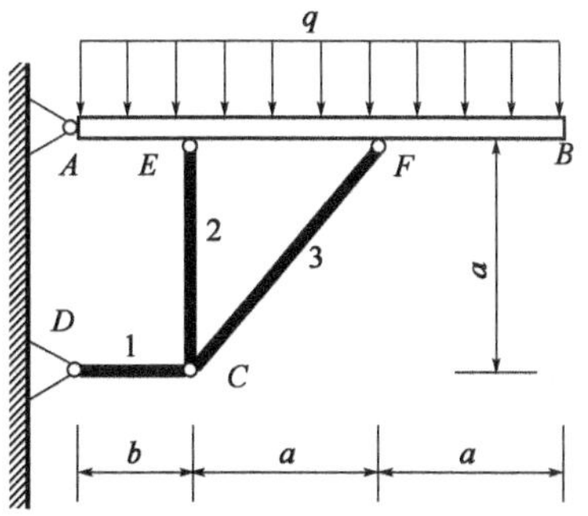

题3-7图

3-8　梯子 AB 靠在墙上,其重量为 $P = 200\text{N}$,如题 3-8 图所示,梯长为 l,并与水平面交角 60°,已知接触面间的摩擦系数均为 $f = 0.25$,今有一重为 $Q = 650\text{N}$ 的人沿梯子上爬,问人所能达到的最高点 C 到 A 点的距离 S 应为多少?

3-9　两根相同的均质杆 AB 和 BC,端点 B 用铰链连接,A、C 端放在粗糙水平面上,如题 3-9 图所示,当 ABC 成等边三角形时,系统在铅直面内处于临界平衡态。求杆端与水平面的摩擦系数。

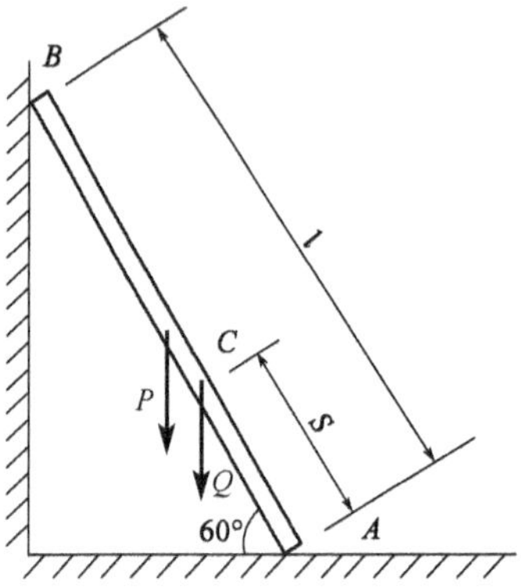

题 3-8 图

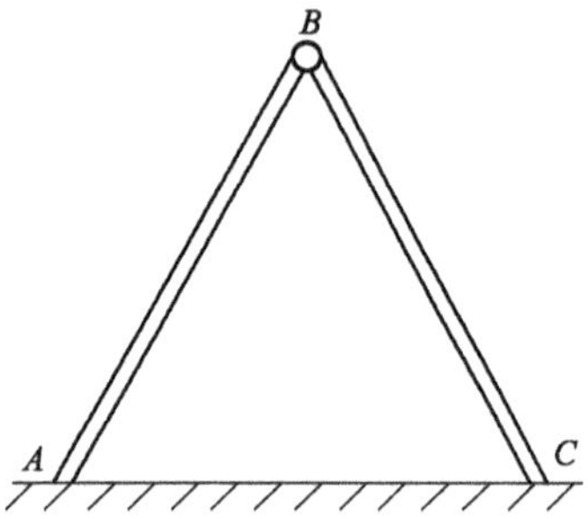

题 3-9 图

第4章

空间力系

力的作用线在空间任意分布的力系称为空间力系。本章研究空间力系的简化和平衡条件。工程中常见物体所受各力的作用线并不都在同一平面内,而是空间分布的,例如,车床主轴、起重设备、高压输电线塔和飞机的起落架等结构。设计这些结构时,需要采用空间力系的平衡条件进行计算。

与平面力系一样,空间力系可分为空间汇交力系、空间力偶系和空间任意力系进行研究。

4.1 空间汇交力系

4.1.1 力在直角坐标轴上的投影及其分解

若已知力 $\boldsymbol{F}$ 在正交坐标系 $Oxyz$ 三轴间的夹角分别为 α、β、γ,如图 4-1 所示,则力在三个轴上的投影等于力 $\boldsymbol{F}$ 的大小乘以与各轴夹角的余弦,即:

$$\left.\begin{aligned} F_x &= F\cos\alpha \\ F_y &= F\cos\beta \\ F_z &= F\cos\gamma \end{aligned}\right\} \tag{4-1}$$

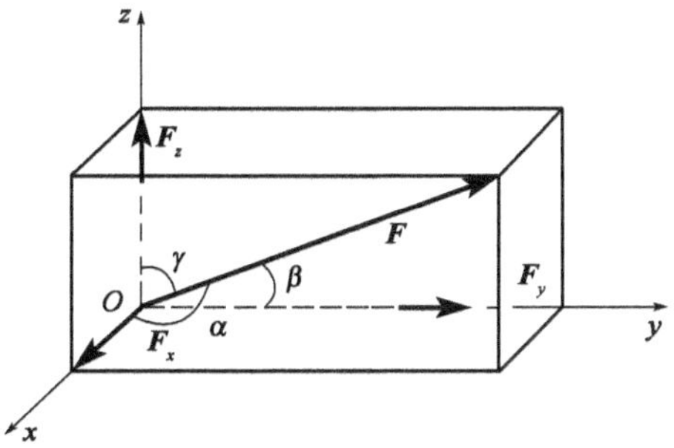

图 4-1

在空间力系问题中计算力在轴上的投影时，由于受给定的条件所限，常常会遇到力与某轴之间的夹角不易求得的情况，这时可采用**二次投影法**。即先将力投影到某坐标平面上，得到一力矢量，然后再将此力矢量投影到坐标轴上。如图 4-2 所示的力 F，已知 γ 和 φ，则力 $\boldsymbol{F}$ 在各坐标轴上的投影分别为：

$$\left.\begin{aligned} F_x &= F_{xy}\cos\varphi = F\sin\gamma\cos\varphi \\ F_y &= F_{xy}\sin\varphi = F\sin\gamma\sin\varphi \\ F_z &= F\cos\gamma \end{aligned}\right\} \tag{4-2}$$

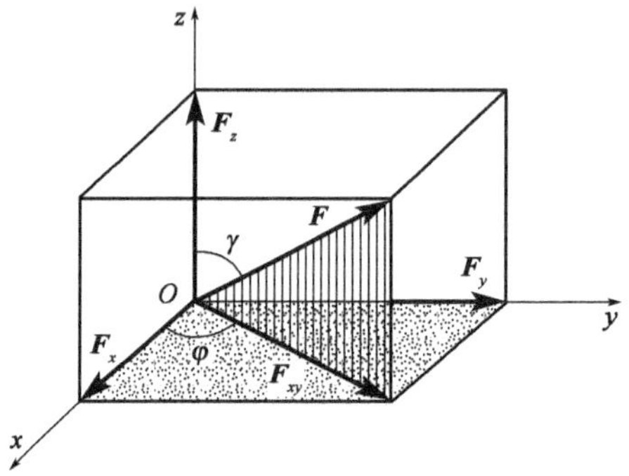

图 4-2

当力 $\boldsymbol{F}$ 沿直角坐标轴分解时，分力 $\boldsymbol{F}_x$、$\boldsymbol{F}_y$、$\boldsymbol{F}_z$ 为矢量，它们应由力的平行四边形法则或平行六面体法则的逆运算而求得。若用 $\boldsymbol{i}$、$\boldsymbol{j}$、$\boldsymbol{k}$ 分别表示沿 x、y、z 方向的单位矢量，则：

$$\boldsymbol{F} = \boldsymbol{F}_x + \boldsymbol{F}_y + \boldsymbol{F}_z = F_x\boldsymbol{i} + F_y\boldsymbol{j} + F_z\boldsymbol{k} \tag{4-3}$$

由此，力 $\boldsymbol{F}$ 在坐标轴上的投影和力沿坐标轴的正交分矢量间的关系可表示为：

$$\boldsymbol{F}_x = F_x\boldsymbol{i}, \boldsymbol{F}_y = F_y\boldsymbol{j}, \boldsymbol{F}_z = F_z\boldsymbol{k} \tag{4-4}$$

如果已知力 $\boldsymbol{F}$ 在正交轴系 $Oxyz$ 的三个投影，则力 $\boldsymbol{F}$ 的大小和方向余弦为：

$$\left.\begin{aligned} F &= \sqrt{F_x^2 + F_y^2 + F_z^2} \\ \cos(\boldsymbol{F},\boldsymbol{i}) &= \frac{F_x}{F} \\ \cos(\boldsymbol{F},\boldsymbol{j}) &= \frac{F_y}{F} \\ \cos(\boldsymbol{F},\boldsymbol{k}) &= \frac{F_y}{F} \end{aligned}\right\} \tag{4-5}$$

4.1.2 空间汇交力系的合成与平衡条件

1）合成

将平面汇交力系合成方法及结果推广得：**空间汇交力系的合力等于各分力的矢量和，合力的作用线通过汇交点**。即：

$$\boldsymbol{F}_{\mathrm{R}} = \boldsymbol{F}_1 + \boldsymbol{F}_2 + \cdots + \boldsymbol{F}_n = \sum\boldsymbol{F}_i \tag{4-6}$$

由式(4-3)可得：

$$\boldsymbol{F}_{\mathrm{R}} = \sum F_{xi}\boldsymbol{i} + \sum F_{yi}\boldsymbol{j} + \sum F_{zi}\boldsymbol{k} \tag{4-7}$$

其中，$F_x = \sum F_{ix}, F_y = \sum F_{iy}, F_z = \sum F_{iz}$ 由此可得合力的大小和方向余弦为：

$$\left.\begin{aligned} F_R &= \sqrt{(\sum F_{ix})^2 + (\sum F_{iy})^2 + (\sum F_{iz})^2} \\ \cos(\boldsymbol{F}_R, \boldsymbol{i}) &= \frac{\sum F_{ix}}{F_R} \\ \cos(\boldsymbol{F}_R, \boldsymbol{j}) &= \frac{\sum F_{iy}}{F_R} \\ \cos(\boldsymbol{F}_R, \boldsymbol{k}) &= \frac{\sum F_{iz}}{F_R} \end{aligned}\right\} \tag{4-8}$$

2)平衡

空间汇交力系平衡的必要充分条件是此力系的合力为零，即：

$$F_R = \sqrt{F_{Rx}^2 + F_{Ry}^2} = \sqrt{(\sum F_{xi})^2 + (\sum F_{yi})^2 + (F_{zi})^2} = 0$$

从而得到空间汇交力系平衡的方程：

$$\sum F_x = 0, \sum F_y = 0, \sum F_z = 0$$

应用空间汇交力系的平衡方程可以求解三个未知量。注意：①当空间汇交力系平衡时，它在任何平面上的投影力系（平面汇交力系）也平衡，故可把空间问题简化为平面问题去处理。②投影轴是可以任意选取的，但是这三个轴不能共面以及它们中的任何两个轴不能互相平行。

[例 4-1] 棱长为 a 的正立方体上作用有力 $\boldsymbol{F}_1$、$\boldsymbol{F}_2$，如图 4-3a）所示，试计算各力在三个坐标轴上的投影。

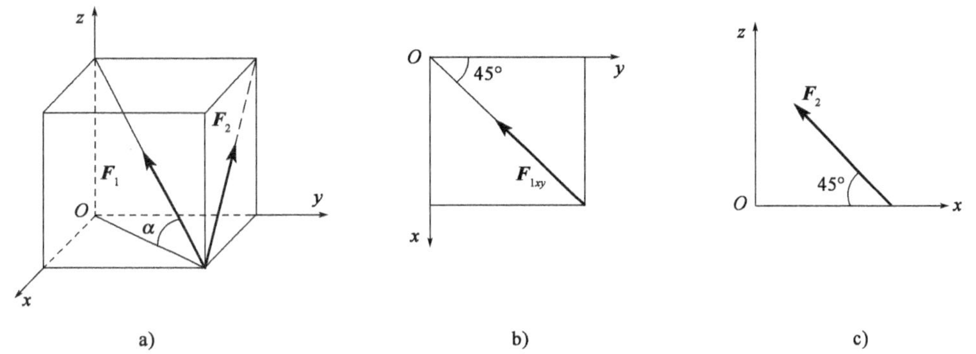

图 4-3

解：求 $\boldsymbol{F}_1$ 的投影可应用二次投影法。如图 4-3b）所示，先将 $\boldsymbol{F}_1$ 投影到 Oxy 平面内，得：

$$F_{1xy} = F_1\cos\alpha = \sqrt{6}F_1/3$$

然后将 $\boldsymbol{F}_{1xy}$ 投影于 x、y 轴，得：

$$F_{x1} = -F_{1xy}\sin45° = -\sqrt{3}F_1/3$$

$$F_{y1} = -F_{1xy}\cos45° = -\sqrt{3}F_1/3$$

$\boldsymbol{F}_1$ 在 Oz 轴上的投影为：

$$F_{z1} = F_1\sin a = \sqrt{3}F_1/3$$

同理，求得 F_2 的投影为[图 4-3c)]：

$$F_{x2} = -F_2\cos45° = -\frac{\sqrt{2}}{2}F_2$$

$$F_{y2} = 0$$

$$F_{z2} = F_2\sin45° = \frac{\sqrt{2}}{2}F_2$$

4.2 空间力对点之矩和对轴之矩

研究空间力系问题,需要引入两个新的概念,即空间力对轴之矩和空间力对点之矩,本节先介绍这两个概念。

4.2.1 力对点之矩

对于平面力系,用代数量表示力对点之矩足以概括它的全部要素。但是对于空间力系,不仅要考虑力矩的大小、转向,而且还要注意力与矩心所组成的平面的方位。方位不同,即使力矩大小一样,作用效果将完全不同。例如,作用在飞机尾部铅垂舵和水平舵上的力,对飞机绕重心转动的效果不同:前者能使飞机转弯,而后者则能使飞机发生俯仰。因此,在研究空间力系时,必须引入力对点之矩的概念;除了包括力矩的大小和转向外,还应包括力的作用线与矩心所组成的平面的方位。这三个因素可以用一个矢量来表示:矢量的模等于力的大小与矩心到力作用线的垂直距离 h(力臂)的乘积,矢量的方位和该力与矩心组成的平面的法线的方位相同。矢量的指向按以下方法确定:从这个矢量的末端来看,物体由该力所引起的转动是逆时针转向,如图 4-4 所示,也可由右手螺旋规则来确定。

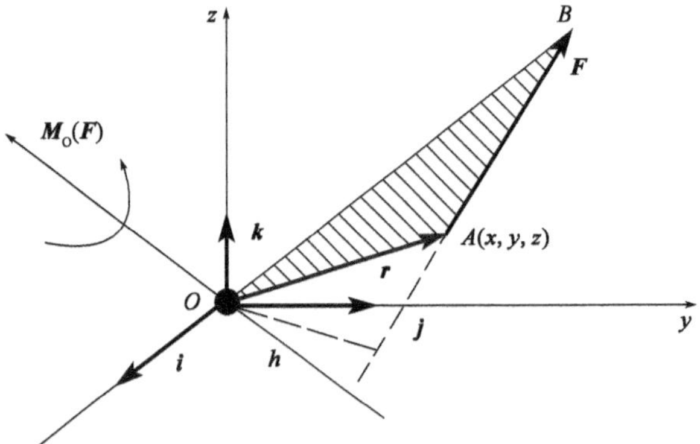

图 4-4

力 $\boldsymbol{F}$ 对点 O 的矩的矢量记作 $\boldsymbol{M}_O(\boldsymbol{F})$,即力矩的大小为:

$$M_O(\boldsymbol{F}) = \pm Fh = \pm 2\Delta ABC$$

式中,$\triangle OAB$ 为三角形 OAB 的面积。

由图 4-4 可知,以 $\boldsymbol{r}$ 表示力作用点 A 的矢径,则矢积 $\boldsymbol{r}\times\boldsymbol{F}$ 的模等于三角形 OAB 面积的两倍,其方向与力矩矢 $\boldsymbol{M}_O(\boldsymbol{F})$ 一致。因此可得:

$$\boldsymbol{M}_O(\boldsymbol{F}) = \boldsymbol{r} \times \boldsymbol{F} \tag{4-9}$$

式(4-9)为力对点的矩的矢积表达式,即力对点的矩矢等于矩心到该力作用点的矢径与该力的矢量积。

若以矩心 O 为原点,作空间直角坐标系 $Oxyz$,如图 4-4 所示,令 $\boldsymbol{i}$、$\boldsymbol{j}$、$\boldsymbol{k}$ 分别为坐标轴 x、y、z 方向的单位矢量。设力作用点 A 的坐标为 $A(x,y,z)$,力在三个坐标轴上的投影分别为 F_X、F_Y、F_Z,则矢径 $\boldsymbol{r}$ 和力 $\boldsymbol{F}$ 分别为:

$$\boldsymbol{r} = x\boldsymbol{i} + y\boldsymbol{j} + z\boldsymbol{k}$$

$$\boldsymbol{F} = F_X\boldsymbol{i} + F_Y\boldsymbol{j} + F_Z\boldsymbol{k}$$

代入式(4-9),并采用行列式形式,得:

$$\boldsymbol{M}_O(\boldsymbol{F}) = \boldsymbol{r} \times \boldsymbol{F} = \begin{vmatrix} \boldsymbol{i} & \boldsymbol{j} & \boldsymbol{k} \\ x & y & z \\ X & Y & Z \end{vmatrix} = (yF_Z - zF_Y)\boldsymbol{i} + (zF_X - xF_Z)\boldsymbol{j} + (xF_Y - yF_X)\boldsymbol{k} \tag{4-10}$$

由于力矩矢量 $\boldsymbol{M}_O(\boldsymbol{F})$ 的大小和方向都与矩心 O 的位置有关,故力矩矢的始端必须在矩心,不可任意挪动,这种矢量称为定位矢量。

4.2.2 力对轴的矩

工程中,经常遇到刚体绕定轴转动的情形,为了度量力对绕定轴转动刚体的作用效果,必须了解力对轴的矩的概念。如图 4-5a)所示,门上作用一力 $\boldsymbol{F}$,使其绕固定轴 z 转动。现将力 $\boldsymbol{F}$ 分解为平行于 z 轴的分力 $\boldsymbol{F}_z$ 和垂直于 z 轴的分力 $\boldsymbol{F}_{xy}$(此力即为力 $\boldsymbol{F}$ 在垂直于 z 轴的平面 Oxy 上的投影)。由经验可知,分力 $\boldsymbol{F}_z$ 不能使静止的门绕 z 轴转动,故力对 z 轴的矩为零;只有分力 $\boldsymbol{F}_{xy}$ 才能使静止的门绕 z 轴转动。现用符号 $M_z(\boldsymbol{F})$ 表示力 $\boldsymbol{F}$ 对 z 轴的矩,点 O 为平面 Oxy 与 z 轴的交点,h 为点 O 到力 $\boldsymbol{F}_{xy}$ 作用线的距离。因此,力 $\boldsymbol{F}$ 对 z 轴的矩就是分力 $\boldsymbol{F}_{xy}$ 对点 O 的矩,即:

$$M_z(F) = M_O(F_{xy}) = \pm F_{xy} \times h = \pm 2S_{\triangle AOb} \tag{4-11}$$

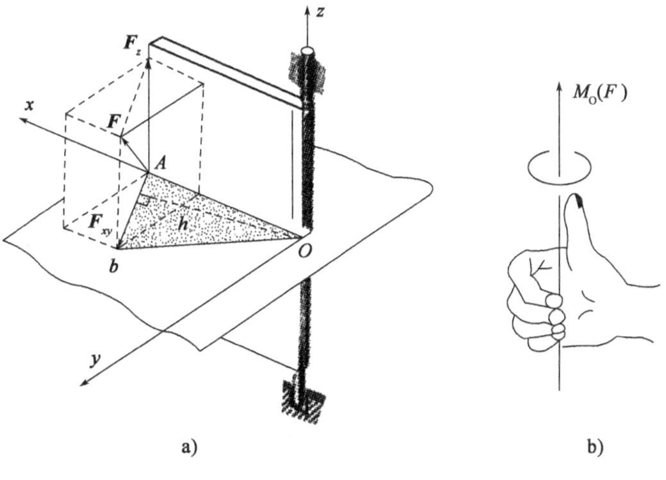

图 4-5

于是，可得力对轴的矩的定义如下：力对轴的矩是力使刚体绕该轴转动效果的度量，是一个代数量，其绝对值等于该力在垂直于该轴的平面上的投影对于这个平面与该轴的交点的矩的大小。其正负号确定方式为：从 z 轴正端来看，若力的这个投影使物体绕该轴按逆时针转向，则取正号；反之取负号。也可按右手螺旋定则确定其正负号，如图 4-5b）所示，拇指指向与 z 轴一致为正，反之为负。

力对轴的矩等于零的情形：①当力与轴相交时（此时 $h=0$）；②当力与轴平行时（此时 $\boldsymbol{F}_{xy}=0$）。这两种情形可以合起来说力与轴在同一平面时，力对该轴的矩等于零。

力对轴的矩的单位为 N·m。

力对轴的矩也可用解析式表示。设力 $\boldsymbol{F}$ 在三个坐标轴上的投影分别为 F_x、F_y、F_z。力作用点 A 的坐标为 x、y、z，如图 4-6 所示。根据合力矩定理，得：

$$M_z(F) = M_O(F_{xy}) = M_O(F_x) + M_O(F_y)$$

即：

$$M_z(F) = xF_y - yF_x$$

同理可得其余二式。将此三式合写为：

$$\left.\begin{aligned} M_x(F) &= yF_z - zF_y \\ M_y(F) &= zF_x - xF_z \\ M_z(F) &= xF_y - yF_x \end{aligned}\right\} \tag{4-12}$$

以上三式即为计算力对轴的矩的解析式。

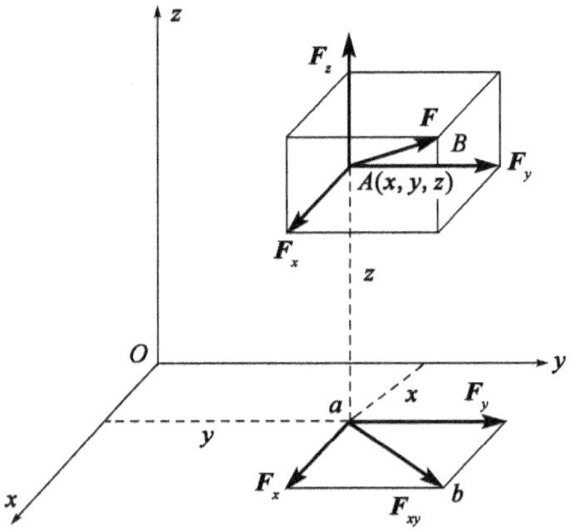

图 4-6

4.2.3 力对点之矩和力对通过该点的轴之矩的关系

取矩心 O 为坐标原点，建立直角坐标系 $Oxyz$，以 x、y、z 和 F_x、F_y、F_z 分别表示矢径 $\boldsymbol{r}$ 和力矢 $\boldsymbol{F}$ 在各坐标轴上的投影，则 $\boldsymbol{r}$ 和 $\boldsymbol{F}$ 可表示为：

$$\boldsymbol{r} = x\boldsymbol{i} + y\boldsymbol{j} + z\boldsymbol{k}$$

$$\boldsymbol{F} = F_x\boldsymbol{i} + F_y\boldsymbol{j} + F_z\boldsymbol{k}$$

根据矢积运算规则有：

$$M_O(F) = r \times F = \begin{vmatrix} i & j & k \\ x & y & z \\ F_x & F_y & F_z \end{vmatrix} = (yF_z - zF_y)i + (zF_x - xF_z)j + (xF_y - yF_x)k$$

由式(4-12)得：

$$[M_O(F)] = [M_O(F)]_x i + [M_O(F)]_y j + [M_O(F)]_z k \tag{4-13}$$

可见，$[M_O(F)]_x$、$[M_O(F)]_y$、$[M_O(F)]_z$ 既是力 F 对过 O 点的三个坐标轴的矩，也是矩矢 $[M_O(F)]$ 在三个坐标轴上的投影。由此可以得出结论：**力对点之矩矢在过该点坐标轴上的投影等于力对该轴之矩**。这是空间任意力系简化的依据之一。同时不难看出，力矩矢的数学运算与力矢的运算类似，可以利用已知的矩矢向坐标轴投影来求力对轴之矩，也可以由矩矢在坐标轴上的投影值算出矩矢的大小和方向。

[例 4-2] 直角曲杆 $OABC$ 的 O 端固定，C 端受力 F 的作用，F 在 ABC 平面内与 BA 平行，如图 4-7 所示。已知 $F = 100\text{N}, a = 200\text{mm}, b = 150\text{mm}, c = 125\text{mm}$，试求力 F 对 O 点之矩矢 $M_O(F)$。

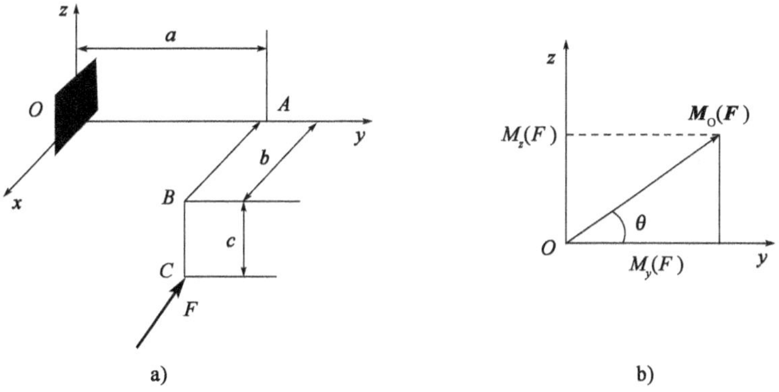

图 4-7

解：本题属空间力对点之矩的问题，可用力对轴之矩求出该矩矢在轴上的分量，然后再求出矩矢。直角坐标轴 $Oxyz$ 如图 4-7a) 所示，则 F 对三个坐标轴之矩分别为：

$$M_x(F) = 0$$

$$M_y(F) = Fc = 12.5\text{N} \cdot \text{m}$$

$$M_z(F) = Fa = 20.0\text{N} \cdot \text{m}$$

可得 F 对点 O 的矩矢为：

$$M_O(F) = 12.5j + 20k$$

位于 yOz 平面，大小为 $|M_O(F)| = \sqrt{[M_x(F)]^2 + [M_y(F)]^2 + [M_z(F)]^2} = 23.58\text{N} \cdot \text{m}$，与坐标 y 轴的夹角为：

$$\theta = \arctan \frac{M_z(F)}{|M_y(F)|} = \arctan \frac{20.2}{12.5} = 58.25(°)$$

4.3 空间力偶理论

4.3.1 空间力偶的等效定理

根据力偶的性质,再结合平面力偶的等效条件,可得平行平面间的力偶等效条件:作用面平行的两个力偶,若力偶矩大小相等,转向相同,则两个力偶等效。

但经验告诉我们,分别作用在不平行平面内的两个力偶对刚体的作用效果应该是不同的,这说明力偶对刚体的作用效果应是与力偶的作用面在空间的方位有关,而与该作用面的具体位置无关。于是综合力偶的平面与空间性质得知,力偶对于刚体的转动效应取决于力偶矩的大小、力偶作用面的方位和力偶在作用面内的转向,这就是所谓的力偶三要素。它符合右手螺旋定则,即可以用一个矢量来表示这个三要素,这个矢量称为力偶矩矢,用 $\boldsymbol{M}$ 表示。可以证明力偶矩矢合成符合平行四边形法则。

由于力偶可以在同一平面内和平行平面内任意转移,因此表示力偶矩的矩矢 $\boldsymbol{M}$ 的始端也可以在空间任意转移,可见力偶矩矢是一个自由矢量。

用矩矢表示力偶矩,则空间力偶系的等效条件可以陈述如下:凡是矩矢相等的力偶均为等效力偶。这就是空间力偶的等效定理。

4.3.2 空间力偶系的合成与平衡

(1)空间力偶系可以合成一个合力偶,合力偶矩矢等于力偶系中所有各力偶矩矢的矢量和,即:

$$\boldsymbol{M} = \boldsymbol{M}_1 + \boldsymbol{M}_2 + \cdots + \boldsymbol{M}_n = \sum \boldsymbol{M} \tag{4-14}$$

(2)平衡条件。空间力偶系平衡的必要与充分条件是该力偶系中所有各力偶矩矢的矢量和等于零,即:

$$\sum \boldsymbol{M} = 0 \tag{4-15}$$

解析表达式为:

$$\begin{cases} \sum M_{ix} = 0 \\ \sum M_{iy} = 0 \\ \sum M_{iz} = 0 \end{cases} \tag{4-16}$$

空间力偶系平衡的必要与充分条件是该力偶系中所有各力偶矩矢在三个坐标轴的每一个坐标轴上的投影的代数和等于零。式(4-16)即为空间力偶系的平衡方程。

4.4 空间力系向一点的简化·主矢和主矩

以前面研究过的平面任意力系、空间汇交力系、空间力偶系的简化结果为基础,便可进一步研究空间任意力系的简化问题。设有一由力 $F_1, F_2, \cdots, F_n$ 组成的空间任意力系如图 4-8 所示,为简化此力系,首先根据力的平移定理,任选简化中心 O,将各力向 O 点等效平移。

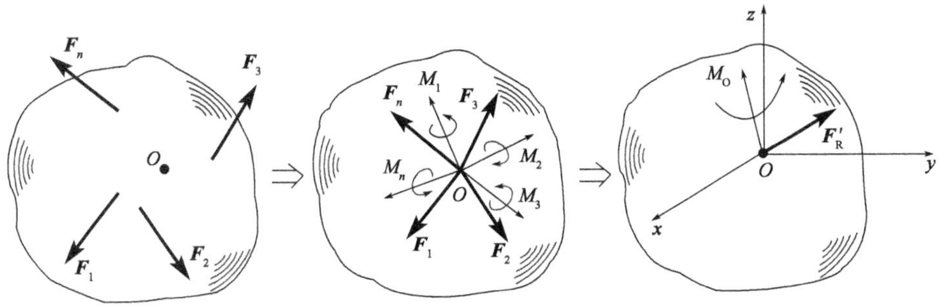

图 4-8

与平面力系不同的是,各力等效平移后所附加的力偶不是位于同一平面,而是形成不同方位的力偶矩矢 $\boldsymbol{M}_1=\boldsymbol{M}_O(\boldsymbol{F}_1),\boldsymbol{M}_2=\boldsymbol{M}_O(\boldsymbol{F}_2),\cdots,\boldsymbol{M}_n=\boldsymbol{M}_O(\boldsymbol{F}_n)$ 。这样,平移后的各力在 O 点形成一个空间汇交力系和一个空间力偶矩矢系。根据平行四边形法则,将这两个矢量系进一步合成。空间汇交力系合成得一个作用于 O 点的力矢 $\boldsymbol{F}'_R$,空间力偶矩矢系合成得一力偶矩矢 $\boldsymbol{M}'_O$,也就是说,空间任意力系向任意简化中心 O 点简化,一般可得一个力矢 $\boldsymbol{F}'_R$ 和一个力偶矩矢 $\boldsymbol{M}'_O$ 。$\boldsymbol{F}'_R$ 称为原力系的主矢,主矢等于力系中各力的矢量和,作用于简化中心;$\boldsymbol{M}'_O$ 称为原力系对简化中心的主矩,主矩等于原力系中各力对简化中心之矩的矢量和。主矢和主矩的矢量表达式为:

$$\begin{cases}\boldsymbol{F}'_R=\sum\boldsymbol{F}'_R=\sum\boldsymbol{F}_i\\ \boldsymbol{M}'_O=\sum\boldsymbol{M}_i=\sum\boldsymbol{M}_O(\boldsymbol{F}_i)\end{cases}\tag{4-17}$$

显然,主矢 $\boldsymbol{F}'_R$ 只取决于力系中各力的大小和方向,与简化中心的位置无关,而主矩 $\boldsymbol{M}'_O$ 大小和方向一般与简化中心的位置有关。

以简化中心为坐标原点,建立直角坐标系 $Oxyz$,类似空间汇交力系合力的计算,主矢 $\boldsymbol{F}'_R$ 的投影计算式为:

$$F'_{Rx}=\sum F_{xi},F'_{Ry}=\sum F_{yi},F'_{Rz}=\sum F_{zi}$$

主矢 $\boldsymbol{F}'_R$ 的大小和方向余弦为:

$$\left.\begin{aligned}&F'_R=\sqrt{(F'_{Rx})^2+(F'_{Ry})^2+(F'_{Rz})^2}=\sqrt{(\sum F_{xi})^2+(\sum F_{yi})^2+(\sum F_{zi})^2}\\&\cos\alpha=\frac{F'_{Rx}}{F'_R},\cos\beta=\frac{F'_{Ry}}{F'_R},\cos\gamma=\frac{F'_{Rz}}{F'_R}\end{aligned}\right\}\tag{4-18}$$

式中,α、β、γ 分别为主矢 $\boldsymbol{F}'_R$ 与 x、y、z 轴正向之间的夹角。

设 M'_{Ox}、M'_{Oy}、M'_{Oz} 分别表示主矩 $\boldsymbol{M}'_O$ 在 x、y、z 轴上的投影,并注意到力对点之矩和力对通过此点的轴之矩之间的关系,有:

$$\left.\begin{aligned}M'_{Ox}&=\sum[m_O(F_i)]_x=\sum m_x(F_i)\\M'_{Oy}&=\sum[m_O(F_i)]_y=\sum m_y(F_i)\\M'_{Oz}&=\sum[m_O(F_i)]_z=\sum m_z(F_i)\end{aligned}\right\}\tag{4-19}$$

主矩 $\boldsymbol{M}'_O$ 的大小和方向余弦为:

$$\left.\begin{aligned}
M'_O &= \sqrt{[\sum m_x(F_i)]^2 + [\sum m_y(F_i)]^2 + [\sum m_z(F_i)]^2} \\
\cos\alpha' &= \frac{M'_{Ox}}{M'_O} \\
\cos\beta' &= \frac{M'_{Oy}}{M'_O} \\
\cos\gamma' &= \frac{M'_{Oz}}{M'_O}
\end{aligned}\right\} \tag{4-20}$$

式中，α'、β'、γ' 分别为主矢 $\boldsymbol{M}'_O$ 与 x、y、z 轴正向之间的夹角。

与平面任意力系的简化结果类似，空间力系向任意一点简化可能出现的情况也是 4 种。

(1) $\boldsymbol{F}'_R \neq 0, \boldsymbol{M}'_O = 0$：说明原力系与一个汇交点在简化中心的空间汇交力系等效，主矢 $\boldsymbol{F}'_R$ 就是原力系的合力 $\boldsymbol{F}_R$。

(2) $\boldsymbol{F}'_R = 0, \boldsymbol{M}'_O \neq 0$：这种情况下主矩矢与简化中心的位置无关。

(3) $\boldsymbol{F}'_R \neq 0, \boldsymbol{M}'_O \neq 0$：如果二者相互垂直，说明主矢的作用线所在平面，要么与主矩的力偶作用面重合，要么与主矩的力偶作用面平行。根据空间力偶的基本性质和平面简化理论，原力系可以进一步简化为一个合力。若主矢与主矩不垂直，则可将主矩矢分解为与主矢平行和垂直的两个分量，最终形成力螺旋，这里不再详细讨论。

(4) $\boldsymbol{F}'_R = 0, \boldsymbol{M}'_O = 0$：原力系为平衡力系。

4.5 空间任意力系的平衡条件和平衡方程

4.5.1 空间任意力系的平衡条件

由前述讨论可知，若主矢 $\boldsymbol{F}'_R$ 和主矩 $\boldsymbol{M}'_O$ 均为零，则该力系为平衡力系。反之，若某一力系为平衡力系，则该力系的主矢 $\boldsymbol{F}'_R$ 及对任一点 O 的主矩 $\boldsymbol{M}'_O$ 必为零。**因此，空间任意力系平衡的充分必要条件是力系的主矢和对任一点的主矩分别为零**，即：

$$\left.\begin{aligned}
\boldsymbol{F}'_R &= \sum \boldsymbol{F}_i = 0 \\
\boldsymbol{M}'_O &= \sum \boldsymbol{M}_O(F_i) = 0
\end{aligned}\right\} \tag{4-21}$$

4.5.2 空间任意力系的平衡方程

式(4-21)是矢量式，要使该矢量为零，则它们在直角坐标 x、y、z 轴上的投影必须都为零，即：

$$\left.\begin{aligned}
\sum F_x &= 0 \\
\sum F_y &= 0 \\
\sum F_z &= 0 \\
\sum M_x(F) &= 0 \\
\sum M_y(F) &= 0 \\
\sum M_z(F) &= 0
\end{aligned}\right\} \tag{4-22}$$

空间力系平衡的充要条件也可表示为**力系中各分力分别在三个坐标轴上的投影的代数和，以及各分力分别对三个坐标轴的矩的代数和均等于零**。这就是空间任意力系的平衡方程，称为空间力系平衡方程的基本形式（或三矩式）。它们相互独立，表明研究刚体在空间力系作用下的平衡问题时，最多只能列6个独立的平衡方程，求解6个未知数。在解决实际问题时，这6个方程也可以是2个投影方程、4个对轴的力矩方程（称四矩式）；同理，亦可列五矩式和六矩式。在实际应用中，一般采用平衡方程的基本形式，在特殊需要时采用其他形式。选择投影轴与矩轴时，如有需要，也可任意选择不是坐标轴的轴为投影轴和矩轴。

综上所述，对于一个刚体空间力系的平衡方程，由于其在空间位置上有6个自由度，因此只能求解不超过6个未知量的问题。

［例4-3］ 一手摇绞车如图4-9所示，其中A处是止推轴承，B处是径向轴承，若在手柄上作用一力$P=200$N，方向如图所示，求所能绞起的重物的重量Q以及A处和B处的约束反力。

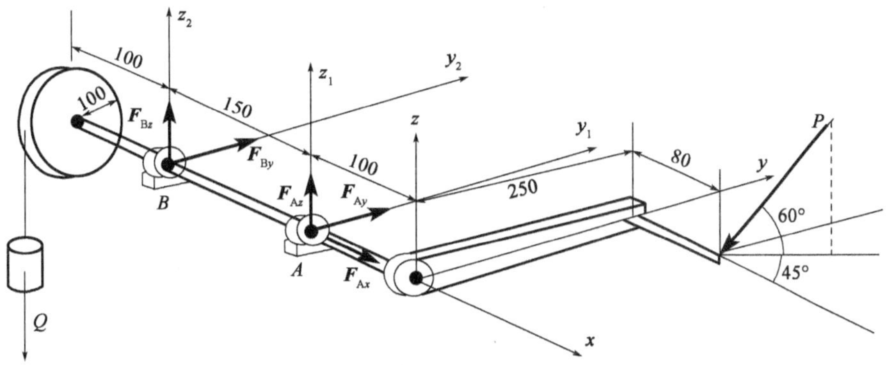

图 4-9

解：取整个系统为研究对象，除作用于手柄上的力P外，重物的重力Q以及轴承处的约束反力都是未知量。止推轴承的约束反力一般用3个正交分力表示，径向轴承的约束反力用2个正交分力表示，所以共有6个未知量。系统所受的所有力形成一空间任意平衡力系，有6个独立的平衡方程，问题可以求解。建立$Oxyz$坐标系，作受力分析如图4-9所示，列方程求解。

首先，$\sum M_x(F)=0$，则有：

$$10Q-25P\cos30°=0$$

得到：

$$Q=433\text{N}$$

其次，$\sum F_X=0$，则有：

$$F_{Ax}-P\cos60°\cos45°=0$$

得到：

$$F_{Ax}=70.7\text{N}$$

为了做到一个方程只含一个未知量，可以重新建立Ay_1z_1和By_2z_2坐标轴，如图4-9所示。

对于$\sum M_{z_1}(F)=0, \sum M_{z_2}(F)=0$，有：

$$-15F_{By}+25P\cos60°\cos45°-18P\cos60°\cos45°=0$$

$$15F_{Ay}+25P\cos60°\cos45°-33P\cos60°\cos45°=0$$

得到：

$$F_{By}=33\text{N}, F_{Ay}=37.7\text{N}$$

对于 $\sum M_{y_1}(F) = 0, \sum M_{y_2}(F) = 0$，有：

$$15F_{Bz} - 25Q + 18P\cos30° = 0$$
$$-15F_{Az} - 10Q + 33P\cos30° = 0$$

得到：

$$F_{Bz} = 548.5\text{N}, F_{Az} = 92.4\text{N}$$

通过此题的求解，可以再次看到，坐标轴的位置和方向是可以任意设定的，但又不能盲目乱设，如果设定不好，造成求解联立方程，不仅求解困难，而且容易产生错误；如果设定得好，则可以大大减少计算的工作量。

4.5.3 固定端约束

固定端约束是工程中一种常见的约束，如图 4-10a）所示。它是将两个物体固连在一起后，相互之间不能产生相对运动的一种约束。如车床刀架对刀子的约束、建筑中一端嵌入墙内的水泥梁等。

固定端的约束反力可利用空间力系向一点简化的方法来分析，固定端对物体的作用是在接触面上作用了一群约束反力，在空间问题中，这些力组成一空间力系。根据力系简化理论，将这群力向一点简化，得到一个力和一个力偶，这个力和力偶的大小和方向均为未知量，一般分别用三个未知的分力和分力偶来代替，如图 4-10b）所示。同理，在平面问题中，物体受平面力系作用，如图 4-10c）所示，固定端 A 处的约束反力可简化为两个约束反力 $\boldsymbol{F}_{Ax}$、$\boldsymbol{F}_{Ay}$ 和一个反力偶 M_A，如图 4-10d）所示。

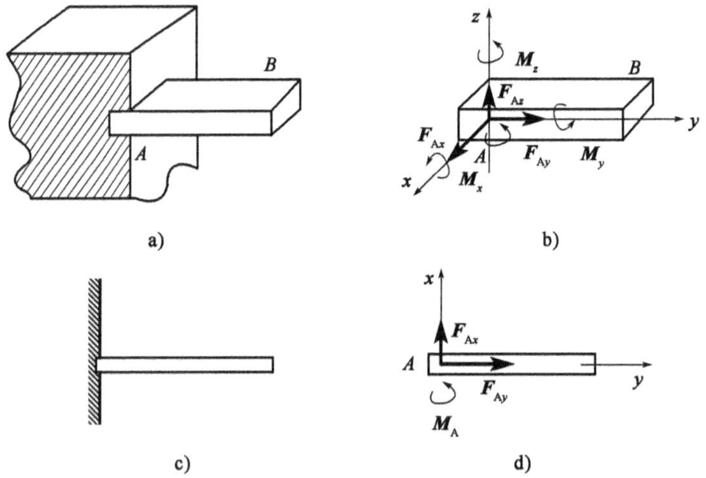

图 4-10

4.6 物体的重心

4.6.1 重心的概念

任何一个物体均可视为由诸多质点所组成。这些组成物体的每一个质点都受地球引力

(重力)作用。由于物体的大小相对于地球的半径是甚小的,故各质点受的引力可视为同时垂直于地平面的一个同向平行力系。理论和实践均可证明,物体受到的同向平行力系总可等效为一合力,此合力的矢量等于各力的矢量和。而且,当各质点的相对位置保持不变时,无论物体相对于地球的方位如何改变,物体所受地球引力系的合力之作用线都必须通过相对于物体上的某一确定的点,该点就称为物体的重心,而引力系的合力则是大家所熟知的整个物体的重力。

物体重心位置的确定在工程实际中具有十分重要的意义,因为它与物体的平衡、稳定、运动及内力分布密切相关。例如,飞机的重心必须位于确定的区域才能安全飞行,重心超前会增加起飞和着陆的困难,重心偏后又不能保证稳定飞行。对各种转动机械,其重心的位置也是很重要的,若重心偏离轴线,轻则引起振动,降低零部件的使用寿命,重则造成破坏。又如,起重机要保证在额定起吊重量范围内的任何情况下都不会倾翻,所加的配重必须保证起重机的重心处于恰当的位置。

4.6.2 重心的坐标

当物体上各质点的相对位置确定后,对于任一直角坐标系,各质点的坐标(x_i,y_i,z_i)及重心 C 的坐标(x_C,y_C,z_C)均应是一组确定的值。根据重心的定义,无论物体和坐标系 $Oxyz$ 一起相对于地球如何放置,物体的重力均可视为作用于 C 点。因此,由合力矩定理不难得到坐标(x_C,y_C,z_C)和(x_i,y_i,z_i)之间应满足的关系。

首先,将 $Oxyz$ 与物体一起放置,并使 xOy 平面处于水平面,如图 4-11 所示,则根据合力矩定理必有:

$$M_x = \sum M_x(G_i), M_y = \sum M_y(G_i)$$
$$-Gy_C = \sum -G_iy_i, Gx_C = \sum G_ix_i$$

式中,G_i 为第 i 个质点的重量;G 为整个物体的重量,$G=\sum G_i$。

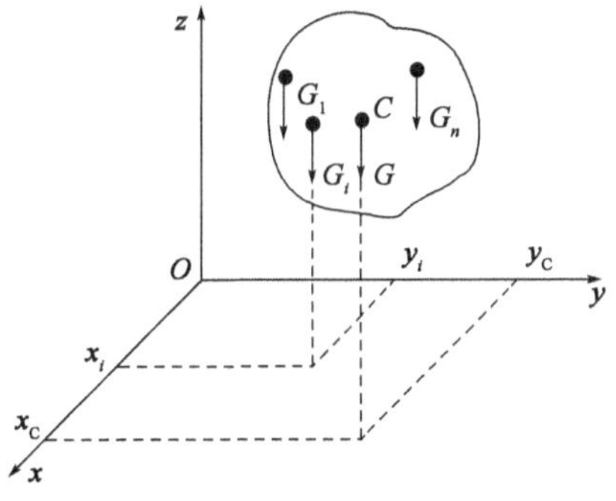

图 4-11

其次,再将 $Oxyz$ 连同物体放置使 xOy 平面处于竖直面,则由合力矩定理不难得到:

$$M_z = \sum M_z(G_i), Gz_C = \sum G_iz_i$$

由以上关系,可得如下重心坐标的表达式:

$$\left.\begin{aligned} x_C &= (\sum G_ix_i)/G \\ y_C &= (\sum G_iy_i)/G \\ z_C &= (\sum G_iz_i)/G \end{aligned}\right\} \tag{4-23}$$

对于均质物体,其重心和形心(数学上称物体的几何中心为形心)重合。但要注意的是,重心和形心不是同一个概念,重心只在重力场中才有,它与物体的质量分布有关,而形心是个纯几何量,它与物体的质量分布无关。

4.6.3 求重心的几种常用方法

1)对称判定法

如果图形对称,则其形心一定在对称轴上。一般地,对于有对称中心、对称平面或对称轴的均质物体,其形心一定位于对称中心、对称平面或对称轴上。由此可以根据物体的对称性方便地判断形心的位置,减少计算量,如图 4-12 所示。

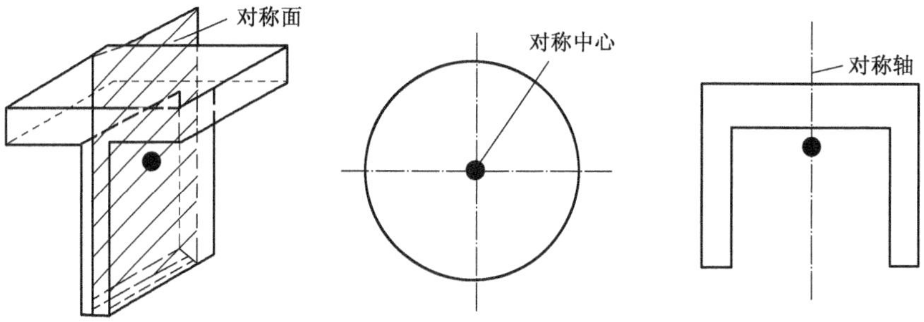

图 4-12

2)积分法

令式(4-23)中 $i \to \infty$,即 $\Delta V_i \to 0$,则求和变积分,式(4-23)变为:

$$\left.\begin{aligned} x_C &= \frac{\int_G x\mathrm{d}G}{G} \\ y_C &= \frac{\int_G y\mathrm{d}G}{G} \\ z_C &= \frac{\int_G z\mathrm{d}G}{G} \end{aligned}\right\} \tag{4-24}$$

同理,对匀质物体,取求和极限得:

$$\left.\begin{aligned} x_C &= \frac{\int_V x\mathrm{d}V}{V} \\ y_C &= \frac{\int_V y\mathrm{d}V}{V} \\ z_C &= \frac{\int_V z\mathrm{d}V}{V} \end{aligned}\right\} \tag{4-25}$$

式(4-24)和式(4-25)即为求重心和形心的基本公式。

对匀质等厚板,设厚度为 h,板面积为 A,则 $V = Ah$,$dV = d(Ah) = hdA$,板平面在 Oxy 坐标平面内,如图 4-13 所示,则重心坐标为:

$$x_C = \frac{\int_A x dA}{A}$$

$$y_C = \frac{\int_A y dA}{A}$$

这也是求平面图形形心的积分公式。

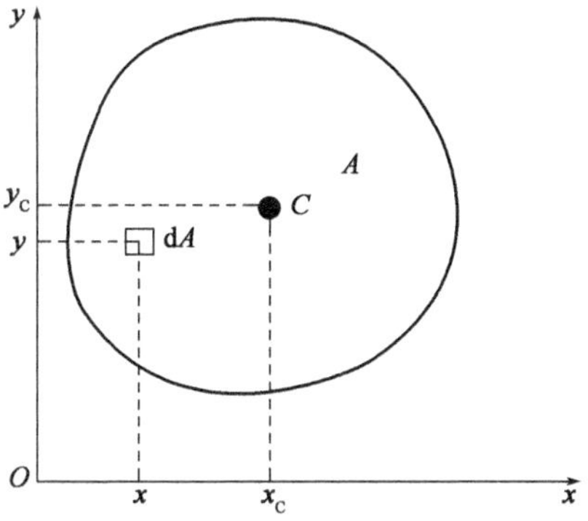

图 4-13

对三维匀质等截面线状物体,设横截面面积为 A,物体长度为 L,则 $V = AL$。$dV = d(AL) = AdL$,代入式(4-19)可得:

$$x_C = \frac{\int_L x dL}{L}, y_C = \frac{\int_L y dL}{L}, z_C = \frac{\int_L z dL}{L}$$

[**例 4-4**] 求图 4-14 所示半径为 R、圆心角为 2φ 的扇形图面的形心。

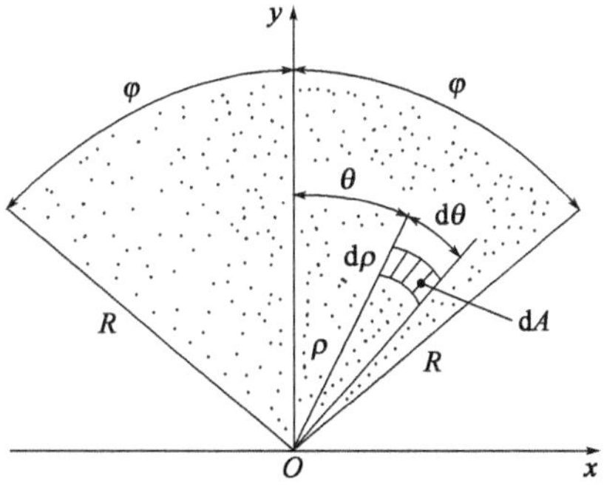

图 4-14

解:建立如图 4-14 所示坐标系 xOy,由其对称性知形心必在 y 轴上,故有:

$$x_C = 0$$

取图示微分面积元有：(极坐标 θ,ρ)

$$dA = (\rho d\theta)d\rho$$
$$y = \rho\cos\theta$$

所以有：

$$y_C = \frac{\int_A y dA}{\int_A dA} = \frac{\iint_A \rho^2\cos\theta d\theta d\rho}{\iint_A \rho d\theta d\rho} = \frac{\int_0^R \rho^2 d\rho \int_{-\varphi}^{\varphi}\cos\theta d\theta}{\int_0^R \rho d\rho \int_{-\varphi}^{\varphi} d\theta} = \frac{2R}{3\varphi}\sin\varphi$$

即扇形的形心 C 的坐标为 $\left(0,\frac{2R}{3\varphi}\sin\varphi\right)$。

3)分割法

工程实际中的有些物体形状虽然比较复杂，但仔细分析会发现它们是由几个形状简单的形体组成的。求这种物体的重心或形心，通常可以将它们分割成几个形状简单的形体，而这些简单形体的重心通常是已知的或容易求得的，这样整个组合形体的重心就可以用组合法求得。若一均质物体由 n 个简单形体组成，其中第 i 个简单形体的体积为 V_i，重心坐标为(x_i,y_i,z_i)，则用组合法求整个物体重心的公式为：

$$x_C = \frac{\sum_{i=1}^{n} x_{Ci}V_i}{V},\ y_C = \frac{\sum_{i=1}^{n} y_{Ci}V_i}{V},\ z_C = \frac{\sum_{i=1}^{n} z_{Ci}V_i}{V}$$

对于平面图形，组合法求形心公式为：

$$x_C = \frac{\sum_{i=1}^{n} x_{Ci}A_i}{A},\ y_C = \frac{\sum_{i=1}^{n} y_{Ci}A_i}{A}$$

若物体或薄板内切去了一部分(如有空穴的物体)，则求其重心仍可以用上面两式计算，只是切去部分的体积或面积要取为负值。这种方法也称为负体积(或负面积)法。

[例4-5] 计算图4-15所示空心截面图形的形心位置(尺寸单位:mm)。

解:截面可视为由一个500mm×560mm的实心矩形截面和一个420mm×400mm的空心矩形截面组成。它们的面积和形心坐标分别为：

$A_1 = 500 \times 560 = 2.8 \times 10^5(\text{mm}^2)$　　$A_2 = -(420 \times 400) = -1.68 \times 10^5(\text{mm}^2)$

$x_1 = 280\text{mm}$　　$x_2 = 320\text{mm}$

$y_1 = 0$　　$y_2 = 0$

所以：

$$\begin{cases} x_C = \dfrac{A_1x_1 + A_2x_2}{A_1 + A_2} = 220\text{mm} \\ y_C = 0 \quad (\text{由对称性可得}) \end{cases}$$

4)试验法

(1)悬挂法

如图4-16所示平面薄板，将物体上的任意两点 A、B 依次悬挂起来，物体上通过两悬点的铅垂线之交点 C 即为物体的重心。

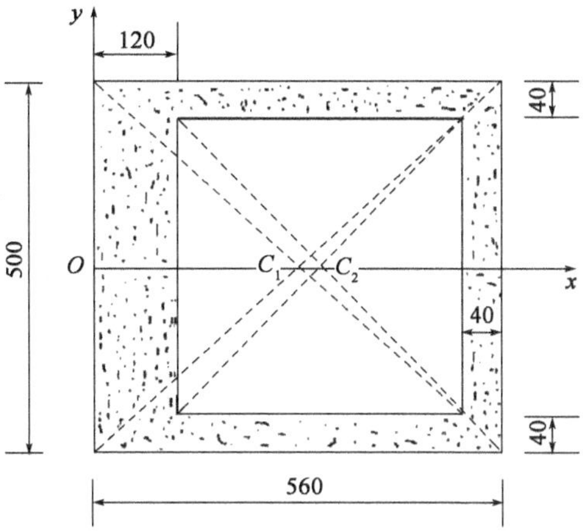

图 4-15 （尺寸单位：mm）

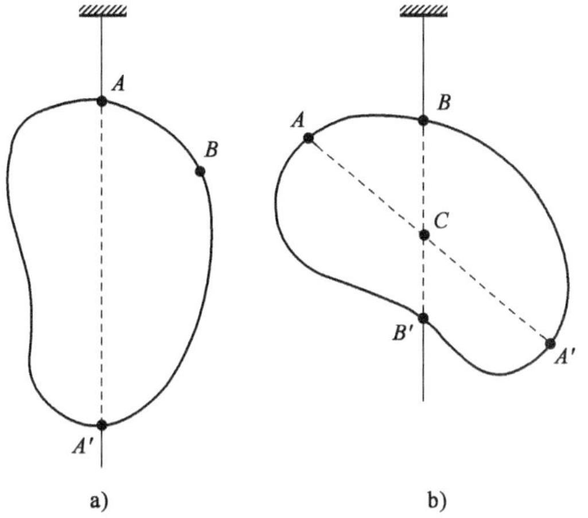

图 4-16

（2）称重法

设图 4-17 所示为某物体的对称面，即重心必在该平面内。为了求出重心 C 在该平面内的位置，即可采用以下方法（称重法）测定。

首先把物体上 A、B 两点同时放于同一水平面上的磅秤上，如图 4-17a）所示。读出 A、B 两点磅秤上显示的重量，分别记为 F_1 和 F_2。

显然，由平衡方程

$$\begin{cases} \sum F_{iy} = 0 \quad F_1 + F_2 - G = 0 \\ \sum M_A(F) = 0 \quad F_2 l - G x_C = 0 \end{cases}$$

可得：

$$G = F_1 + F_2, x_C = \frac{F_2}{F_1 + F_2} l$$

式中，G 为物体的总重；l 为 A、B 之间的距离。

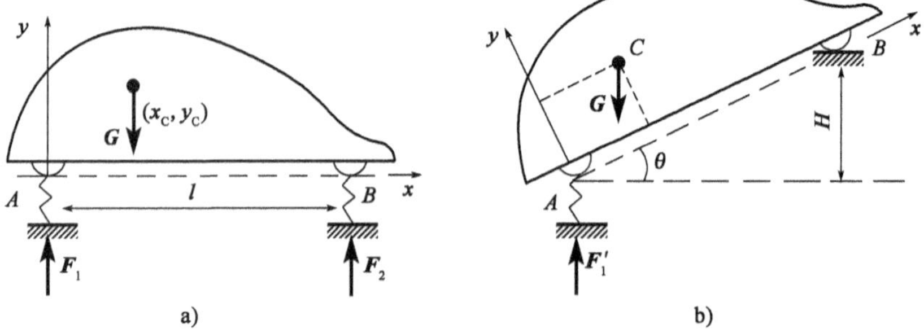

图 4-17

然后将物体 B 点升高,使 AB 与水平面成 θ 角,如图 4-17b)所示,再读出 A 点磅秤上显示的重量 F_1',此时平衡方程为:

$$\sum M_B(F_i) = 0 \quad G(l - x_C)\cos\theta + Gy_2\sin\theta - F_1' l\cos\theta = 0$$

解方程,即得:

$$y_C = \frac{F_1' - F_1}{F_1 + F_2} l\cot\theta = \frac{F_1' - F_1}{F_1 + F_2} \frac{l}{H} \sqrt{l^2 - H^2}$$

5)查表法

工程实际中,一些常见的、有规则形状的物体或平面图形的几何参数,可以从有关的工程手册中查到。利用手册,再结合组合法,可以求解不少均质组合物体的形心。表 4-1 列出了几种常见简单形状均质物体的形心位置,供查阅。

简单形状均质物体的形心位置 表 4-1

图　形	形 心 坐 标	图　形	形 心 坐 标
圆弧 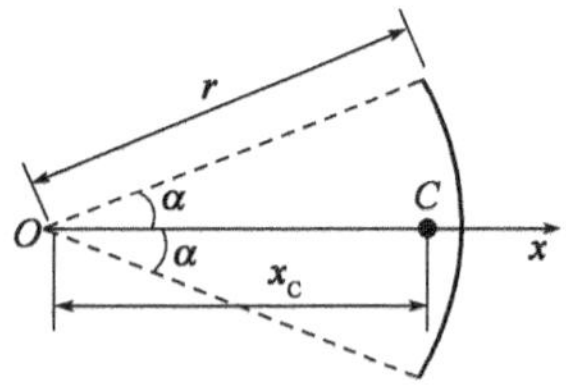	$x_C = \frac{r\sin\alpha}{\alpha}$ (α 以弧度计,下同) 半圆弧: $\alpha = \frac{\pi}{2}$ $x_C = \frac{2r}{\pi}$	椭圆形 $\frac{x^2}{a^2} + \frac{y^2}{b^2} = 1$ 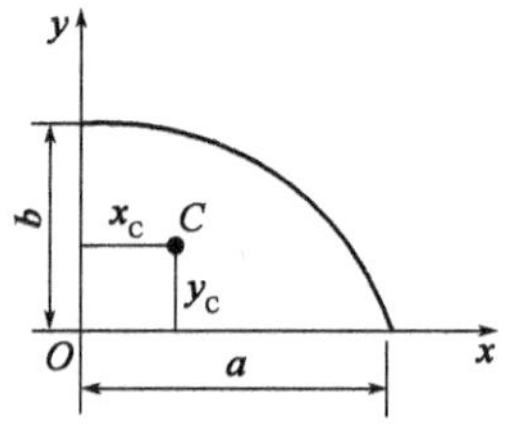	$x_C = \frac{4a}{3\pi}$ $y_C = \frac{4b}{3\pi}$ $A = \frac{1}{4}\pi ab$
三角形 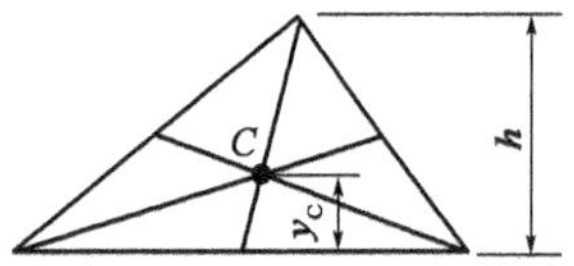	在中线交点 $y_C = \frac{1}{3}h$	二次抛物线 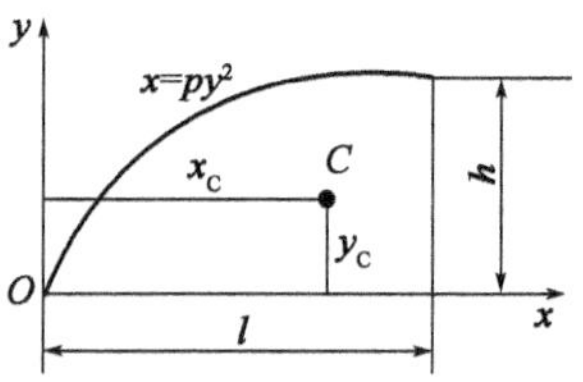	$x_C = \frac{3}{5}l$ $y_C = \frac{3}{8}h$

续上表

图　　形	形 心 坐 标	图　　形	形 心 坐 标
梯形 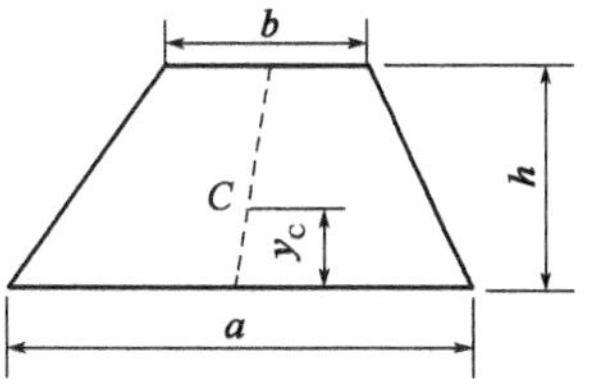	在上下底中点的连线上 $y_C=\frac{h(a+2b)}{3(a+b)}$	半球体 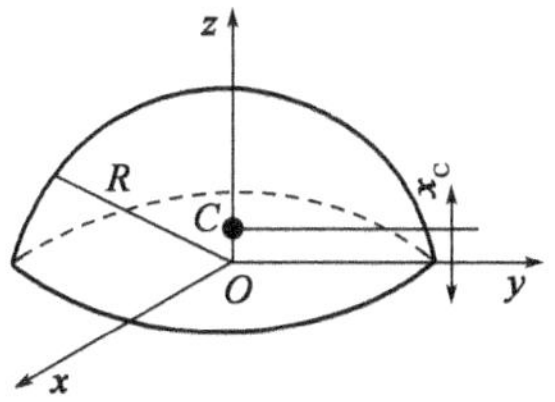	$x_C=\frac{3}{8}R$
扇形 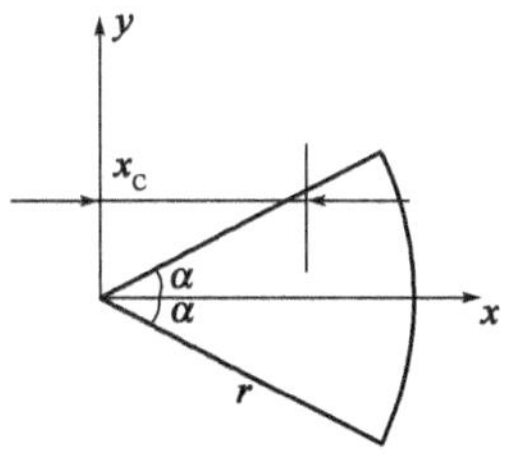	$x_C=\frac{2r\sin\alpha}{2\alpha}$ 半扇形： $\alpha=\frac{\pi}{2}$ $x_C=\frac{4r}{3\pi}$	锥体 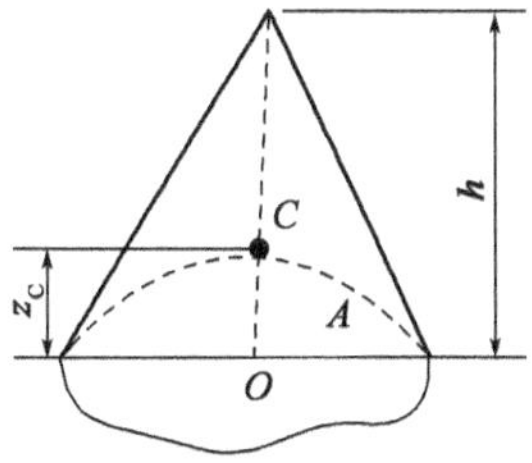	在定点与地面中心 O 的连续上 $x_C=\frac{h}{4}$ $V=\frac{1}{3}Ah$ （A 为底面积）

习题

4-1　判断题

(1)一空间力系,若各力作用线与某一固定直线平行,则其孤立的平衡方程只有5个。(　　)

(2)一空间力系,若各力作用线平行某一固定平面,则其独立的平衡方程只有3个。(　　)

(3)在空间问题中,力对轴的矩是代数量,而力对点的矩是矢量。(　　)

(4)当力与轴共面时,力对该轴之矩等于零。(　　)

(5)在空间问题中,力偶对刚体的作用完全由力偶矩矢决定。(　　)

(6)将一空间力系向某点简化,若所得的主矢和主矩正交,则此力系简化的最后结果为一合力。(　　)

4-2　如题4-2图所示,已知力 $P=20\text{N}$,求 P 对 x、y、z 轴的矩。

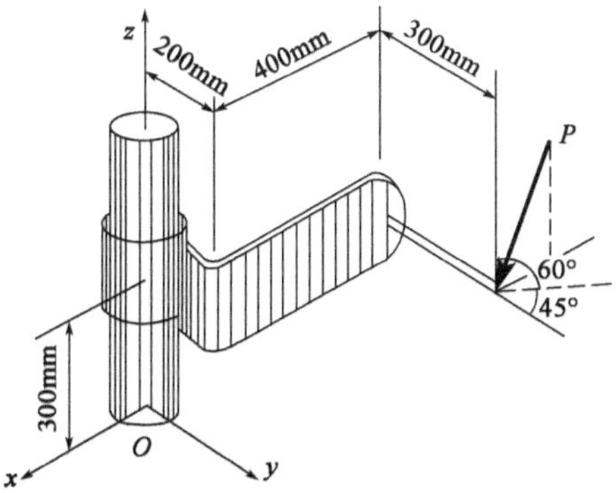

题4-2图

4-3　如题 4-3 图所示，力 F 作用于长方体的一棱边上。已知长方体边长为 a、b、c，试求力 F 对 OA 轴之矩。

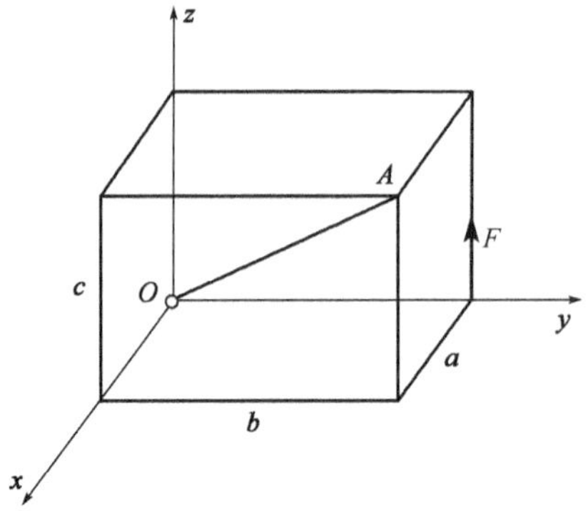

题 4-3 图

4-4　挂在空间物架上的重物重 $G = 1000\text{N}$，物架三杆用光滑球铰相连。已知 BOC 为水平面，且 ΔBOC 为等腰直角三角形，AO 杆的位置如题 4-4 图所示。求三杆所受力。

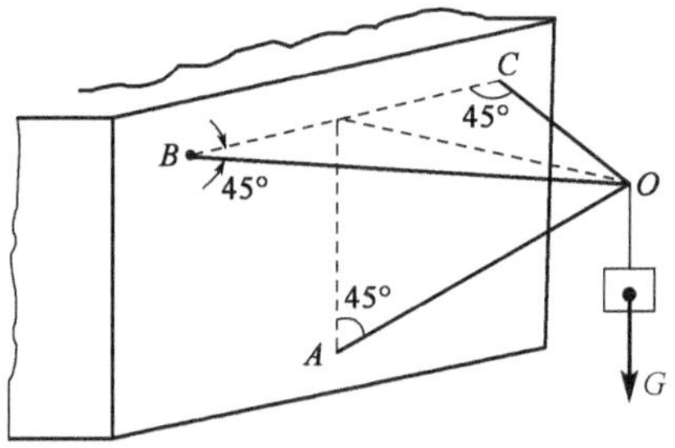

题 4-4 图

4-5　如题 4-5 图所示，悬臂刚架上受均布荷载 $q = 2\text{kN/m}$ 及两个集中力 $P = 5\text{kN}$、$Q = 4\text{kN}$ 作用，求固定端的约束反力和反力偶矩。

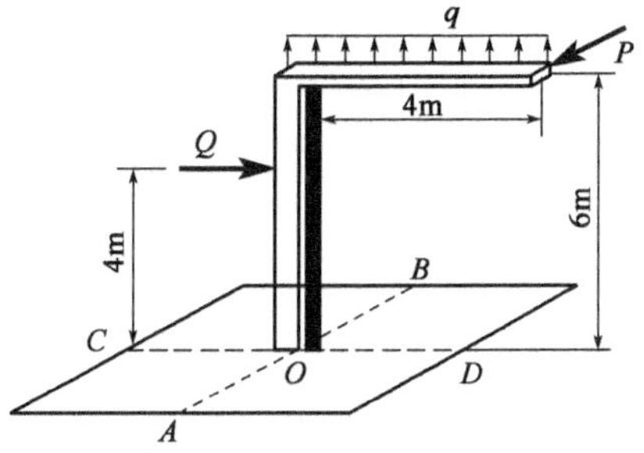

题 4-5 图

4-6　如题 4-6 图所示，求下列图示各截面重心的位置（图中长度单位为 mm，各图所选比例不同）。

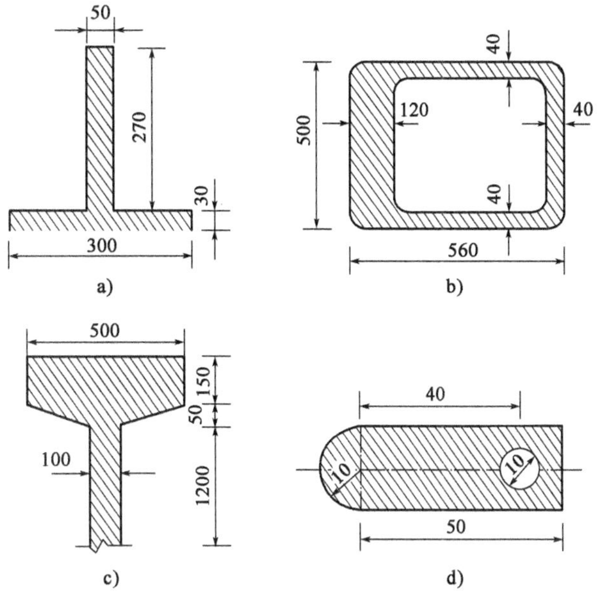

题4-6图

4-7 如题4-7图所示,已知抛物线方程 $y^2 = \frac{b^2}{a}x, AB = a, BC = b$,求面积 OAB 的重心坐标。

4-8 如题4-8图所示,在半径为 R 的圆面积内挖一半径为 r 的圆孔,求剩余面积的重心。

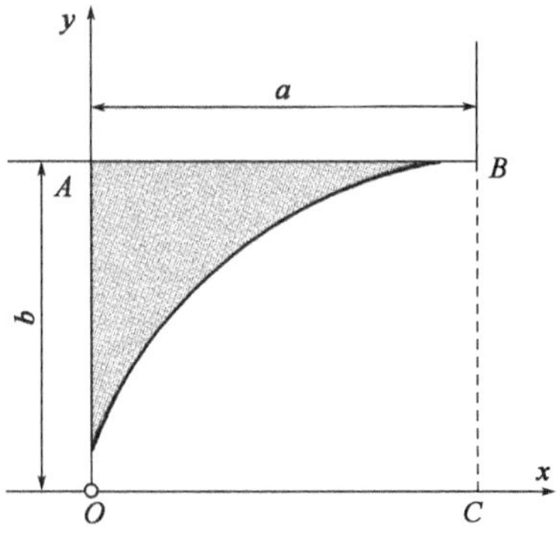

题4-7图

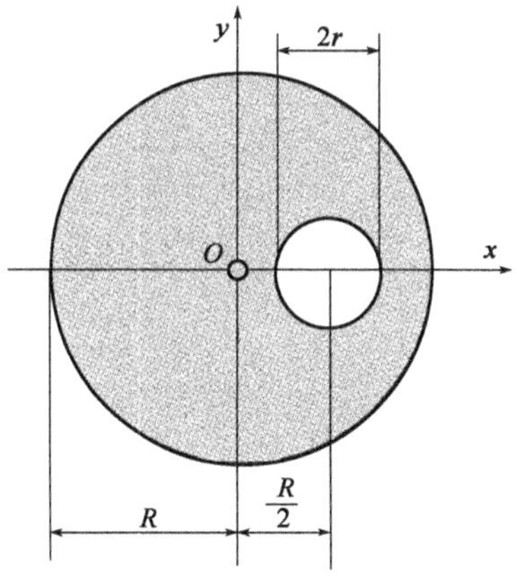

题4-8图

PART2 第2篇

运动学

运动学是从几何角度研究物体运动的规律，不考虑引起物体运动状态变化的物理因素。也就是说，运动学只研究物体运动的几何特性，包括物体在空间的位置随时间变化的规律、物体的运动轨迹、速度和加速度等，但不涉及引起物体运动变化的作用力，以及力与质量和运动之间的关系。

学习运动学，一方面是为学习后续的动力学提供必要的基础知识，另一方面也有其独立的意义。因为在许多工程问题中，如在自动控制系统、机械传动系统和仪表系统中，单独进行运动分析常常是必要的。在机械设计时，作强度分析之前，首先要对传动机构进行必要的运动分析，使各构件的运动关系满足机械正常运转的需要。

宇宙中的一切事物，总是在不断地发展变化着。运动，是物质不可分割的属性，是普遍的、绝对的。对于机械运动来说，没有绝对静止的物体。但是，人们观察某物体的运动规律却有相对性。因为任何物体在空间的位置和运动情况，必须选取另一物体作为参考的物体才能确定，这个参考的物体就是**参考体**。如果所选的参考体不同，物体相对于不同参考体的运动就不同。例如，一艘轮船在行驶，对于站在地面的观察者来说是向前运动的，但对于站在这艘船上的观察者来说是静止的。因此，可以说物体的运动是绝对的，但描述物体的运动却是相对的。在力学中，描述任何物体的运动都需要指明参考体。**与参考体固连的坐标系称为参考系**。在一般工程问题中，取与地面固连的坐标系为参考系。通常若不特别指明参考系，则所说的运动就是相对于地球或与地球固连的物体为参考系而言的。

在运动学中，由于只从几何的角度来研究物体的运动，因而对物体本身，也只着眼于物体的几何尺寸和形状，不研究其物理性质。而且物体实际上存在的微小变形，也因其对物体的运动影响很小而忽略不计。因此，**在运动学中，一般都把实际物体抽象为刚体**。但有的问题只需要研究物体上某些点（如物体重心的运动），或有些物体的运动可以忽略尺寸的影响（如炮弹的弹道等），就可以将物体视为一个几何点，称为点或动点。所以，**运动学研究的是点和刚体两种力学模型的运动**。也就是说，运动学的内容包括点的运动和刚体的运动两部分。但是，由于刚体是点的组合，因此点的运动又是分析刚体运动的基础。

第5章 点的运动学

本章以点作为研究对象，用矢量法、直角坐标法和自然轴系法来研究点相对于某参考系运动时轨迹、速度和加速度之间的关系。

5.1 点运动的矢量法

5.1.1 点的运动方程

在参考体上选一固定点 O 作为参考点，由点 O 向动点 M 作矢径 $\boldsymbol{r}$，如图 5-1a）所示，当动点 M 运动时，矢径 $\boldsymbol{r}$ 大小和方向随时间的变化而变化，并且矢径 $\boldsymbol{r}$ 是时间的单值连续函数，即：

$$\boldsymbol{r} = \boldsymbol{r}(t) \tag{5-1}$$

式（5-1）称为动点矢量形式的运动方程。

当动点 M 运动时，矢径 $\boldsymbol{r}$ 端点所描出的曲线，称为动点的运动轨迹或矢径端迹。

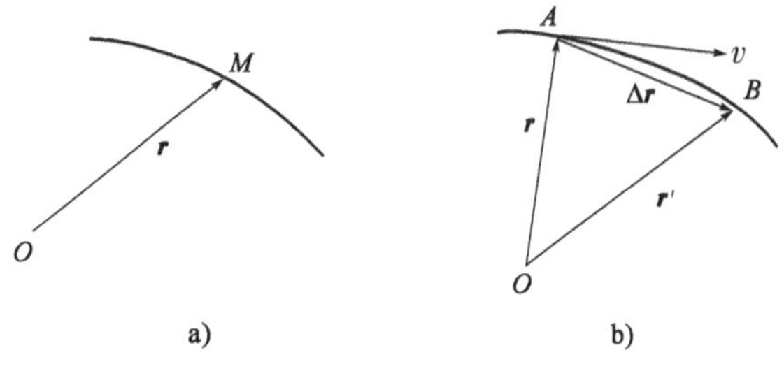

图 5-1

5.1.2 点的速度

点的速度是描述点的运动快慢和方向的物理量。

如图 5-1b)所示，t 瞬时动点 M 位于 A 点，矢径为 $\boldsymbol{r}$，经过时间间隔 Δt 后的瞬时 t'，动点 M 位于 B 点，矢径为 $\boldsymbol{r}'$，矢径的变化为 $\Delta\boldsymbol{r} = \boldsymbol{r}' - \boldsymbol{r}$，称为动点 M 经过时间间隔 Δt 的位移，动点 M 经过时间间隔 Δt 的平均速度，用 v^* 表示，即：

$$v^* = \frac{\Delta r}{\Delta t}$$

平均速度 $\boldsymbol{v}^*$ 与 $\Delta\boldsymbol{r}$ 同向。

平均速度的极限为点在 t 瞬时的速度，即：

$$v = \lim_{\Delta t \to 0} v^* = \frac{\mathrm{d}r}{\mathrm{d}t} \tag{5-2}$$

点的速度等于动点的矢径 $\boldsymbol{r}$ 对时间的一阶导数，它是矢量，其大小表示动点运动的快慢，方向沿轨迹曲线的切线，并指向前进的一侧。速度的单位为 m/s。

5.1.3 点的加速度

与点的速度一样，点的加速度是描述点的速度大小和方向变化的物理量，即：

$$\boldsymbol{a} = \lim_{\Delta t \to 0} \boldsymbol{a}^* = \frac{\mathrm{d}\boldsymbol{v}}{\mathrm{d}t} = \frac{\mathrm{d}^2\boldsymbol{r}}{\mathrm{d}t^2} \tag{5-3}$$

式(5-3)中 $\boldsymbol{a}^*$ 为动点的平均加速度，$\boldsymbol{a}$ 为动点在 t 瞬时的加速度。

点的加速度等于动点的速度对时间的一阶导数，也等于动点的矢径对时间的二阶导数。它是矢量，其大小表示速度的变化快慢，其方向沿速度矢端迹的切线，如图 5-2a)所示，并恒指向轨迹曲线凹的一侧，如图 5-2b)所示。

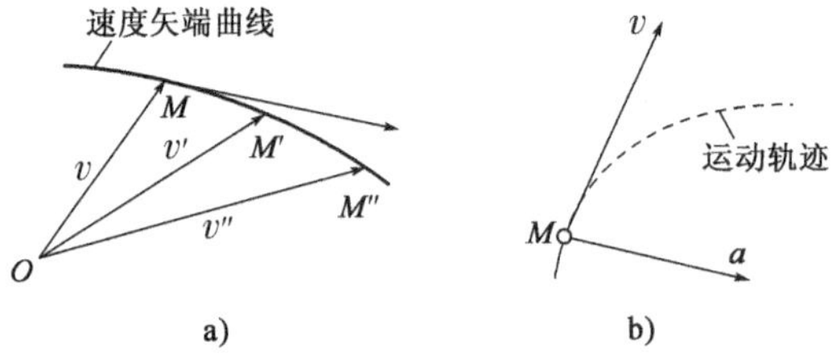

图 5-2

加速度的单位为 $\mathrm{m/s^2}$。

为了方便书写，采用简写方法，即一阶导数用字母上方加“ · ”，二阶导数用字母上方加“ ·· ”表示。式(5-2)、式(5-3)可记为：

$$\boldsymbol{v} = \dot{\boldsymbol{r}}, \boldsymbol{a} = \dot{\boldsymbol{v}} = \ddot{\boldsymbol{r}} \tag{5-4}$$

5.2 点运动的直角坐标法

5.2.1 点的运动方程

在固定点 O 建立直角坐标系 $Oxyz$，则动点 M 的位置可用其直角坐标 x、y、z 表示，如图 5-3

所示。当动点 M 运动时,其坐标 x、y、z 是时间 t 的单值连续函数,即有:

$$\begin{cases} x = f_1(t) \\ y = f_2(t) \\ z = f_3(t) \end{cases} \tag{5-5}$$

式(5-5)称为动点直角坐标形式的运动方程。

轨迹方程由式(5-5)消去时间得两个柱面方程 $f_1(x,y) = 0$、$f_2(y,z) = 0$,其交线为动点的轨迹曲线,如图5-4所示。若动点在平面内运动,轨迹方程为 $f(x,y) = 0$;若动点作直线运动,轨迹方程为运动方程 $x = f(t)$。

动点运动方程的矢量形式与直角坐标形式之间的关系是:

$$\boldsymbol{r}(t) = x(t)\boldsymbol{i} + y(t)\boldsymbol{j} + z(t)\boldsymbol{k} \tag{5-6}$$

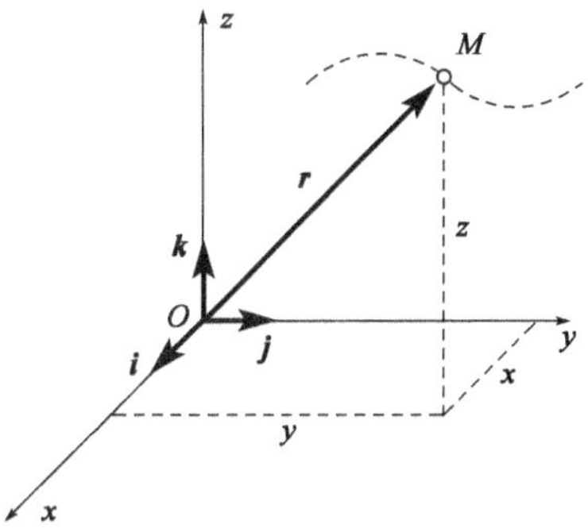

图 5-3

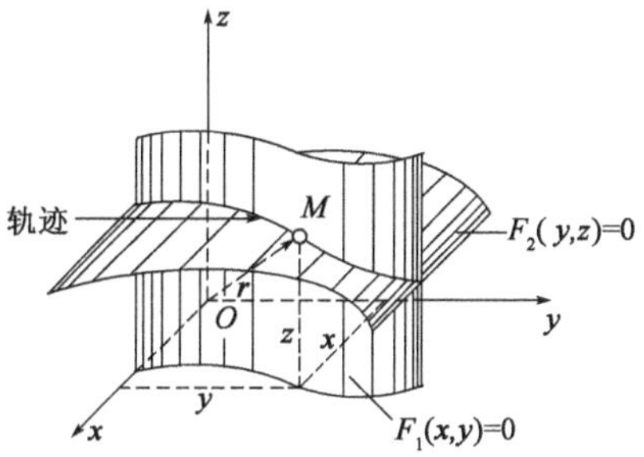

图 5-4

5.2.2 点的速度

将式(5-6)代入式(5-2)中,由于 $\boldsymbol{i}$、$\boldsymbol{j}$、$\boldsymbol{k}$ 是直角坐标轴的单位常矢量,则有:

$$\boldsymbol{v} = \dot{x}(t)\boldsymbol{i} + \dot{y}(t)\boldsymbol{j} + \dot{z}(t)\boldsymbol{k} \tag{5-7}$$

设动点 M 的速度在直角坐标轴上的投影为 v_x、v_y、v_z,则有:

$$\boldsymbol{v} = v_x\boldsymbol{i} + v_y\boldsymbol{j} + v_z\boldsymbol{k} \tag{5-8}$$

比较式(5-7)和式(5-8),得速度在直角坐标轴上的投影为:

$$v_x = \frac{\mathrm{d}x}{\mathrm{d}t} = \dot{x}(t),\ v_y = \frac{\mathrm{d}y}{\mathrm{d}t} = \dot{y}(t),\ v_z = \frac{\mathrm{d}z}{\mathrm{d}t} = \dot{z}(t) \tag{5-9}$$

因此,**速度在直角坐标轴上的投影**等于动点所对应的坐标对时间的一阶导数。

若已知速度投影,则速度的大小和方向为:

$$\left.\begin{aligned} &v = \sqrt{v_x^2 + v_y^2 + v_z^2} \\ &\cos(\boldsymbol{v},\boldsymbol{i}) = \frac{v_x}{v},\cos(\boldsymbol{v},\boldsymbol{j}) = \frac{v_y}{v},\cos(\boldsymbol{v},\boldsymbol{k}) = \frac{v_z}{v} \end{aligned}\right\} \tag{5-10}$$

5.2.3 点的加速度

同理,由式(5-3)得动点的加速度为:

$$\boldsymbol{a} = \frac{\mathrm{d}\boldsymbol{v}}{\mathrm{d}t} = \dot{v}_x\boldsymbol{i} + \dot{v}_y\boldsymbol{j} + \dot{v}_z\boldsymbol{k} \tag{5-11}$$

设动点 M 的加速度 $\boldsymbol{a}$ 在直角坐标轴上的投影为 a_x、a_y、a_z，则有：

$$\boldsymbol{a} = a_x\boldsymbol{i} + a_y\boldsymbol{j} + a_z\boldsymbol{k} \tag{5-12}$$

比较式(5-11)和式(5-12)，可得加速度在直角坐标轴上的投影为：

$$a_x = \frac{\mathrm{d}\boldsymbol{v}_x}{\mathrm{d}t} = \dot{v}_x = \ddot{x}(t),a_y = \frac{\mathrm{d}\boldsymbol{v}_y}{\mathrm{d}t} = \dot{\boldsymbol{v}}_y = \ddot{\boldsymbol{y}}(t),a_z = \frac{\mathrm{d}v_z}{\mathrm{d}t} = \dot{\boldsymbol{v}}_z = \ddot{\boldsymbol{z}}(t) \tag{5-13}$$

加速度在直角坐标轴上的投影等于速度在同一坐标轴上的投影对时间的一阶导数，也等于动点所对应的坐标对时间的二阶导数。

若已知加速度投影，则加速度的大小和方向为：

$$\left.\begin{aligned} &a = \sqrt{a_x^2 + a_y^2 + a_z^2} \\ &\cos(\boldsymbol{a},\boldsymbol{i}) = \frac{a_x}{a},\cos(\boldsymbol{a},\boldsymbol{j}) = \frac{a_y}{a},\cos(\boldsymbol{a},\boldsymbol{k}) = \frac{a_z}{a} \end{aligned}\right\} \tag{5-14}$$

上面是从动点作空间曲线运动来研究的，若点作平面曲线运动，则令坐标 $z=0$；若点作直线运动，则令坐标 $y=0,z=0$。

求解点的运动学问题大体可分为两类：第一类是已知动点的运动，求动点的速度和加速度，它是求导的过程；第二类是已知动点的速度或加速度，求动点的运动，它是求解微分方程的过程。

[例 5-1]　曲柄连杆机构如图 5-5 所示，设曲柄 OA 长为 r，绕 O 轴匀速转动，曲柄与 x 轴的夹角为 $\varphi=\omega t$，t 为时间(单位：s)，连杆 AB 长为 l，滑块 B 在水平的滑道上运动，试求滑块 B 的运动方程、速度和加速度。

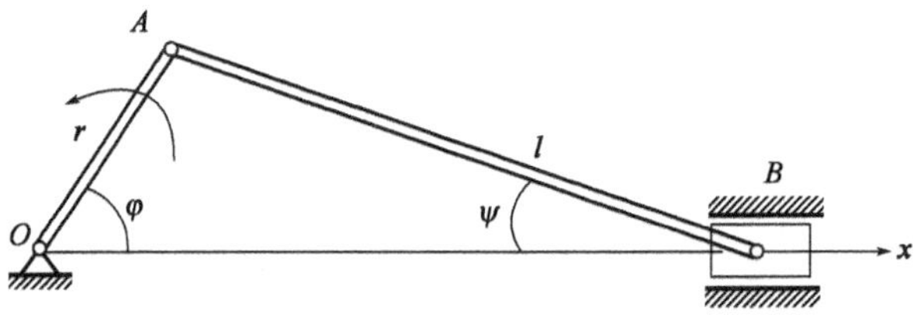

图　5-5

解：建立直角坐标系 Oxy，滑块 B 的运动方程为：

$$x = r\cos\varphi + l\cos\psi \tag{5-15}$$

其中，由几何关系得：

$$r\sin\varphi = l\sin\psi$$

则有：

$$\cos\psi = \sqrt{1 - \sin^2\psi} = \sqrt{1 - \left(\frac{r}{l}\sin\varphi\right)^2} \tag{5-16}$$

将式(5-16)代入式(5-15)，得滑块 B 的运动方程，即：

$$x = r\cos\varphi + l\sqrt{1 - \left(\frac{r}{l}\sin\varphi\right)^2} \tag{5-17}$$

对式(5-16)求导，得滑块 B 的速度和加速度，即：

$$v = \dot{x} = -r\omega\sin\omega t - \frac{r^2\omega\sin 2\omega t}{2l\sqrt{1-\left(\frac{r}{l}\sin\omega t\right)^2}}$$

$$a = \dot{v} = -r\omega^2\cos\omega t - \frac{r^2\omega^2\left\{4\cos 2\omega t\left[1-\left(\frac{r}{l}\sin\omega t\right)^2\right]+\frac{r^2}{l^2}\sin^2 2\omega t\right\}}{4l\left[1-\left(\frac{r}{l}\sin\omega t\right)^2\right]^{\frac{3}{2}}}$$

[**例 5-2**] 已知动点的运动方程为 $x = r\cos\omega t, y = r\sin\omega t, z = ut$,$r$、$u$、$\omega$ 为常数,试求动点的轨迹、速度和加速度。

解:由运动方程消去时间 t,得动点的轨迹方程:

$$x^2 + y^2 = r^2, y = r\sin\frac{\omega z}{u}$$

动点的轨迹曲线是沿半径为 r 的柱面上的一条螺旋线,如图 5-6a)所示。

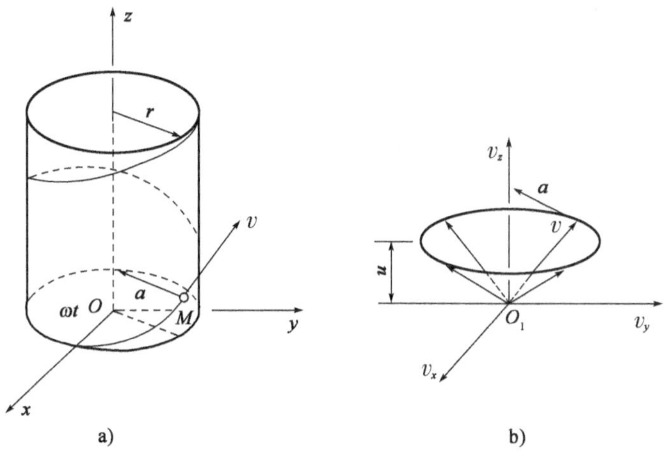

图 5-6

动点的速度在直角坐标轴上的投影为:

$$v_x = \dot{x} = -r\omega\sin\omega t$$

$v_y = \dot{y} = r\omega\cos\omega t$

$v_z = \dot{z} = u$

速度的大小和方向余弦为:

$$v = \sqrt{v_x^2 + v_y^2 + v_z^2} = \sqrt{r^2\omega^2 + u^2}$$

$$\cos(\boldsymbol{v},\boldsymbol{i}) = \frac{v_x}{v} = \frac{-r\omega\sin\omega t}{\sqrt{r^2\omega^2 + u^2}}$$

$$\cos(\boldsymbol{v},\boldsymbol{j}) = \frac{v_y}{v} = \frac{r\omega\cos\omega t}{\sqrt{r^2\omega^2 + u^2}}$$

$$\cos(\boldsymbol{v},\boldsymbol{k}) = \frac{v_z}{v} = \frac{u}{\sqrt{r^2\omega^2 + u^2}}$$

由上式知速度大小为常数,其方向与 y 轴的夹角为常数,故速度矢端迹为水平面的圆,如图 5-6b)所示。

动点的加速度在直角坐标轴上的投影为:

$$a_x = \dot{v}_x = -r^2\omega\cos\omega t$$
$$a_y = \dot{v}_y = -r^2\omega\sin\omega t$$
$$a_z = \dot{v}_z = 0$$

加速度的大小和方向余弦为:

$$a = \sqrt{a_x^2 + a_y^2 + a_z^2} = r\omega^2$$
$$\cos(\boldsymbol{a},\boldsymbol{i}) = \frac{a_x}{a} = \frac{-r^2\omega\cos\omega t}{r\omega^2} = -\frac{r}{\omega}\cos\omega t$$
$$\cos(\boldsymbol{a},\boldsymbol{j}) = \frac{a_y}{a} = \frac{-r^2\omega\sin\omega t}{r\omega^2} = -\frac{r}{\omega}\sin\omega t$$
$$\cos(\boldsymbol{a},\boldsymbol{k}) = \frac{a_z}{a} = \frac{0}{r\omega^2} = 0$$

则动点的加速度方向垂直于 z 轴,并恒指向 z 轴。

5.3 点运动的自然轴系法

5.3.1 点的运动方程

实际工程中,运行的列车是在已知的轨道上行驶,而列车的运行状况也是沿其运行的轨迹路线来确定的。这种沿已知轨迹路线来确定动点的位置及运动状态的方法通常称为**自然法**。如图 5-7 所示,确定动点的位置应在已知的轨迹曲线上选择一个点 O 作为参考点,设定运动的正负方向,由所选取参考点 O 量取 OM 的弧长 s ,弧长 s 称为**弧坐标**。当动点运动时,弧坐标 s 随时间发生变化,即弧坐标 s 是时间 t 的单值连续函数:

$$s = f(t) \tag{5-18}$$

式(5-18)称为弧坐标形式的运动方程。

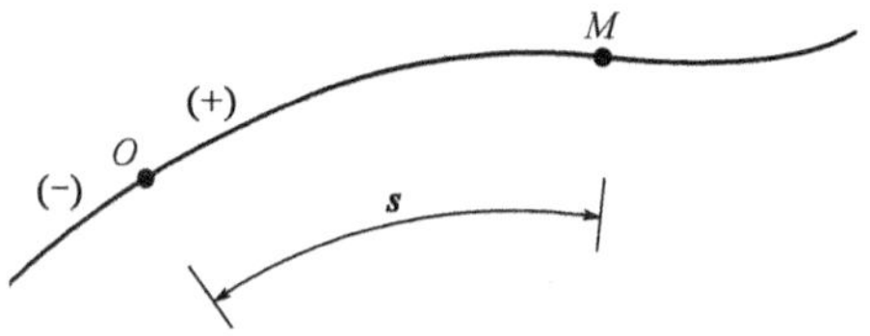

图 5-7

5.3.2 自然轴系

为了学习速度和加速度,先学习随动点运动的动坐标系——**自然轴系**,如图 5-8 所示。设

瞬时 t 动点在轨迹曲线上的 M 点，并在 M 点作其切线，沿其前进的方向给出单位矢量 $\boldsymbol{\tau}$，下一个瞬时 t' 动点在 M' 点处，并沿其前进的方向给出单位矢量 $\boldsymbol{\tau}'$，为描述曲线 M 处的弯曲程度，引入曲率的概念，即单位矢量 $\boldsymbol{\tau}$ 与 $\boldsymbol{\tau}'$ 夹角 θ 对弧长 s 的变化率，用 κ 表示，则：

$$\kappa = \left|\frac{\mathrm{d}\theta}{\mathrm{d}s}\right|$$

M 处的曲率半径为：

$$\rho = \frac{1}{k}$$

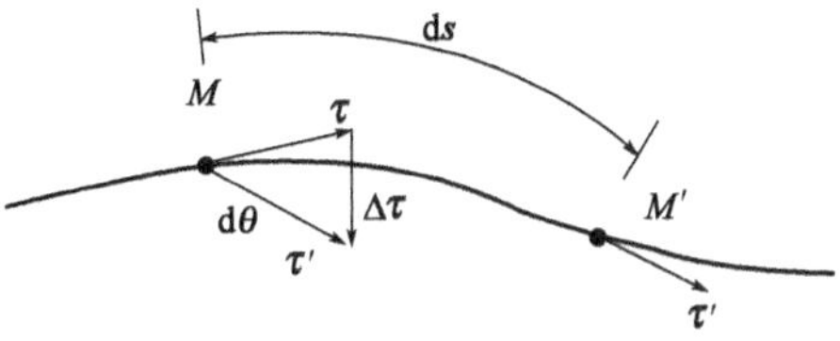

图 5-8

如图 5-9 所示，在 M 点处作单位矢量 $\boldsymbol{\tau}'$ 的平行线 MA，单位矢量 $\boldsymbol{\tau}$ 与 MA 构成一个平面 P，当时间间隔 Δt 趋于零时，MA 靠近单位矢量 $\boldsymbol{\tau}$，M' 趋于 M 点，平面 P 趋于极限平面 P_0，此平面称为密切平面，过 M 点作密切平面的垂直平面 N，N 称为 M 点的法平面。在密切平面与法平面的交线，取其单位矢量 $\boldsymbol{n}$，并恒指向轨迹曲线的曲率中心一侧，$\boldsymbol{n}$ 称为 M 点的主法线。按右手系生成 M 点处的次法线 $\boldsymbol{b}$，使得 $\boldsymbol{b} = \boldsymbol{\tau} \times \boldsymbol{n}$，从而得到由 $\boldsymbol{b}$、$\boldsymbol{\tau}$、$\boldsymbol{n}$ 构成的自然轴系。由于动点在运动，$\boldsymbol{b}$、$\boldsymbol{\tau}$、$\boldsymbol{n}$ 的方向随动点的运动而变化，故 $\boldsymbol{b}$、$\boldsymbol{\tau}$、$\boldsymbol{n}$ 为动坐标系。

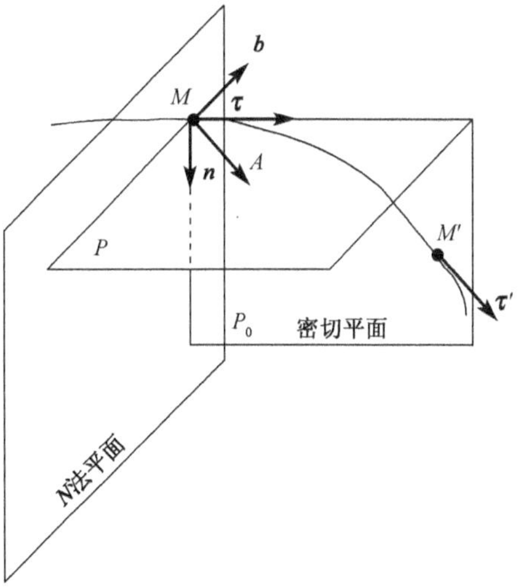

图 5-9

5.3.3 点的速度

由矢量法可知，动点的速度大小为：

$$|\boldsymbol{v}| = \left|\frac{\mathrm{d}\boldsymbol{r}}{\mathrm{d}t}\right| = \lim_{\Delta t \to 0}\left|\frac{\Delta \boldsymbol{r}}{\Delta t}\right| = \lim_{\Delta t \to 0}\left|\frac{\Delta \boldsymbol{r}}{\Delta s}\frac{\Delta s}{\Delta t}\right| = \lim_{\Delta s \to 0}\left|\frac{\Delta \boldsymbol{r}}{\Delta s}\right|\lim_{\Delta t \to 0}\left|\frac{\Delta s}{\Delta t}\right| = |\boldsymbol{v}|$$

如图 5-10 所示,其中 $\lim_{\Delta s \to 0}\left|\frac{\Delta \boldsymbol{r}}{\Delta S}\right| = 1$, $\lim_{\Delta t \to 0}\frac{\Delta s}{\Delta t} = v$,$v$ 定义为速度代数量,当动点沿轨迹曲线的正向运动时,即 $\Delta s > 0$, $\boldsymbol{v} > 0$,反之, $\Delta s < 0$, $\boldsymbol{v} < 0$。

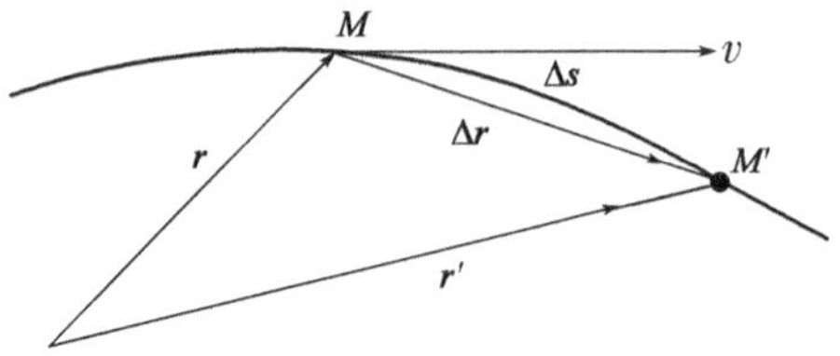

图 5-10

动点速度方向沿轨迹曲线切线,并指向前进的一侧,即点的速度的矢量表示为:

$$\boldsymbol{v} = v\boldsymbol{\tau}$$

$\boldsymbol{\tau}$ 为沿轨迹曲线的切线的单位矢量,并恒指向 $\Delta s > 0$ 的方向。

5.3.4 点的加速度

由矢量法可知,动点的加速度为:

$$\boldsymbol{a} = \frac{\mathrm{d}\boldsymbol{v}}{\mathrm{d}t} = \frac{\mathrm{d}}{\mathrm{d}t}(v\boldsymbol{\tau}) = \frac{\mathrm{d}v}{\mathrm{d}t}\boldsymbol{\tau} + v\frac{\mathrm{d}\boldsymbol{\tau}}{\mathrm{d}t} \tag{5-19}$$

由式(5-19)可知,加速度应分两项:一项表示速度大小对时间的变化率,用 $\boldsymbol{a}_\tau$ 表示,称为**切向加速度**,其方向沿轨迹曲线的切线,当 $\boldsymbol{a}_\tau$ 与 $\boldsymbol{v}$ 同号时动点作加速运动,反之,作减速运动;另一项表示速度方向对时间的变化率,用 $\boldsymbol{a}_\mathrm{n}$ 表示,称为**法向加速度**。

(1) $\frac{\mathrm{d}\boldsymbol{\tau}}{\mathrm{d}t}$ 的大小

$$\left|\frac{\mathrm{d}\boldsymbol{\tau}}{\mathrm{d}t}\right| = \lim_{\Delta t \to 0}\left|\frac{\Delta \boldsymbol{\tau}}{\Delta t}\right| = \lim_{\Delta t \to 0}\frac{2 \times 1 \times \sin\frac{\Delta\theta}{2}}{\Delta t} = \lim_{\Delta\theta \to 0}\frac{\sin\frac{\Delta\theta}{2}}{\frac{\Delta\theta}{2}}\lim_{\Delta s \to 0}\frac{\Delta\theta}{\Delta s}\lim_{\Delta t \to 0}\frac{\Delta s}{\Delta t} = \frac{v}{\rho}$$

(2) $\frac{\mathrm{d}\boldsymbol{\tau}}{\mathrm{d}t}$ 的方向

$\frac{\mathrm{d}\boldsymbol{\tau}}{\mathrm{d}t}$ 的方向如图 5-11 所示,沿轨迹曲线的主法线,并恒指向曲率中心一侧。

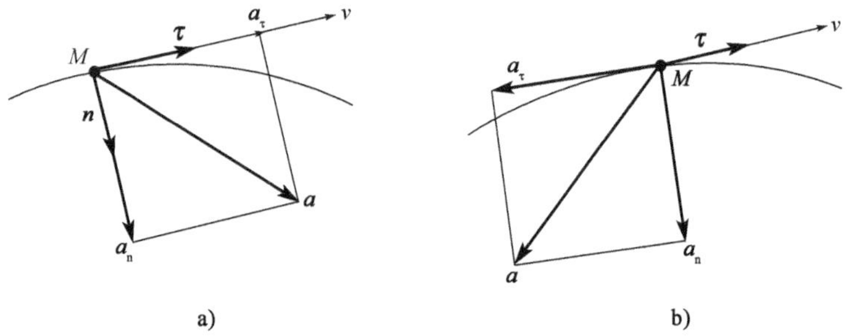

图 5-11

则上面的式(5-19)成为：

$$\boldsymbol{a} = a_{\tau}\boldsymbol{\tau} + a_{n}\boldsymbol{n} \tag{5-20}$$

式中，$a_{\tau} = \frac{dv}{dt} = \frac{d^2s}{dt^2}$(或 $= \dot{v} = \ddot{s}$)；$a_n = \frac{v^2}{\rho}$。

若将动点的全加速度 $\boldsymbol{a}$ 向自然坐标系 $\boldsymbol{b}$、$\boldsymbol{\tau}$、$\boldsymbol{n}$ 上投影，则有：

$$\left.\begin{aligned} a_{\tau} &= \frac{dv}{dt} = \frac{d^2s}{dt^2} \\ a_n &= \frac{v^2}{\rho} \\ a_b &= 0 \end{aligned}\right\} \tag{5-21}$$

式中，a_b 为副法向加速度。

若已知动点的切向加速度 a_{τ} 和法向速度 a_n，则动点的全加速度大小为：

$$a = \sqrt{a_{\tau}^2 + a_n^2}$$

如图 5-11 所示，全加速度与法线间的夹角为：

$$\tan\alpha = \frac{|a_{\tau}|}{a_n}$$

5.3.5 几种常见的运动

几种常见的运动见表 5-1。

几种常见的运动 表 5-1

匀变速曲线运动	匀速曲线运动	直线运动
切向加速度： $a_{\tau} = \frac{d\boldsymbol{v}}{dt} = \frac{d^2s}{dt^2} =$ 恒量 (1) 积分： $\boldsymbol{v} = \boldsymbol{v}_0 + a_{\tau}t$ (2) 再积分： $s = s_0 + \boldsymbol{v}_0t + \frac{1}{2}a_{\tau}t^2$ (3) 式(2)、式(3)消去时间 t，得： $\boldsymbol{v}^2 = \boldsymbol{v}_0^2 + 2a_{\tau}(s - s_0)$ (4) 法向加速度： $a_n = \frac{\boldsymbol{v}^2}{\rho}$	速度： $\boldsymbol{v} =$ 恒量 (5) 切向加速度： $a_{\tau} = 0$ 式(1)积分： $s = s_0 + \boldsymbol{v}_0t$ (6) 全加速度： $a = a_n = \frac{\boldsymbol{v}^2}{\rho}$	曲率半径： $\rho \to \infty$ 法向加速度： $a_n = 0$ 全加速度： $a = a_{\tau}$

［例 5-3］ 飞轮边缘上的点按 $s = 4\sin\frac{\pi}{4}t$ 的规律运动，飞轮的半径 $r = 20$cm，试求 $t = 10$s 时该点的速度和加速度。

解：当时间 $t = 10$s 时，飞轮边缘上点的速度为：

$$v = \frac{ds}{dt} = \pi\cos\frac{\pi}{4}t = 3.11\text{cm/s}$$

其方向沿轨迹曲线的切线。

飞轮边缘上点的切向加速度为：

$$a_\tau = \frac{dv}{dt} = -\frac{\pi^2}{4}\sin\frac{\pi}{4}t = -0.38\text{cm/s}^2$$

法向加速度为：

$$a_n = \frac{v^2}{\rho} = \frac{3.11^2}{0.2} = 48.36(\text{cm/s}^2)$$

飞轮边缘上点的全加速度大小和方向为：

$$a = \sqrt{a_\tau^2 + a_n^2} = \sqrt{(-0.38)^2 + (48.36)^2} = 48.4(\text{cm/s}^2)$$

$$\tan\alpha = \frac{|a_\tau|}{a_n} = \frac{|-0.38|}{48.36} = 0.0078$$

则全加速度与法线间的夹角 $\alpha = 0.45°$

[例 5-4] 已知动点的运动方程为 $x = 20t, y = 5t^2 - 10$，式中 x、y 以 m 计，t 以 s 计，试求 $t = 0$ 时动点的曲率半径 ρ。

解：由已知条件可知，动点的速度和加速度在直角坐标 x、y 上的投影为：

$$v_x = \dot{x} = (20t)' = 20\text{m/s}$$

$$v_y = \dot{y} = (50t - 10)' = 10t(\text{m/s})$$

$$a_x = \dot{v}_x = 0$$

$$a_y = \dot{v}_y = 10\text{m/s}^2$$

动点的速度和全加速度的大小为：

$$v = \sqrt{v_x^2 + v_y^2} = \sqrt{400 + 100t^2} = 10\sqrt{4 + t^2}$$

$$a = \sqrt{a_x^2 + a_y^2} = \sqrt{0^2 + 10^2} = 10(\text{m/s}^2)$$

在 $t = 0$ 时，动点的切向加速度为：

$$a_\tau = \dot{v} = \frac{10t}{\sqrt{4 + t^2}} = 0$$

法向加速度为：

$$a_n = \frac{v^2}{\rho} = \frac{400}{\rho}$$

全加速度的大小为：

$$a = \sqrt{a_x^2 + a_y^2} = \sqrt{a_\tau^2 + a_n^2} = a_n$$

$t = 0$ 时动点的曲率半径为：

$$\rho = \frac{v^2}{a_n} = \frac{400}{a} = \frac{400}{10} = 40(\text{m})$$

[例 5-5] 半径为 r 的轮子沿直线轨道无滑动地滚动，如图 5-12 所示，已知轮心 C 的速度为 v_C，试求轮缘上的点 M 的速度、加速度、沿轨迹曲线的运动方程和轨迹的曲率半径 ρ。

解：沿轮子滚动的方向建立直角坐标系 Oxy，初始时设轮缘上的点 M 位于 y 轴上。在图示瞬时，点 M 和轮心 C 的连线与 CH 的夹角为：

$$\varphi = \frac{\overset{\frown}{MH}}{r} = \frac{v_C t}{r}$$

则点 M 的运动方程为：

$$\begin{cases} x = HO - AO = v_C t - r\sin\varphi = v_C t - r\sin\dfrac{v_C t}{r} \\ y = CH - CB = r - r\cos\varphi = r - r\cos\dfrac{v_C t}{r} \end{cases} \tag{5-22}$$

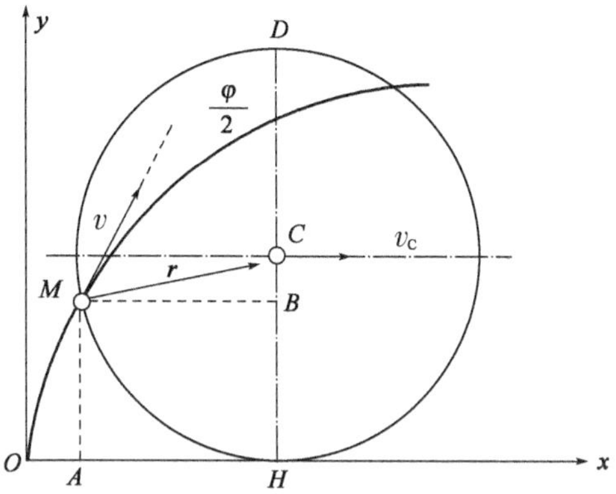

图 5-12

对式(5-22)的时间求导,得点 M 的速度在坐标轴上的投影为:

$$\begin{cases} v_x = \dot{x} = v_C - v_C\cos\dfrac{v_C t}{r} = v_C\left(1 - \cos\dfrac{v_C t}{r}\right) = 2v_C\sin^2\dfrac{v_C t}{2r} \\ v_y = \dot{y} = v_C\sin\dfrac{v_C t}{r} = 2v_C\sin\dfrac{v_C t}{2r}\cos\dfrac{v_C t}{2r} \end{cases} \tag{5-23}$$

点 M 的速度大小为:

$$v = \sqrt{v_x^2 + v_y^2} = 2v_C\sin\frac{v_C t}{2r} \tag{5-24}$$

点 M 的速度方向余弦为:

$$\cos(\boldsymbol{v},\boldsymbol{i}) = \frac{v_x}{v} = \sin\frac{v_C t}{2r} = \cos\left(\frac{\pi}{2} - \frac{\varphi}{2}\right)$$

$$\cos(\boldsymbol{v},\boldsymbol{j}) = \frac{v_y}{v} = \cos\frac{v_C t}{2r} = \cos\frac{\varphi}{2}$$

则速度的方向角为:

$$\alpha = \frac{\pi}{2} - \frac{\varphi}{2}, \beta = \frac{\varphi}{2}$$

即点 M 的速度沿 $\angle MCH$ 角分线。

对式(5-24)积分,得轮缘上的点 M 沿轨迹曲线的运动方程,由式(5-24)积分得:

$$s = \int_0^t v\mathrm{d}t = \int_0^t 2v_C\sin\frac{v_C t}{2r}\mathrm{d}t = 4r\left(1 - \cos\frac{v_C t}{2r}\right) \tag{5-25}$$

对式(5-23)的时间求导,得轮缘上点 M 的加速度在坐标轴上的投影,由式(5-23)得:

$$\begin{cases} a_x = \dot{v}_x = \dfrac{v_C^2}{r}\sin\dfrac{v_C t}{r} \\ a_y = \dot{v}_y = \dfrac{v_C^2}{r}\cos\dfrac{v_C t}{r} \end{cases}$$

由此得到点 M 的加速度大小和方向余弦为：

$$a = \sqrt{a_x^2 + a_y^2} = \frac{v_C^2}{r} \tag{5-26}$$

$$\cos(\boldsymbol{a},\boldsymbol{i}) = \frac{a_x}{a} = \sin\frac{v_C t}{r} = \cos\left(\frac{\pi}{2} - \varphi\right)$$

$$\cos(\boldsymbol{a},\boldsymbol{j}) = \frac{a_y}{a} = \cos\frac{v_C t}{r} = \cos\varphi$$

则加速度的方向角为：

$$\alpha = \frac{\pi}{2} - \varphi, \beta = \varphi$$

即点 M 的加速度沿 MC，并恒指向轮心 C 点。

点 M 的切向加速度和法向加速度为：

$$a_\tau = \dot{v} = \frac{v_C^2}{r}\cos\frac{v_C t}{2r}, \ a_n = \sqrt{a^2 - a_\tau^2} = \frac{v_C^2}{r}\sin\frac{v_C t}{2r}$$

轨迹的曲率半径为：

$$\rho = \frac{v^2}{a_n} = 4r\sin\frac{v_C t}{2r} \tag{5-27}$$

讨论：

(1)点 M 与地面接触时，$\varphi = 0$，点 M 的速度 $v = 0$，即圆轮沿直线轨道无滑动地滚动时与地面接触的点的速度为零。

(2)点 M 与地面接触时，点 M 的加速度 $a = \dfrac{v_C^2}{r}$，方向为铅直向上。

习题

5-1 判断题

(1)点的运动方程就是点的直角坐标随时间的变化规律。(　　)

(2)动点速度的方向总是与其运动的方向一致。(　　)

(3)只要动点作匀速运动，其加速度就为零。(　　)

(4)在自然坐标系中，如果速度的大小 v = 常数，则加速度的大小 $a = 0$。(　　)

(5)某瞬时动点的速度为零，则其加速度也一定为零。(　　)

(6)已知动点在 Oxy 平面内的运动方程为 $x = f_1(t)$，$y = f_2(t)$，则可以先求出矢径 $\boldsymbol{r}$ 的大小 $r = \sqrt{x^2 + y^2}$，再由 $v = \dfrac{dr}{dt}$ 及 $a = \dfrac{dv}{dt}$ 求出点的速度和加速度。(　　)

5-2　一点按 $x = t^3 - 12t + 2$ 的规律沿直线运动(其中 t 以 s 计,x 以 m 计),试求:

(1)最初 3s 内的位移;

(2)改变运动方向的时刻和所在位置;

(3)最初 3s 内经过的路程;

(4)$t = 3$s 时的速度和加速度;

(5)点在哪段时间做加速运动?哪段时间做减速运动?

5-3　如题 5-3 图所示,矿井提升物上升时,运动方程为 $y = \frac{h}{2}(1 - \cos\omega t)$,其中 $\omega = \sqrt{\frac{2b}{h}}$,$h$、$b$ 均为常值。求提升的速度和加速度,以及 y 取最大值时所需的时间。

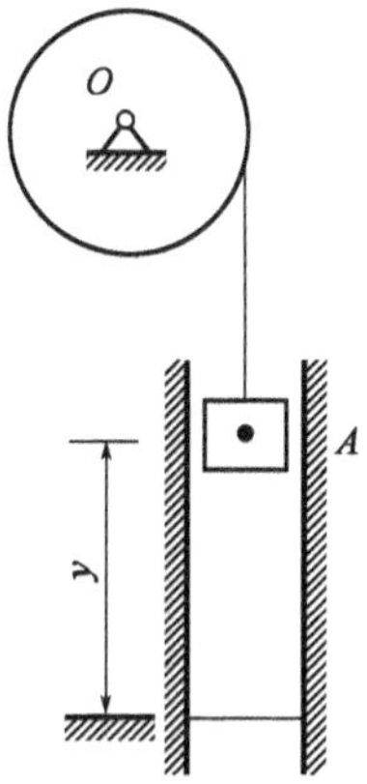

题 5-3 图

5-4　如题 5-4 图所示,半圆形凸轮以匀速 $v_0 = 1$cm/s 水平向左运动。已知 $t = 0$ 时,杆的 A 端在凸轮最高点,凸轮半径 $R = 8$cm。求杆的端点 A 的运动方程和 $t = 4$s 时的速度和加速度。

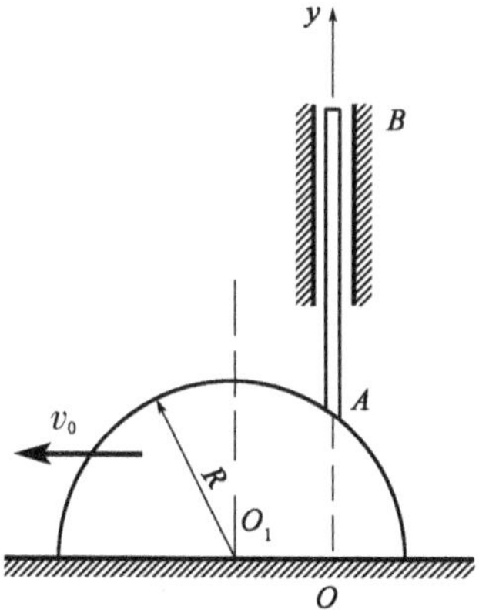

题 5-4 图

5-5　机构如题 5-5 图所示,试求当 $\varphi = \frac{\pi}{4}$ 时,摇杆 OC 的角速度和角加速度。假定杆 AB 以匀速 u 运动,开始时 $\varphi = 0$。

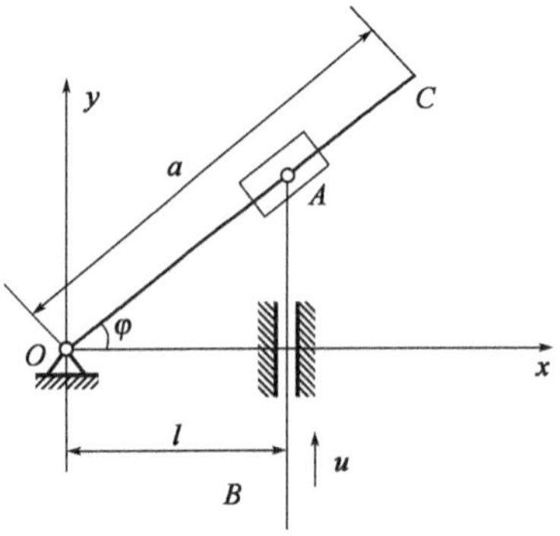

题 5-5 图

5-6　物块 B 以匀加速度 $a_B = 10\text{m/s}^2$ 向上运动。在题 5-6 图示瞬时，物块 B 比物块 A 低 30m，且两物块的初速度都为零。试求物块 A 与 B 达到同一高度时，两物块的速度。

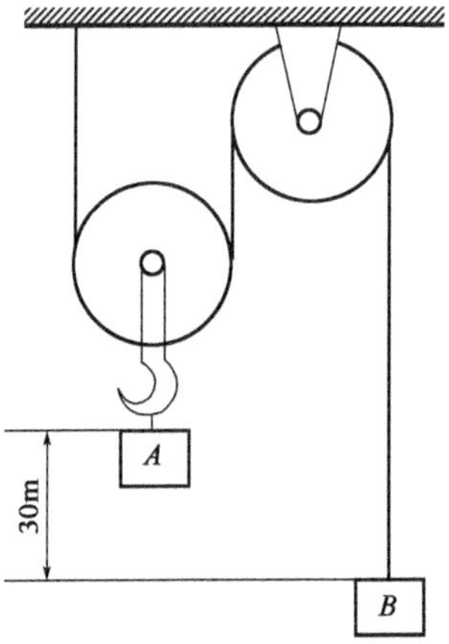

题 5-6 图

第 6 章

刚体的基本运动

本章的研究对象是刚体，学习的内容是刚体的平行移动和定轴转动，它们是刚体的两个基本运动，也是研究刚体复杂运动的基础。

6.1 刚体的平行移动

在工程实际中，如气缸内活塞的运动、打桩机上桩锤的运动等，它们共同的运动特点是**在运动过程中，刚体上任意直线段始终与它的初始位置平行。刚体的这种运动称为平行移动，**简称平移。如图 6-1 所示，车轮的平行推杆 AB 在运动过程中始终与它的初始位置平行，因此推杆 AB 作平移。

确定平移刚体的位置和运动状况，只需研究刚体上任意直线段 AB。A 和 B 两点的矢径为 $\boldsymbol{r}_A$ 和 $\boldsymbol{r}_B$，A、B 两点间的有向线段 $\boldsymbol{r}_{AB}$ 之间的关系为：

$$\boldsymbol{r}_A = \boldsymbol{r}_B + \boldsymbol{r}_{AB} \tag{6-1}$$

由平移定义可知 $\boldsymbol{r}_{AB}$ 为恒矢量，A、B 两点的轨迹只相差 $\boldsymbol{r}_{AB}$ 的恒矢量，即 A、B 两点的轨迹形状相同。如图 6-2 所示。

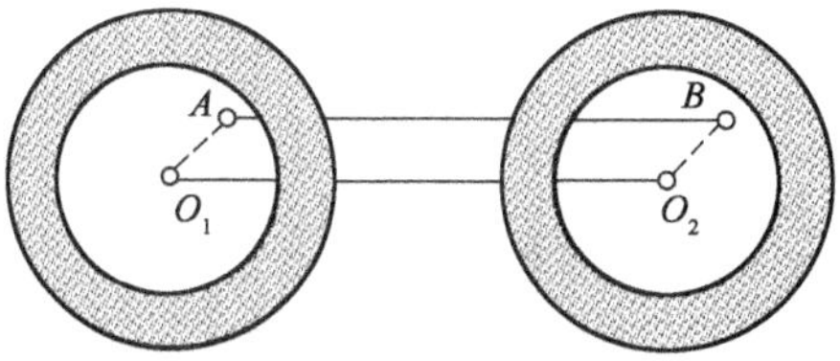

图 6-1

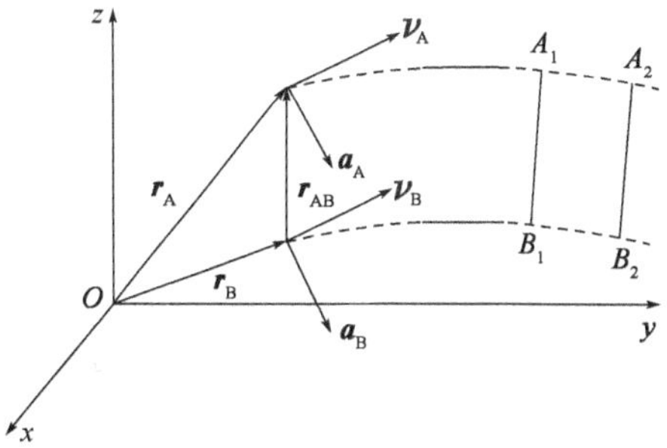

图 6-2

对式(6-1)的时间求导，得：

$$\boldsymbol{v}_A = \boldsymbol{v}_B \tag{6-2}$$

对式(6-2)的时间求导,得:

$$a_A = a_B \tag{6-3}$$

因为 A、B 两点是任意选择的,可以代表一般性,所以可得到结论:①平移刚体上各点的轨迹形状相同。②在同一瞬时平移刚体上各点的速度相等,各点的加速度相等。

因此,若刚体上任一点的轨迹为直线,则刚体的运动为直线平移;若刚体内任一点的运动轨迹为平面曲线或空间曲线,则刚体的运动为平面平移或空间平移,或称曲线平移。所以,刚体的平行移动可以转化为一点的运动来研究,即点的运动学问题。

6.2 刚体的定轴转动

在工程实际中绕固定轴转动的物体很多,如飞轮,电动机的转子、卷扬机的鼓轮、齿轮等均绕定轴转动。这些刚体的运动特点是:即**在运动过程中,刚体内存在一条不动的直线段。刚体的这种运动称为刚体的绕定轴转动,**简称转动。转动刚体内不动的直线段称为刚体的转轴。

6.2.1 转动刚体的运动描述

如图6-3所示,选定参考坐标系 $Oxyz$,设 z 轴与刚体的转轴重合,过 z 轴作一个不动的平面 P_0(称为静平面),再作一个与刚体一起转动的平面 P(称为动平面),令静平面 P_0 位于 Oxz 面上,初始瞬时这两个平面重合,当刚体转动到瞬时 t 时,刚体的位置可以由两个平面间的夹角 φ 来确定,φ 称为刚体的转角,用来描述转动刚体的代数量。并规定从平面 P_0 起按逆时针量取时为正值,反之为负值,符合右手螺旋定则规定。其单位为弧度(rad)。刚体定轴转动的运动方程是

$$\varphi = f(t) \tag{6-4}$$

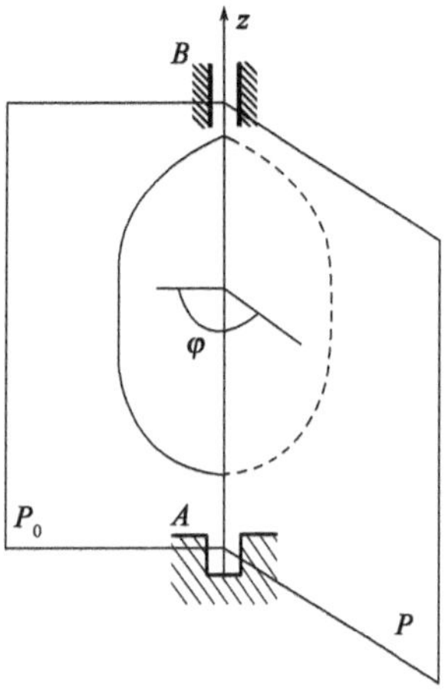

图 6-3

转角 φ 是时间 t 的单值连续函数。

角速度是描述刚体转动快慢的物理量,用 ω 表示,即转角 φ 对时间 t 的一阶导数,则:

$$\omega = \frac{\mathrm{d}\varphi}{\mathrm{d}t}(\text{或} = \dot{\varphi}) \tag{6-5}$$

单位为弧度/秒(rad/s)。角速度是代数量。若角速度是正值,表明位置角 φ 随时间而增加,反之,位置角随时间而减小。

角加速度是角速度 ω 对时间 t 的一阶导数,用 α 表示:

$$\alpha = \frac{\mathrm{d}\omega}{\mathrm{d}t} = \frac{\mathrm{d}^2\varphi}{\mathrm{d}t^2}(\text{或} = \dot{\omega} = \ddot{\varphi}) \tag{6-6}$$

单位为弧度/秒²(rad/s²)。角加速度也是代数量。当 α 与 ω 同号时,刚体作加速转动;当与 ω 异号时,刚体作减速转动。

工程中还常用转速表示转动刚体的转动快慢,即分每钟转过的圈数,用 n 表示,单位为转/分钟(r/min),角速度与转速的关系为:

$$\omega = \frac{2\pi n}{60} = \frac{\pi n}{30}(\mathrm{rad/s}) \tag{6-7}$$

注意:转动刚体的运动微分关系与点的运动微分关系有着相似之处,望初学者加以比较。

6.2.2 转动刚体上各点的速度和加速度

当刚体作定轴转动时,刚体上各点均作圆周运动。故在刚体上任选一点 M,设它到转轴的距离为 R,如图6-4 所示,若以 M_0 为起点,则当刚体转过 φ 角时,M 点即由 M_0 点移至 M,按自然坐标法 M 的弧坐标为:

$$s = R\varphi = R\varphi(t) \tag{6-8}$$

对式(6-8)的时间 t 求导,得点 M 的速度:

$$v = \frac{\mathrm{d}s}{\mathrm{d}t} = R\frac{\mathrm{d}\varphi}{\mathrm{d}t} = R\omega \tag{6-9}$$

这就表明:**转动刚体内任一点速度的代数值等于该点至转轴的距离与刚体角速度的乘积。**速度的方向沿圆周的切线方向。其速度分布如图 6-5 所示。

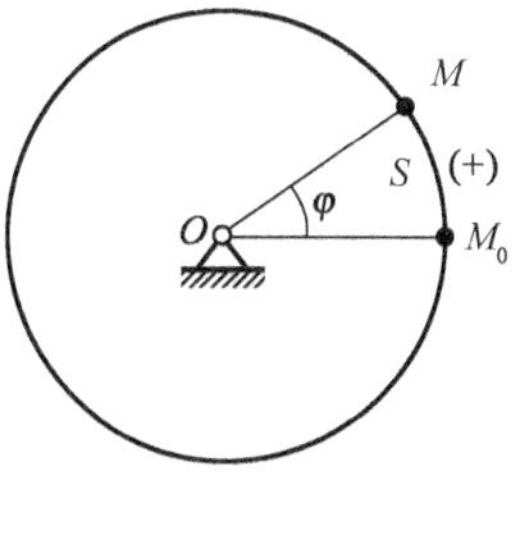

图 6-4

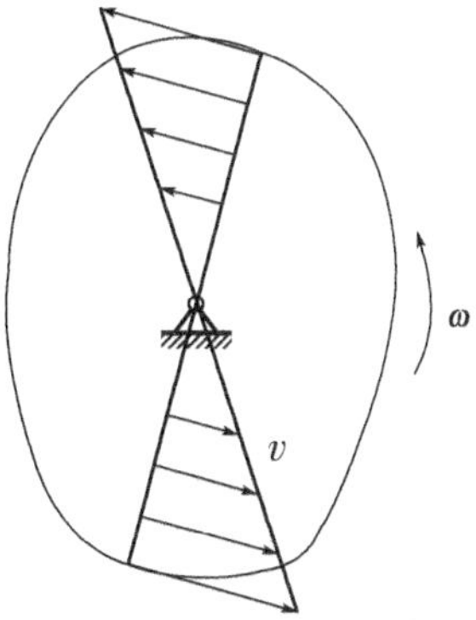

图 6-5

对式(6-9)的时间 t 求导,得点 M 的切向加速度:

$$a_\tau = \frac{\mathrm{d}v}{\mathrm{d}t} = R\frac{\mathrm{d}\omega}{\mathrm{d}t} = R\alpha \tag{6-10}$$

表明：转动刚体内任一点的切向加速度的代数值等于该点至转轴的距离与刚体角加速度的代数值的乘积。式中 α 和 a_τ 都是代数量，应具有相同的正负号。

点 M 的法向加速度为：

$$a_n = \frac{v^2}{R} = \frac{(R\omega)^2}{R} = R\omega^2 \tag{6-11}$$

表明：转动刚体内任一点的法向加速度的大小等于该点至转轴的距离与刚体角速度平方的乘积。法向加速度的方向永远指向轨迹的曲率中心。

因此，动点 M 的全向加速度的大小及其与主法线即半径的偏角为：

$$\left.\begin{aligned} a &= \sqrt{a_\tau^2 + a_n^2} = \sqrt{(R\alpha)^2 + (R\omega^2)^2} = R\sqrt{\alpha^2 + \omega^4} \\ \theta &= \arctan\frac{|a_\tau|}{a_n} = \arctan\frac{|\alpha|}{\omega^2} \end{aligned}\right\} \tag{6-12}$$

其加速度分布如图 6-6 所示。

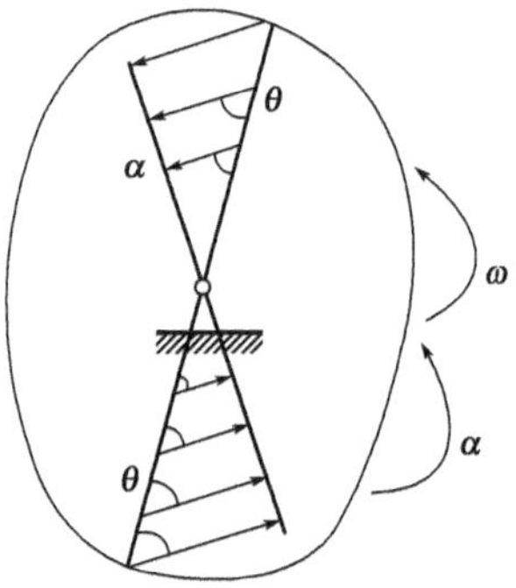

图 6-6

结论：

(1)在同一瞬时，转动刚体内各点的速度 $\boldsymbol{v}$ 和加速度 $\boldsymbol{a}$ 的大小都与该点至转轴的垂直距离 R 成正比。

(2)在同一瞬时，转动刚体内各点速度 $\boldsymbol{v}$ 的方向垂直于该点至转轴的距离 R，刚体内所有各点的加速度 $\boldsymbol{a}$ 的方向与到该点至转轴的垂直距离 R 的夹角 θ 都相等。

6.3 点的速度和加速度的矢量表示

首先建立角速度的矢量概念，按照右手螺旋法则定义角速度的矢量，表示为：

$$\boldsymbol{\omega} = \omega\boldsymbol{k} \tag{6-13}$$

式中，$\boldsymbol{k}$ 为转轴 z 的单位矢量，如图 6-7a)所示。

刚体上任意一点 M 的矢径 $\boldsymbol{r}$、角速度 $\boldsymbol{\omega}$ 和速度 $\boldsymbol{v}$ 的矢量表示为：

$$\boldsymbol{v} = \boldsymbol{\omega} \times \boldsymbol{r} \tag{6-14}$$

同理，对于定轴转动刚体，定义角加速度的矢量概念：

$$\boldsymbol{\alpha} = \dot{\boldsymbol{\omega}} = \alpha\boldsymbol{k} \tag{6-15}$$

对式(6-18)的时间 t 求导，得点 M 加速度的矢量，表示为：

$$\boldsymbol{a} = \boldsymbol{\alpha} \times \boldsymbol{r} + \boldsymbol{\omega} \times \boldsymbol{v} \tag{6-16}$$

如图 6-7b)所示，式(6-13)右边第一项为切向加速度，第二项为法向加速度，即：

$$\boldsymbol{a}_{\tau} = \boldsymbol{\alpha} \times \boldsymbol{r}, \boldsymbol{a}_{\mathrm{n}} = \boldsymbol{\omega} \times \boldsymbol{v} \tag{6-17}$$

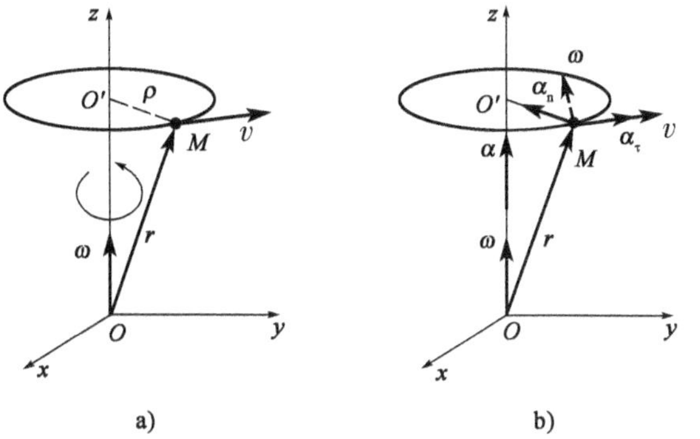

图 6-7

结论：

(1)作定轴转动的刚体内任意一点的速度等于角速度矢与矢径的矢量积。

(2)作定轴转动的刚体内任意一点的切向加速度等于角加速度矢与矢径的矢量积，法向加速度等于角速度与速度的矢量积。

[例 6-1] 如图 6-8 所示，曲柄 OA 绕 O 轴转动，其转动方程为 $\varphi = 4t^2$(单位：rad)，BC 杆绕 C 轴转动，且杆 OA 与杆 BC 平行等长，$OA = BC = 0.5\text{m}$，试求 $t = 1\text{s}$ 时，直角杆 ABD 上 D 点的速度和加速度。

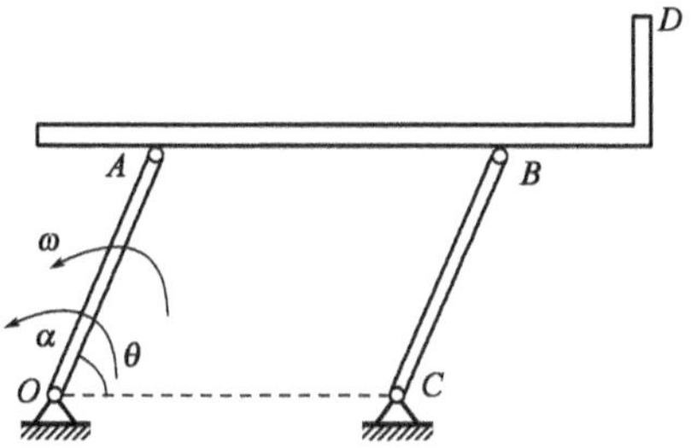

图 6-8

解：由于 OA 与 BC 平行等长，则直角杆 ABD 作平移，因此由平移的定义知：计算 D 点的速度和加速度，只需计算 A 点的速度和加速度即可。

曲柄 OA 的角速度由式(6-5)得：

$$\omega = \frac{\mathrm{d}\varphi}{\mathrm{d}t} = 8t(\text{rad/s})$$

曲柄 OA 的角加速度由式(6-6)得：

$$\alpha = \frac{\mathrm{d}\omega}{\mathrm{d}t} = 8\text{rad/s}^2$$

当 $t = 1\text{s}$ 时：

(1)直角杆 ABD 上 D 点的速度

由式(6-9)得：

$$v = R\omega = OA\omega = 0.5 \times 8 = 4\ (\text{m/s})$$

方向垂直 OA 指向角速度方向。

(2)直角杆 ABD 上 D 点的加速度

切向加速度由式(6-10)得：

$a_\tau = R\alpha = OA\alpha = 0.5 \times 8 = 4\ (\text{m/s}^2)$

法向加速度由式(6-11)得：

$$a_n = R\omega^2 = OA\omega^2 = 0.5 \times 8^2 = 32\ (\text{m/s}^2)$$

全向加速度由式(6-12)得：

$$a = \sqrt{a_\tau^2 + a_n^2} = \sqrt{4^2 + 32^2} = 32.25\ (\text{m/s}^2)$$

$$\tan\theta = \frac{|a_\tau|}{a_n} = \frac{|\alpha|}{\omega^2} = \frac{8}{8^2} = 0.125$$

则 $\theta = 7.13°$。

[例6-2] 鼓轮绕 O 轴转动，其半径为 $R = 0.2\text{m}$，转动方程为 $\varphi = -t^2 + 4t$（单位：rad），如图6-9所示。绳索缠绕在鼓轮上，绳索的另一端悬挂重物 A。试求 $t = 1\text{s}$ 时，轮缘上的点 M 和重物 A 的速度和加速度。

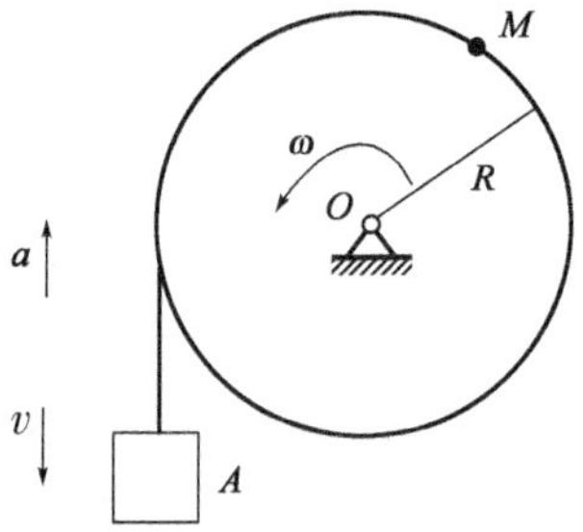

图 6-9

解：鼓轮 O 轴转动的角速度由式(6-5)得：

$$\omega = \frac{\mathrm{d}\varphi}{\mathrm{d}t} = -2t + 4\ (\text{rad/s})$$

鼓轮 O 轴转动的角加速度由式(6-6)得：

$$\alpha = \frac{\mathrm{d}\omega}{\mathrm{d}t} = -2\ \text{rad/s}^2$$

当 $t = 1\text{s}$ 时：

(1)点 M 的速度和加速度

由式(6-9)得：

$$v_M = R\omega = 0.2 \times 2 = 0.4(\text{m/s})$$

方向垂直 R 指向角速度方向。

切向加速度由式(6-10)得：

$$a_{\tau M}=R\alpha=0.2\times(-2)=-0.4\ (\mathrm{m/s^2})$$

法向加速度由式(6-11)得：

$$a_{nM}=R\omega^2=0.2\times2^2=0.8\ (\mathrm{m/s^2})$$

全向加速度由式(6-12)得：

$$a_M=\sqrt{a_{\tau M}^2+a_{nM}^2}=\sqrt{0.4^2+0.8^2}=0.8944\ (\mathrm{m/s^2})$$

$$\tan\theta=\frac{|a_\tau|}{a_n}=\frac{|\alpha|}{\omega^2}=\frac{|-2|}{2^2}=0.5$$

则 $\theta=26.57°$。

(2)重物 A 的速度和加速度

重物 A 的速度为：

$$v_A=v_M=0.4\ \mathrm{m/s}$$

方向铅垂向下。

重物 A 的加速度为：

$$a_A=a_{\tau M}=-0.4\ \mathrm{m/s^2}$$

与速度方向相反，作减速运动。

习题

6-1 判断题

(1)刚体平动时，若已知刚体内任一点的运动，则可由此点的运动确定刚体内其他各点的运动。(　　)

(2)平动刚体上各点的运动轨迹必为直线。(　　)

(3)列车在直线轨道上行驶时，车厢和车轮的运动都是平动。(　　)

(4)刚体作定轴转动时，其转动轴一定是在刚体内。(　　)

(5)刚体作定轴转动时，角加速度为正，表示加速转动，角加速度为负，表示减速转动。(　　)

6-2 如题6-2图所示，定轴转动的轮上 A、B 两点的转动半径相差20cm，即 $OA-OB=20\mathrm{cm}$。已知 $v_A=50\mathrm{cm/s}$，$v_B=10\mathrm{cm/s}$。试求转轮的角速度以及点 A 的转动半径 OA。

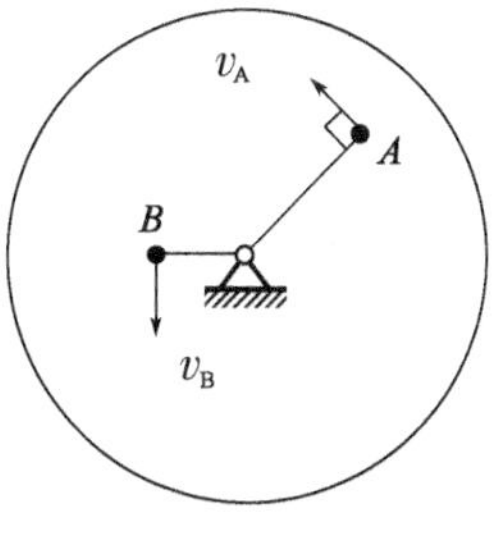

题6-2图

6-3 如题 6-3 所示为把工件送入干燥炉内的机构，叉杆 $OA=1.5\text{m}$，在铅垂面内转动，杆 $AB=0.8\text{m}$，A 端为铰链，B 端有放置工件的框架。在机构运动时，工件的速度恒为 0.05m/s，杆 AB 始终铅垂。设运动开始时，$\varphi=0°$。求运动过程中 φ 与时间的关系，以及点 B 的轨迹方程。

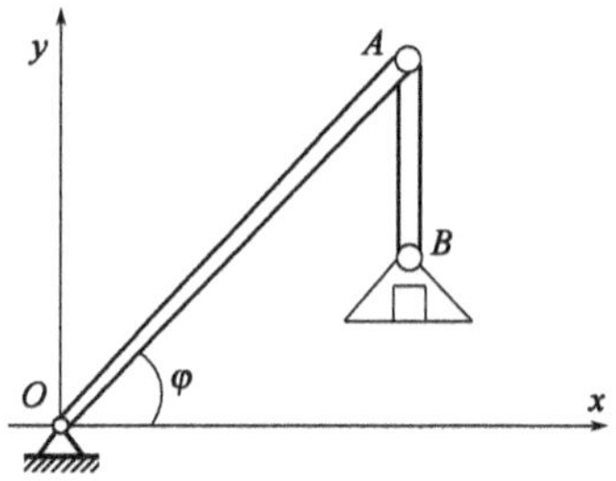

题 6-3 图

6-4 已知如题 6-4 图所示机构的尺寸如下：$O_1O_2=AB=l$，$O_1A=O_2B=AM=r=0.2\text{m}$，如 O_2 轮按 $\varphi=15\pi t(\text{rad})$ 的规律转动，求 $t=0.5\text{s}$ 时，AB 板上 M 点的速度和加速度。

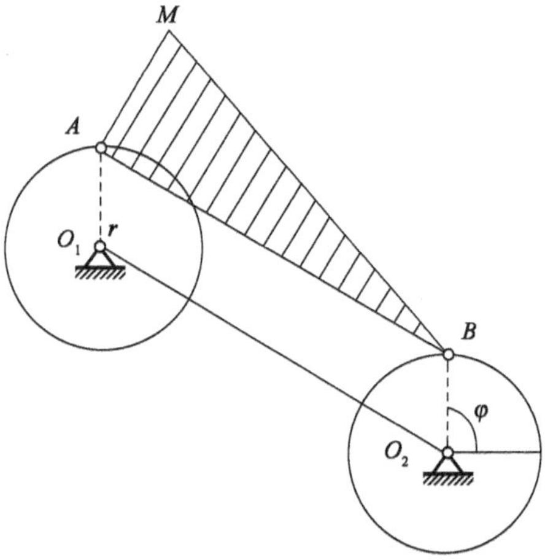

题 6-4 图

6-5 半径为 r 的圆轮沿水平直线运动，如题 6-5 图所示，轮心速度 v_0 为常数。求 $\varphi=60°$ 时，OA 杆的角速度与角加速度。

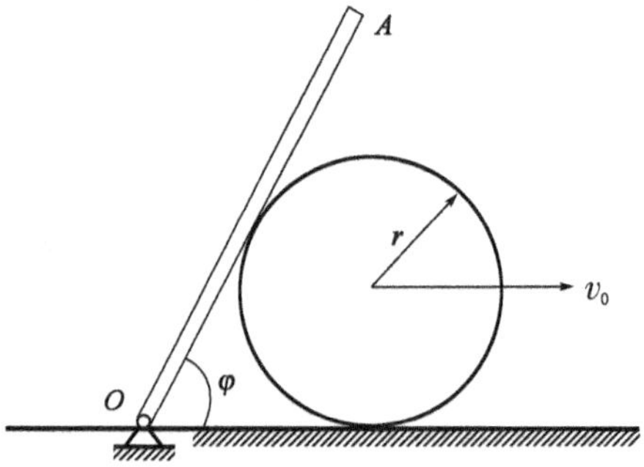

题 6-5 图

6-6 机构如题6-6图所示,假定杆 AB 以匀速 v 运动,开始时 $\varphi = 0°$。求 $\varphi = \frac{\pi}{4}$ 时,摇杆 OC 的角速度和角加速度。

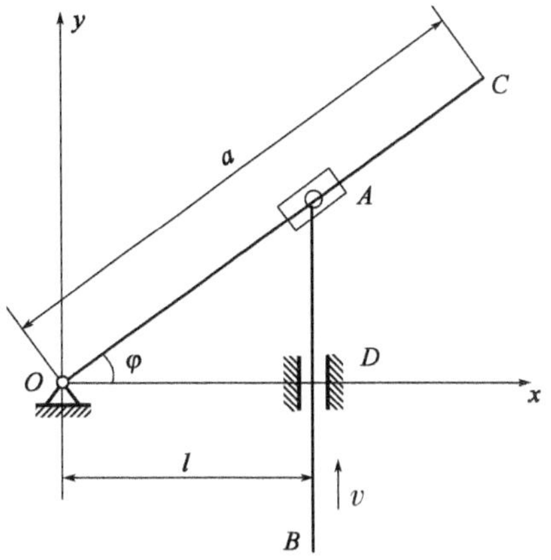

题6-6图

第 7 章

点的合成运动

前面研究物体的运动是相对于同一参考系而言的,并规定固连于地球的坐标系为定参考系。但在工程实际中,当所研究的物体相对于不同参考坐标系运动时(即它们之间存在相对运动),就形成了运动的合成。本章主要学习动点相对于不同参考坐标系运动时的运动方程、速度、加速度之间的几何关系。

7.1 点的合成运动的概念

在工程和实际生活中,物体相对于不同参考系运动的例子很多,例如沿直线滚动的车轮,在地面上观察轮边缘上点 M 的运动轨迹是旋轮线,但在车厢上观察是一个圆,如图 7-1 所示。又如在雨天观察雨滴的运动,在地面上观察(不计自然风的干扰)雨滴铅垂下落,但在行驶的汽车上观察,雨滴在车窗上留下倾斜的痕迹,如图 7-2 所示。

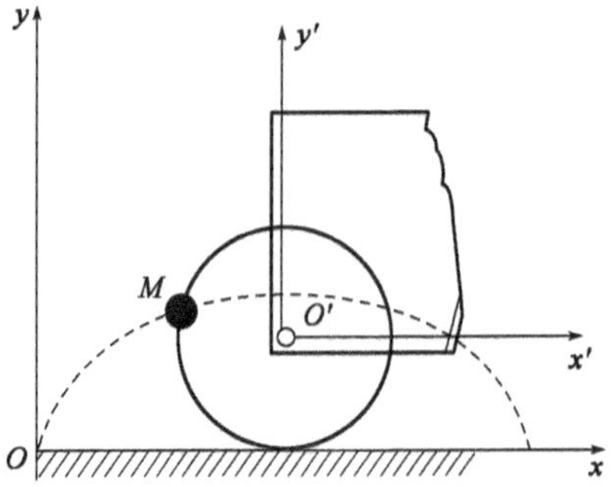

图 7-1

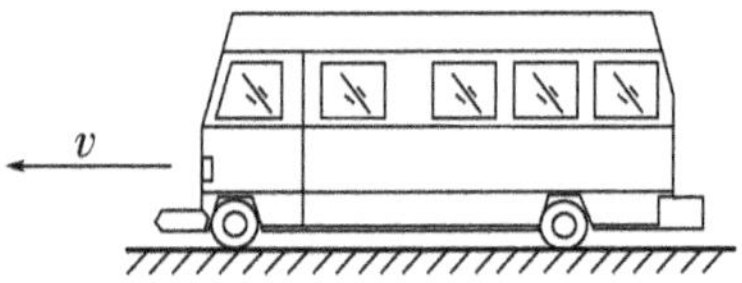

图 7-2

从上面的两个例子可以看出,物体相对于不同参考系的运动是不同的,它们之间存在运动的合成和分解的关系。为了便于研究,一般情况下,将研究的物体看成是动点,动点相对于两个坐标系运动:一是建立在不动物体上的坐标系称为**定参考坐标系**(简称定系),如建立在地面上的坐标系;另一个是相对于定参考坐标系有运动的坐标系称为**动参考坐标系**(简称动系)。动点相对于定系运动可以看成是动点相对于动系的运动和动系相对于定系的运动的合成。在上面的例子中,定系建立在地面上,动点 M 的运动轨迹是旋轮线,动系建立在车厢上,点 M 相对于动系的运动轨迹是一个圆,而车厢相对地面作平移运动,即动点 M 的旋轮线可以看成是圆的运动和车厢平移运动的合成。

为了区分动点相对于不同参考系的运动,研究点的合成运动必须要选定两个参考坐标系,清楚以下 3 种运动:

(1)动点相对于定参考坐标系运动,称为动点的**绝对运动**。所对应的轨迹、速度和加速度分别称为绝对运动轨迹、绝对速度 $\boldsymbol{v}_a$、绝对加速度 $\boldsymbol{a}_a$。

(2)动点相对于动参考坐标系运动,称为动点的**相对运动**。所对应的轨迹、速度和加速度分别称为相对运动轨迹、相对速度 $\boldsymbol{v}_r$、相对加速度 $\boldsymbol{a}_r$。

(3)动系相对于定系的运动,称为动点的**牵连运动**。动系上与动点重合的点称为动点的牵连点,牵连点所对应的轨迹、速度和加速度分别称为牵连运动轨迹、牵连速度 $\boldsymbol{v}_e$、牵连加速度 $\boldsymbol{a}_e$。

结合已建立的两个参考坐标系和三种运动,请初学者自己分析上面的例子。

一般来讲,绝对运动看成是运动的合成,相对运动和牵连运动看成是运动的分解,合成与分解是研究点的合成运动的两个方面,切不可孤立看待,必须用联系的观点去学习。

动点的绝对运动、相对运动和牵连运动之间的关系可以通过动点在定参考坐标系和动参考坐标系中的坐标变换得到。以平面运动为例,设 Oxy 为定系,$O'x'y'$ 为动系,M 为动点,如图 7-3所示。

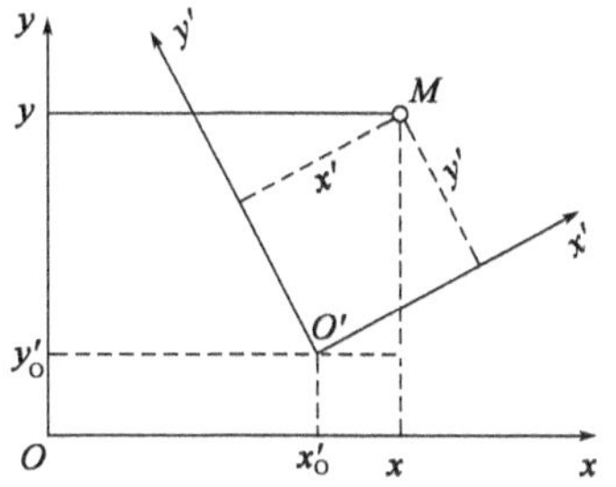

图 7-3

M 点绝对运动方程为:

$$x = x(t), y = y(t) \tag{7-1}$$

M 点相对运动方程为:

$$x' = x'(t), y' = y'(t) \tag{7-2}$$

牵连运动是动系 $O'x'y'$ 相对于定系 Oxy 的运动,其运动方程为:

$$x_{O'} = x_{O'}(t), y_{O'} = y_{O'}(t), \varphi = \varphi(t) \tag{7-3}$$

由图 7-3 可得动系与定系之间的坐标变换关系为:

$$\begin{cases} x = x_{O'} + x'\cos\varphi - y'\sin\varphi \\ y = y_{O'} + x'\sin\varphi + y'\cos\varphi \end{cases} \tag{7-4}$$

［例7-1］ 半径为r的轮子沿直线轨道无滑动地滚动，如图7-4所示。已知轮心C的速度为$\boldsymbol{v}_C$，试求轮缘上点M的绝对运动方程以及相对轮心C的运动方程和牵连运动方程。

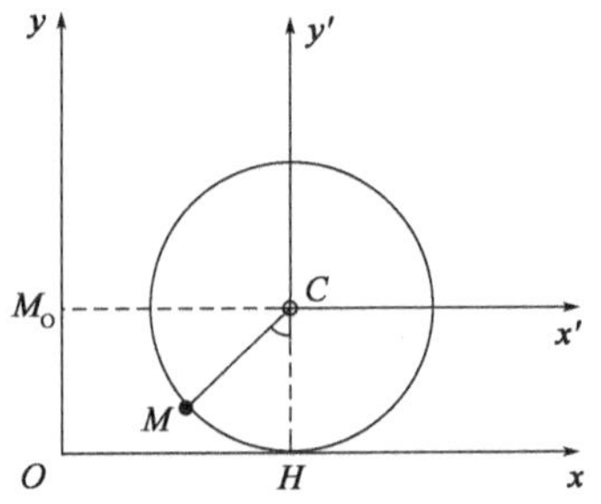

图 7-4

解：沿轮子滚动的方向建立定系Oxy，初始时设轮缘上的点M位于y轴上的M_0处。在图示瞬时，点M和轮心C的连线与CH的夹角为：

$$\varphi_1=\frac{\overset{\frown}{MH}}{r}=\frac{v_C t}{r}$$

在轮心C建立动系$Cx'y'$，点M的相对运动方程为：

$$\left.\begin{aligned}x'&=-r\sin\varphi_1=-r\sin\frac{v_C t}{r}\\y'&=-r\cos\varphi_1=-r\cos\frac{v_C t}{r}\end{aligned}\right\}$$

点M的相对运动轨迹方程为：

$$x'^2+y'^2=r^2 \tag{7-5}$$

由式(7-5)可知，点M的相对运动轨迹为圆。

牵连运动为动系$Cx'y'$相对于定系Oxy的运动，其牵连运动方程为：

$$\left.\begin{aligned}x_C&=v_C t\\y_C&=r\\\varphi&=0\end{aligned}\right\}$$

由于动系作平移，因此动系坐标轴x'与定系坐标轴x的夹角$\varphi=0°$。

由式(7-4)可得点M的绝对运动方程为：

$$\left.\begin{aligned}x&=v_C t-r\sin\varphi_1=v_C t-r\sin\frac{v_C t}{r}\\y&=r-r\cos\varphi_1=r-r\cos\frac{v_C t}{r}\end{aligned}\right\} \tag{7-6}$$

由式(7-6)可知，点M的绝对运动轨迹为旋轮线。

［例7-2］ 用车刀切削工件直径的端面时，车刀沿水平轴z作往复运动，如图7-5a)所示。设定系为$Oxyz$，刀尖在Oxy面上的运动方程为$x=r\sin\omega t$，工件以匀角速度ω绕z轴转动，动系建立在工件上为$Ox'y'z'$，试求刀尖在工件上画出的痕迹。

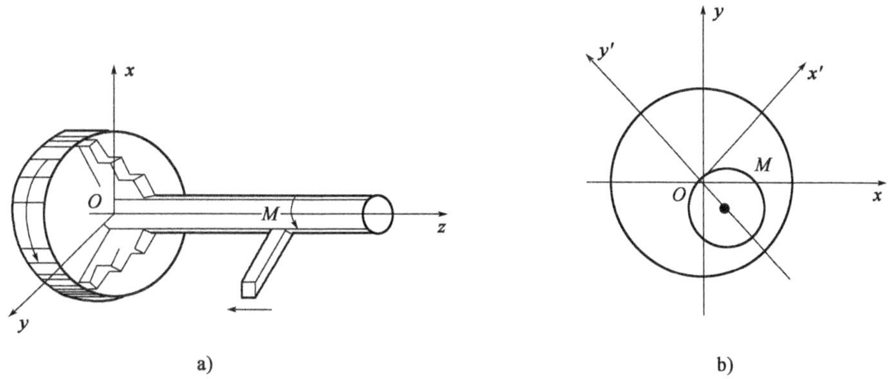

图 7-5

解：由题意知，刀尖为动点，刀尖在工件上切出的痕迹为动点相对运动轨迹。由图 7-5b）得动点的相对运动方程为：

$$\begin{cases} x' = x\cos\omega t = r\sin\omega t\cos\omega t = \dfrac{r}{2}\sin 2\omega t \\ y' = -x\sin\omega t = -r\sin^2\omega t = -\dfrac{r}{2}(1-\cos 2\omega t) \end{cases}$$

消去时间 t，得动点的相对运动轨迹方程为：

$$x'^2 + \left(y' + \frac{r}{2}\right)^2 = \frac{r^2}{4}$$

可见刀尖在工件上画出的痕迹为圆。

注意：若求 3 种运动的速度之间的关系，最直接的方法是对式（7-4）的时间求导，即可求出点的相对速度、牵连速度和绝对速度三者之间的关系。

7.2 点的速度合成定理

研究点的相对速度、牵连速度和绝对速度三者之间的关系。

如图 7-6 所示，设 $Oxyz$ 为定系，$O'x'y'z'$ 为动系，M 为动点。动系的坐标原点 O' 在定系中的矢径为 $\boldsymbol{r}_{O'}$，动点 M 在定系上的矢径为 $\boldsymbol{r}_M$，动点 M 在动系上的矢径为 $\boldsymbol{r}'$，动系坐标的三个单位矢量为 $\boldsymbol{i}'$、$\boldsymbol{j}'$、$\boldsymbol{k}'$，牵连点为 M'（动系上与动点重合的点），其在定系上的矢径为 $\boldsymbol{r}_{M'}$，则矢径间有如下关系：

$$\boldsymbol{r}_M = \boldsymbol{r}_{O'} + \boldsymbol{r}' \tag{7-7}$$

$$\boldsymbol{r}' = x'\boldsymbol{i}' + y'\boldsymbol{j}' + z'\boldsymbol{k}' \tag{7-8}$$

$$\boldsymbol{r}_M = \boldsymbol{r}_{M'} \tag{7-9}$$

动点 M 的绝对速度为：

$$v_a = \frac{\mathrm{d}r_M}{\mathrm{d}t}$$

动点 M 的相对速度为：

$$v_r = \frac{\mathrm{d}\boldsymbol{r}'}{\mathrm{d}t} = \dot{x}'\boldsymbol{i}' + \dot{y}'\boldsymbol{j}' + \dot{z}'\boldsymbol{k}'$$

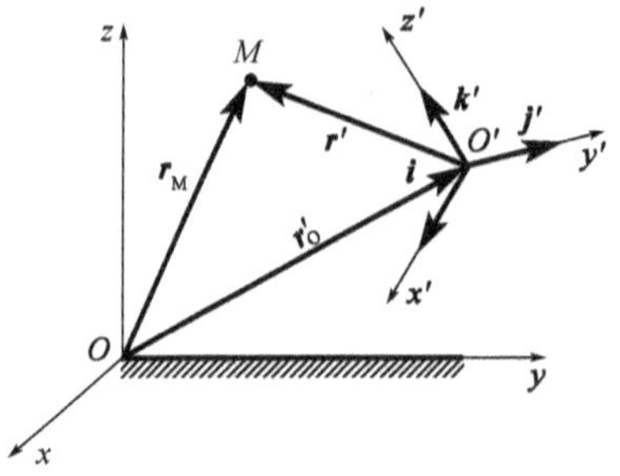

图 7-6

将式(7-8)和式(7-9)代入式(7-7)中,因牵连点 M' 是动系上的一个确定点,因此 M' 的 3 个坐标 x'、y'、z' 是常量,得动点 M 牵连速度

$$v_e = \frac{\mathrm{d}\boldsymbol{r}_{M'}}{\mathrm{d}t} = \dot{\boldsymbol{r}}_{O'} + x'\dot{\boldsymbol{i}}' + y'\dot{\boldsymbol{j}}' + z'\dot{\boldsymbol{k}}' \tag{7-10}$$

从而得到相对速度、牵连速度和绝对速度三者之间的关系:

$$\boldsymbol{v}_a = \boldsymbol{v}_e + \boldsymbol{v}_r \tag{7-11}$$

点的速度合成定理:**在任一瞬时,动点的绝对速度等于在同一瞬时它的牵连速度和相对速度的矢量和**。点的相对速度、牵连速度和绝对速度三者之间满足平行四边形合成法则,即绝对速度是由相对速度和牵连速度所构成的平行四边形的对角线确定。

注意:

(1)三种速度有三个大小和三个方向共六个要素,必须已知其中四个要素,才能求出剩余的两个要素。因此,只要正确地画出上面三种速度的平行四边形,即可求出剩余的两个要素。

(2)动点和动系的选择是关键,一般不能将动点和动系选在同一个参考体上。

(3)动系的运动是任意的运动,可以是平移、转动或者是较为复杂的运动。

应用速度合成定理解决具体问题时,一般采取以下步骤:

(1)正确选择动点和动参考系。

(2)分析三种运动和三种速度,找出已知要素和未知要素。

(3)根据速度合成定理和已知条件作出速度矢量图,然后利用速度矢量图几何关系或速度矢量投影关系求解未知量。

[例 7-3] 汽车以速度 v_1 沿直线的道路行驶,雨滴以速度 v_2 铅直下落,如图 7-7 所示,试求雨滴相对于汽车的速度。

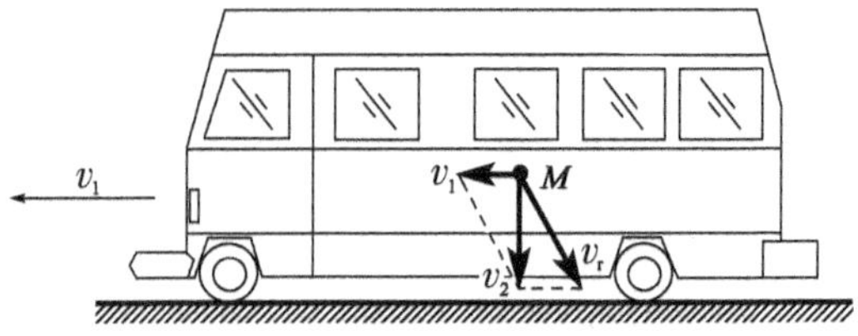

图 7-7

解:(1)建立两种坐标系,定系建立在地面上,动系建立在汽车上。

(2)分析三种运动,雨滴为动点,其绝对速度为:

$$\boldsymbol{v}_{\mathrm{a}} = \boldsymbol{v}_2$$

汽车的速度为牵连速度(牵连点的速度),即:

$$\boldsymbol{v}_{\mathrm{e}} = \boldsymbol{v}_1$$

(3)作速度的平行四边形,由于绝对速度 $\boldsymbol{v}_{\mathrm{a}}$ 和牵连速度 $\boldsymbol{v}_{\mathrm{e}}$ 的大小和方向都是已知的,如图 7-7 所示,只需将速度 $\boldsymbol{v}_{\mathrm{a}}$ 和 $\boldsymbol{v}_{\mathrm{e}}$ 矢量的端点连线,便可确定雨滴相对于汽车的速度 $\boldsymbol{v}_{\mathrm{r}}$。故

$$\boldsymbol{v}_{\mathrm{r}} = \sqrt{\boldsymbol{v}_{\mathrm{a}}^2 + \boldsymbol{v}_{\mathrm{e}}^2} = \sqrt{\boldsymbol{v}_2^2 + \boldsymbol{v}_1^2}$$

雨滴相对于汽车的速度 $\boldsymbol{v}_{\mathrm{r}}$ 与铅垂线的夹角为:

$$\tan\alpha = \frac{\boldsymbol{v}_1}{\boldsymbol{v}_2}$$

[**例 7-4**] 如图 7-8 所示的曲柄滑道机构中,T 形杆 BC 部分处于水平位置,DE 部分处于铅直位置并放在套筒 A 中。已知曲柄 OA 以匀角速度 $\omega = 20\mathrm{rad/s}$ 绕 O 轴转动,$OA = r = 10\mathrm{cm}$。试求曲柄 OA 与水平线的夹角 $\varphi = 0°$、$30°$、$60°$、$90°$ 时 T 形杆的速度。

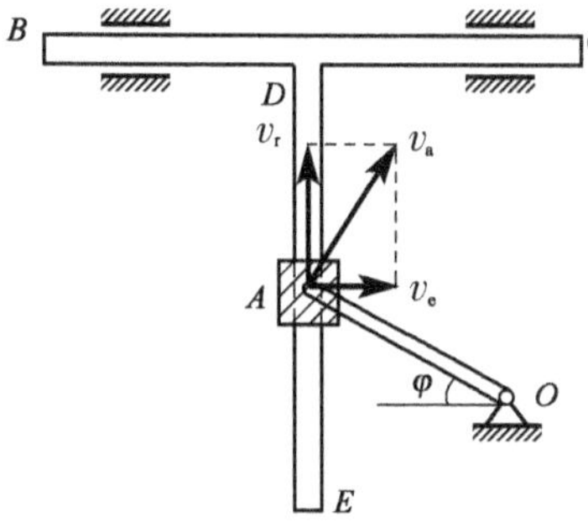

图 7-8

解:选套筒 A 为动点,T 形杆为动系,地面为定系。动点的绝对运动为圆,则绝对速度的大小为:

$$v_{\mathrm{a}} = r\omega = 10 \times 20 = 200(\mathrm{cm/s})$$

绝对速度的方向垂直于曲柄 OA 沿角速度 ω 的方向。

由于 T 形杆受水平约束,牵连运动为水平方向;动点的相对速度为沿 BC 的直线运动,即铅直向上,如图 7-8 所示,作速度的平行四边形。故 T 形杆的速度为:

$$v_{\mathrm{T}} = v_{\mathrm{e}} = v_{\mathrm{a}}\sin\varphi$$

将已知条件代入,得:

当 $\varphi = 0°$ 时,$v_{\mathrm{T}} = 200\sin° = 0$;

当 $\varphi = 30°$ 时,$v_{\mathrm{T}} = 200\sin30° = 100(\mathrm{cm/s})$;

当 $\varphi = 60°$ 时,$v_{\mathrm{T}} = 200\sin60° = 173.2(\mathrm{cm/s})$;

当 $\varphi = 90°$ 时,$v_{\mathrm{T}} = 200\sin90° = 200(\mathrm{cm/s})$。

[**例 7-5**] 曲柄 OA 以匀角速度 ω 绕 O 轴转动,其上套有小环 M,而小环 M 又在固定的大圆环上运动,大圆环的半径为 R,如图 7-9 所示。试求曲柄与水平线成角 $\varphi = \omega t$ 时,小环 M 的绝对速度和相对曲柄 OA 的相对速度。

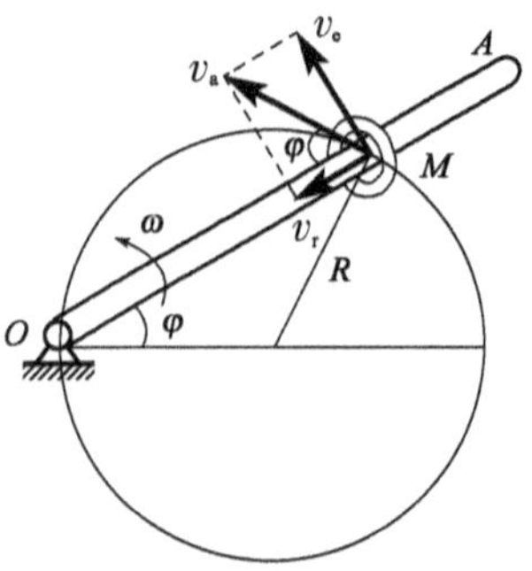

图 7-9

解:由题意,选小环 M 为动点,曲柄 OA 为动系,地面为定系。小环 M 的绝对运动是在大圆上的运动,因此小环 M 的绝对速度垂直于大圆的半径 R。小环 M 的相对运动是在曲柄 OA 上的直线运动,因此小环 M 的相对速度沿曲柄 OA 并指向 O 点。牵连运动为曲柄 OA 的定轴转动,小环 M 的牵连速度垂直于曲柄 OA,如图 7-9 所示,作速度的平行四边形。小环 M 的牵连速度为:

$$v_e = OM\omega = 2R\omega\cos\varphi$$

小环 M 的绝对速度为:

$$v_a = \frac{v_e}{\cos\varphi} = 2R\omega$$

小环 M 的相对速度为:

$$v_r = v_e\tan\varphi = 2R\omega\sin\varphi = 2R\omega\sin\omega t$$

[**例 7-6**] 如图 7-10a)所示,半径为 R,偏心距为 e 的凸轮,以匀角速度 ω 绕 O 轴转动,并使滑槽内的直杆 AB 上下移动。设 OAB 在一条直线上,轮心 C 与 O 轴在同一水平线上,试求在图示位置时杆 AB 的速度。

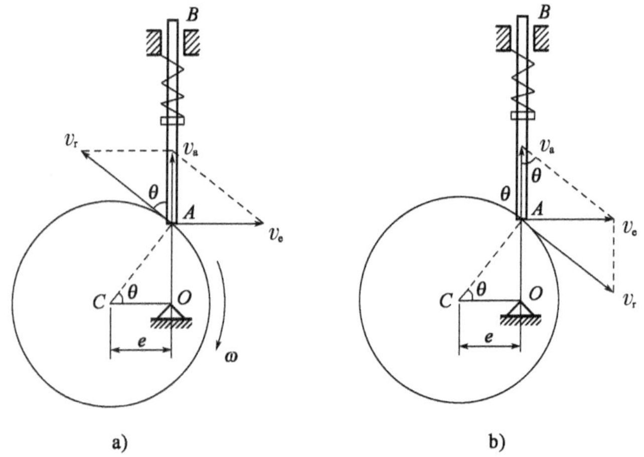

图 7-10

解:由于杆 AB 作平移,各点速度相同,研究杆 AB 的运动只需研究其上一点的运动即可。选杆 AB 上的 A 点为动点,凸轮为动系,地面为定系。

动点 A 的绝对运动是直杆 AB 的上下直线运动;相对运动为凸轮的轮廓线,即沿凸轮边缘的圆周运动；牵连运动为凸轮绕 O 轴的定轴转动。作速度的平行四边形如图 7-10a）所示，则动点 A 的牵连速度为：

$$v_{e} = \omega OA$$

动点 A 的绝对速度为：

$$v_{a} = v_{e}\cot\theta = \omega OA\,\frac{e}{OA} = \omega e$$

动点和动系的选择可以是任意的。本题的另一种解法是：选凸轮边缘上的点 A 为动点，杆 AB 为动系，地面为定系。

动点 A 的绝对运动是凸轮绕 O 轴的定轴转动，绝对速度的方向垂直于 OA，水平向右，绝对速度的大小为：

$$v_{a} = \omega OA$$

动点 A 的相对运动为沿凸轮边缘的曲线运动，相对速度的方向沿凸轮边缘的切线，牵连运动为直杆 AB 的上下直线运动，作速度的平行四边形，如图 7-10b）所示。杆 AB 的速度为动点 A 的牵连速度，即：

$$v_{e} = v_{a}\cot\theta = \omega OA\,\frac{e}{OA} = \omega e$$

注意：

（1）动点和动系不能选在同一个物体上。

（2）动点和动系应选在容易判断其相对运动的物体上，否则会使问题变得混乱。

（3）无特殊说明时，定系应选在地面上。

7.3 点的加速度合成定理

7.3.1 牵连运动为平移时点的加速度合成定理

在图 7-11 中，设 $Oxyz$ 为定系，$O'x'y'z'$为动系且作平移，M 为动点，则动点 M 的相对速度为：

$$\boldsymbol{v}_{r} = \frac{\mathrm{d}\boldsymbol{r}'}{\mathrm{d}t} = \dot{x}'\boldsymbol{i}' + \dot{y}'\boldsymbol{j}' + \dot{z}'\boldsymbol{k}' \tag{7-12}$$

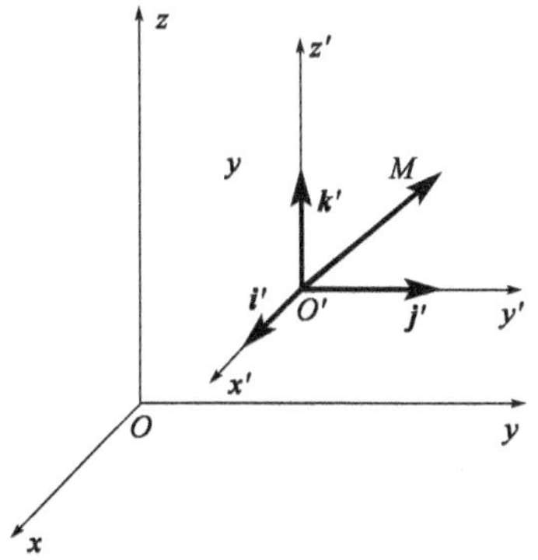

图 7-11

动点 M 的相对加速度为：

$$\boldsymbol{a}_r=\frac{d\boldsymbol{v}_r}{dt}=\ddot{x}'\boldsymbol{i}'+\ddot{y}'\boldsymbol{j}'+\ddot{z}'\boldsymbol{k}' \tag{7-13}$$

其中，$\boldsymbol{i}'$、$\boldsymbol{j}'$、$\boldsymbol{k}'$为动系坐标 x'、y'、z'的单位矢量，由于动系作平移，故 $\boldsymbol{i}'$、$\boldsymbol{j}'$、$\boldsymbol{k}'$为常矢量，对时间的导数均为零，$\boldsymbol{v}_e=\boldsymbol{v}_{O'}$。对速度合成定理式(7-11)的时间求导，得：

$$\frac{d\boldsymbol{v}_a}{dt}=\frac{d\boldsymbol{v}_e}{dt}+\frac{d\boldsymbol{v}_r}{dt}=\frac{d\boldsymbol{v}_{O'}}{dt}+\frac{d}{dt}(\dot{x}'\boldsymbol{i}'+\dot{y}'\boldsymbol{j}'+\dot{z}'\boldsymbol{k}')$$

$$=\boldsymbol{a}_{O'}+\ddot{x}'\boldsymbol{i}'+\ddot{y}'\boldsymbol{j}'+\ddot{z}'\boldsymbol{k}'=\boldsymbol{a}_e+\boldsymbol{a}_r$$

动点 M 的绝对加速度为：

$$\boldsymbol{a}_a=\boldsymbol{a}_e+\boldsymbol{a}_r \tag{7-14}$$

牵连运动为平移时点的加速度合成定理：**在任一瞬时，动点的绝对加速度等于它在同一瞬时动点牵连加速度和相对加速度的矢量和**。它与速度合成定理一样，满足平行四边形合成法则，即绝对加速度位于由相对加速度和牵连加速度所构成的平行四边形的对角线位置。在求解时也要由加速度平行四边形来确定三种加速度之间的关系。

[**例 7-7**] 如图 7-12a)所示，曲柄 OA 以匀角速度 ω 绕定轴 O 转动，丁字形杆 BC 沿水平方向往复平动，滑块 A 在铅直槽 DE 内运动，$OA=r$，曲柄 OA 与水平线夹角为 $\varphi=\omega t$，试求图示瞬时杆 BC 的速度。

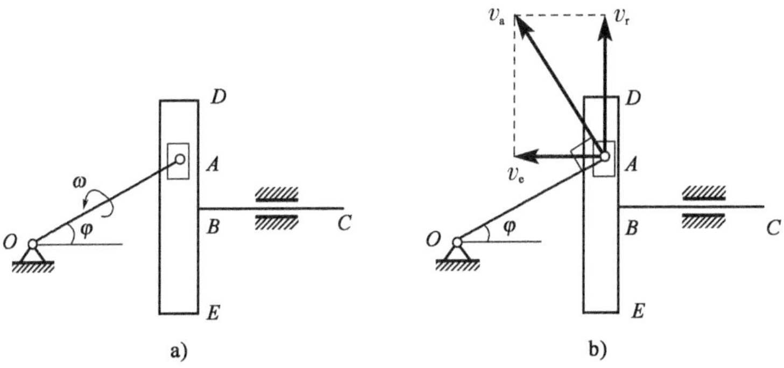

图 7-12

解：滑块 A 为动点，丁字形杆 BC 为动系，地面为定系。动点 A 的绝对运动是曲柄 OA 绕 O 轴的定轴转动，相对运动为滑块 A 在铅直槽 DE 内的直线运动，牵连速度为丁字形杆 BC 沿水平方向的往复平移。

作速度的平行四边形，如图 7-12b)所示。动点 A 的绝对速度为：

$$v_a=r\omega$$

则杆 BC 的速度为：

$$v_{BC}=v_e=v_a\sin\varphi=r\omega\sin\omega t$$

[**例 7-8**] 如图 7-13a)所示的平面机构中，直杆 O_1A、O_2B 平行且等长，分别绕 O_1、O_2 轴转动，直杆的 A、B 连接半圆形平板，动点 M 沿半圆形平板 ABD 边缘运动，起点为点 B。已知 $O_1A=O_2B=18\text{cm}$，$AB=O_1O_2=2R$，$R=18\text{cm}$，$\varphi=\frac{\pi}{18}t$。$S=\overline{BM}=\pi t^2$。试求 $t=3\text{s}$ 时，动点 M 的绝对速度和绝对加速度。

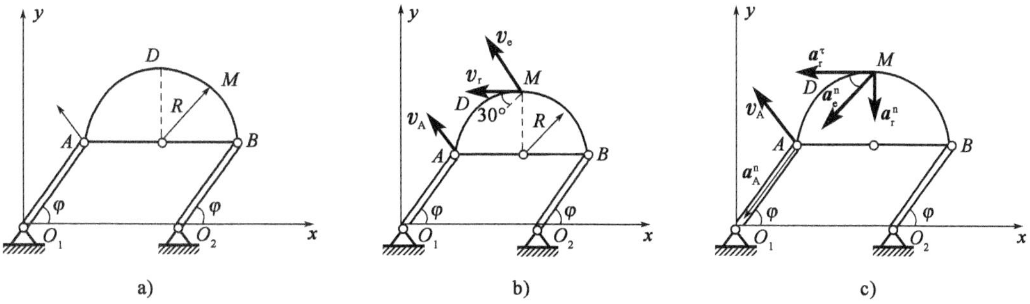

图 7-13

解:根据题意,选半圆形平板 ABD 为动系,地面为定系。由于直杆 O_1A 和 O_2B 平行且等长,则动系 ABD 作平移,动点 M 的牵连速度为点 A 的速度,即:

$$v_e = v_A = O_1A\dot{\varphi} = 18 \times \frac{\pi}{18} = \pi(\text{cm/s})$$

动点 M 牵连速度的方向垂直于直杆 O_1A,沿角速度 ω 的转动方向。

由于动系作曲线运动,动点 M 的牵连加速度分为切向加速度和法向加速度,即:

$$a_e^n = O_1A\dot{\varphi}^2 = 18 \times \left(\frac{\pi}{18}\right)^2 = 0.55(\text{cm/s}^2)$$

$$a_e^\tau = O_1A\ddot{\varphi} = 0$$

动点 M 的相对速度为:

$$v_r = \dot{s} = 2\pi t$$

同理,动点 M 的相对加速度也分为切向加速度和法向加速度,即:

$$a_r^n = \frac{v_r^2}{R}$$

$$a_r^\tau = \ddot{s} = 2\pi$$

当 $t = 3\text{s}$ 时,动点 M 的相对轨迹为:

$$s = \pi t^2 = 9\pi(\text{cm})$$

而

$$s = \frac{\pi}{2}R = \frac{\pi}{2} \times 18 = 9\pi(\text{cm})$$

则当 $t = 3\text{s}$ 时,动点 M 恰巧运动到半圆形平板 ABD 的最高点,动点 M 的相对速度的方向为水平向左,即:

$$v_r = \dot{s} = 2\pi t = 6\pi(\text{cm/s})$$

$$a_r^n = \frac{v_r^2}{R} = \frac{(6\pi)^2}{18} = 19.74(\text{cm/s}^2)$$

$$a_r^\tau = \ddot{s} = 2\pi = 6.28(\text{cm/s}^2)$$

此时直杆 O_1A 与水平线的夹角为:

$$\varphi = \frac{\pi}{18}t = \frac{\pi}{6}$$

(1)动点 M 的绝对速度

如图 7-13b)所示,由速度合成定理的矢量形式

$$\boldsymbol{v}_a=\boldsymbol{v}_e+\boldsymbol{v}_r$$

向直角坐标轴 x、y 上投影,得动点 M 的绝对速度在坐标轴上的投影为:

$$v_{ax}=-v_r-v_e\sin\frac{\pi}{6}=-6\pi-\frac{\pi}{2}=-20.4(\text{cm/s})$$

$$v_{ay}=v_e\cos\frac{\pi}{6}=\frac{\pi\sqrt{3}}{2}=2.7(\text{cm/s})$$

从而得到动点 M 的绝对速度为:

$$v_a=\sqrt{v_{ax}^2+v_{ay}^2}=\sqrt{(-20.4)^2+2.7^2}=20.58(\text{cm/s})$$

(2)动点 M 的绝对加速度

如图 7-13c)所示,由牵连运动为平移时点的加速度合成定理的矢量形式

$$\boldsymbol{a}_a=\boldsymbol{a}_e+\boldsymbol{a}_r=\boldsymbol{a}_e^\tau+\boldsymbol{a}_e^n+\boldsymbol{a}_r^\tau+\boldsymbol{a}_r^n$$

向直角坐标轴 x、y 上投影,得动点 M 的绝对加速度在坐标轴上的投影为:

$$a_{ax}=-a_r^\tau-a_e^n\cos\frac{\pi}{6}=-6.67(\text{cm/s}^2)$$

$$a_{ay}=-a_r^n-a_e^n\sin\frac{\pi}{6}=-20(\text{cm/s}^2)$$

从而得到动点 M 的绝对加速度为:

$$a_a=\sqrt{a_{ax}^2+a_{ay}^2}=\sqrt{(-6.67)^2+(-20)^2}=21.1(\text{cm/s}^2)$$

7.3.2 牵连运动为定轴转动时点的加速度合成定理

设动系 $O'x'y'$ 相对于定系 Oxy 作定轴转动,角速度矢量为 $\boldsymbol{\omega}$,角加速度矢量为 $\boldsymbol{\alpha}$,如图 7-14 所示,动系坐标轴的 3 个单位矢量为 $\boldsymbol{i}'$、$\boldsymbol{j}'$、$\boldsymbol{k}'$,在定系 Oxy 中是变矢量,由定轴转动中的速度矢量式(6-14)得,动系的 3 个单位矢量 $\boldsymbol{i}'$、$\boldsymbol{j}'$、$\boldsymbol{k}'$ 对时间的导数等于各单位矢量端点的速度,即:

$$\frac{\mathrm{d}\boldsymbol{i}'}{\mathrm{d}t}=\boldsymbol{\omega}\times\boldsymbol{i}',\frac{\mathrm{d}\boldsymbol{j}'}{\mathrm{d}t}=\boldsymbol{\omega}\times\boldsymbol{j}',\frac{\mathrm{d}\boldsymbol{k}'}{\mathrm{d}t}=\boldsymbol{\omega}\times\boldsymbol{k}' \tag{7-15}$$

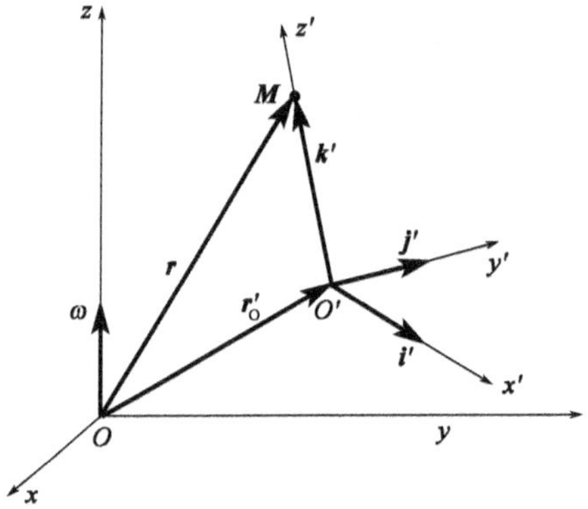

图 7-14

由于动点 M 的绝对速度为：

$$\boldsymbol{v}_{\mathrm{a}}=\frac{\mathrm{d}\boldsymbol{r}}{\mathrm{d}t}$$

动点 M 的牵连速度为：

$$\boldsymbol{v}_{\mathrm{e}}=\boldsymbol{\omega}\times\boldsymbol{r}$$

动点 M 的相对速度为：

$$\boldsymbol{v}_{\mathrm{r}}=\frac{\mathrm{d}\boldsymbol{r}'}{\mathrm{d}t}=\dot{x}'\boldsymbol{i}'+\dot{y}'\boldsymbol{j}'+\dot{z}'\boldsymbol{k}'$$

动点 M 的牵连加速度为：

$$\boldsymbol{a}_{\mathrm{e}}=\boldsymbol{\alpha}\times\boldsymbol{r}+\boldsymbol{\omega}\times\boldsymbol{v}_{\mathrm{e}}$$

动点 M 的相对加速度为：

$$\boldsymbol{a}_{\mathrm{r}}=\frac{\mathrm{d}\boldsymbol{v}_{\mathrm{r}}}{\mathrm{d}t}=\ddot{x}'\boldsymbol{i}'+\ddot{y}'\boldsymbol{j}'+\ddot{z}'\boldsymbol{k}'$$

因此将速度合成定理 $\boldsymbol{v}_{\mathrm{a}}=\boldsymbol{v}_{\mathrm{e}}+\boldsymbol{v}_{\mathrm{r}}$ 对时间求导，可得：

$$\begin{aligned}\frac{\mathrm{d}\boldsymbol{v}_{\mathrm{a}}}{\mathrm{d}t}=\frac{\mathrm{d}\boldsymbol{v}_{\mathrm{e}}}{\mathrm{d}t}+\frac{\mathrm{d}\boldsymbol{v}_{\mathrm{r}}}{\mathrm{d}t}&=\frac{\mathrm{d}}{\mathrm{d}t}(\boldsymbol{\omega}\times\boldsymbol{r})+[(\ddot{x}'\boldsymbol{i}'+\ddot{y}'\boldsymbol{j}'+\ddot{z}'\boldsymbol{k}')+(\dot{x}'\dot{\boldsymbol{i}}'+\dot{y}'\dot{\boldsymbol{j}}'+\dot{z}'\dot{\boldsymbol{k}}')]\\&=(\boldsymbol{\alpha}\times\boldsymbol{r}+\boldsymbol{\omega}\times\frac{\mathrm{d}\boldsymbol{r}}{\mathrm{d}t})+[(\ddot{x}'\boldsymbol{i}'+\ddot{y}'\boldsymbol{j}'+\ddot{z}'\boldsymbol{k}')+(\dot{x}'\boldsymbol{\omega}\times\boldsymbol{i}'+\dot{y}'\boldsymbol{\omega}\times\boldsymbol{j}'+\dot{z}'\boldsymbol{\omega}\times\boldsymbol{k}')]\\&=[\boldsymbol{\alpha}\times\boldsymbol{r}+\boldsymbol{\omega}\times(\boldsymbol{v}_{\mathrm{e}}+\boldsymbol{v}_{\mathrm{r}})]+[(\ddot{x}'\boldsymbol{i}'+\ddot{y}'\boldsymbol{j}'+\ddot{z}'\boldsymbol{k}')+\boldsymbol{\omega}\times(\dot{x}'\boldsymbol{i}'+\dot{y}'\boldsymbol{j}'+\dot{z}'\boldsymbol{k}')]\\&=\boldsymbol{a}_{\mathrm{e}}+\boldsymbol{a}_{\mathrm{r}}+\boldsymbol{\omega}\times\boldsymbol{v}_{\mathrm{r}}+\boldsymbol{\omega}\times(\dot{x}'\boldsymbol{i}'+\dot{y}'\boldsymbol{j}'+\dot{z}'\boldsymbol{k}')\\&=\boldsymbol{a}_{\mathrm{e}}+\boldsymbol{a}_{\mathrm{r}}+2\boldsymbol{\omega}\times\boldsymbol{v}_{\mathrm{r}}\end{aligned}$$

即：

$$\boldsymbol{a}_{\mathrm{a}}=\boldsymbol{a}_{\mathrm{e}}+\boldsymbol{a}_{\mathrm{r}}+\boldsymbol{a}_{\mathrm{c}} \tag{7-16}$$

$$\boldsymbol{a}_{\mathrm{c}}=2\boldsymbol{\omega}\times\boldsymbol{v}_{\mathrm{r}} \tag{7-17}$$

式中，$\boldsymbol{a}_{\mathrm{c}}$ 称为科氏加速度，是科利澳里在1832年发现的，当动系作平移时，其角速度矢量 $\boldsymbol{\omega}=0$，科氏加速度 $\boldsymbol{a}_{\mathrm{c}}=0$，式(7-16)就转化为式(7-14)。

式(7-17)是**牵连运动为定轴转动时点的加速度合成定理**：在任一瞬时，动点的绝对加速度等于在同一瞬时动点相对加速度、牵连加速度和科氏加速度的矢量和。

牵连运动为定轴转动时，点的加速度合成定理适合动系作任何运动的情况，此时动系的角速度矢 $\boldsymbol{\omega}$ 可以分解为定系三个轴方向的角速度矢 $\boldsymbol{\omega}_x$、$\boldsymbol{\omega}_y$、$\boldsymbol{\omega}_z$ 即可。

[例7-9] 刨床的急回运动机构如图7-15a)所示。曲柄 OA 与滑块 A 用铰链连接，曲柄 OA 以匀角速度 ω 绕固定轴 O 转动，滑块 A 在摇杆 O_1B 上滑动，并带动摇杆 O_1B 绕固定轴 O_1 转动。设曲柄 $OA=r$，两个轴间的距离 $OO_1=l$。试求当曲柄 OA 在水平位置时，摇杆 O_1B 的角速度 ω_1 和角加速度 α_1。

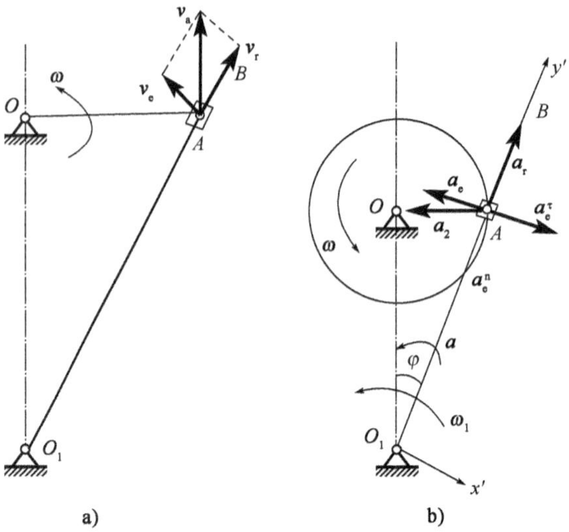

图 7-15

解:根据题意,选滑块 A 的为动点,摇杆 O_1B 为动系,地面为定系。动点 A 的绝对运动为曲柄 OA 的圆周运动,相对运动为沿摇杆 O_1B 的直线运动,牵连运动为摇杆 O_1B 绕固定轴 O_1 转动。

(1)摇杆 O_1B 的角速度 ω_1

当曲柄 OA 在水平位置时,动点 A 的绝对速度 $\boldsymbol{v}_a$ 的方向沿圆周的切线方向,相对速度 $\boldsymbol{v}_r$ 的方向沿摇杆 O_1B,牵连速度 $\boldsymbol{v}_e$ 的方向垂直摇杆 O_1B。作速度的平行四边形,如图 7-15a)所示。

动点 A 的绝对速度 $\boldsymbol{v}_a$ 为:

$$v_a = r\omega \tag{7-18}$$

动点 A 的牵连速度 $\boldsymbol{v}_e$ 为:

$$v_e = O_1A\omega_1 \tag{7-19}$$

利用速度的平行四边形关系,有:

$$v_e = v_a\sin\varphi \tag{7-20}$$

其中,$O_1A=\sqrt{r^2+l^2}$,$\sin\varphi=\dfrac{OA}{O_1A}=\dfrac{r}{\sqrt{r^2+l^2}}$,$\cos\varphi=\dfrac{O_1O}{O_1A}=\dfrac{l}{\sqrt{r^2+l^2}}$。

将式(7-18)和式(7-19)代入式(7-20),得摇杆 O_1B 绕固定轴 O_1 转动的角速度为:

$$\omega_1=\frac{r^2\omega}{l^2+r^2} \tag{7-21}$$

其转向与曲柄 OA 的角速度 ω 相同。

动点 A 的相对速度 $\boldsymbol{v}_r$ 为:

$$v_r = v_a\cos\varphi \tag{7-22}$$

将式(7-18)代入式(7-22),得:

$$v_r = v_a\cos\varphi = r\omega\frac{l}{\sqrt{r^2+l^2}} \tag{7-23}$$

(2)摇杆 O_1B 的角加速度 α_1

由于动系作定轴转动,求摇杆 O_1B 的角加速度 α_1,应选择牵连运动为定轴转动时点的加速度合成定理,即:

$$\boldsymbol{a}_a = \boldsymbol{a}_e + \boldsymbol{a}_r + \boldsymbol{a}_c \tag{7-24}$$

动点 A 的绝对加速度 a_a 分为切向加速度和法向加速度,但由于曲柄 OA 以匀角速度 ω 绕固定轴 O 转动,所以其角加速度 $\alpha = 0$,则有:

$$a_a = a_a^n = r\omega^2 \tag{7-25}$$

动点 A 的牵连加速度 a_e 为:

$$a_e^n = O_1A\omega_1^2 = \frac{r^4\omega^2}{(l^2+r^2)^{\frac{3}{2}}} \tag{7-26}$$

$$a_e^\tau = O_1A\alpha_1 = \alpha_1\sqrt{r^2+l^2} \tag{7-27}$$

动点 A 的相对加速度 a_r 大小未知,方向沿摇杆 O_1B 是已知的。

动点 A 的科氏加速度由式(7-17)的矢量形式得其大小为:

$$a_c = 2\omega_1\boldsymbol{v}_r \tag{7-28}$$

将式(7-21)和式(7-23)代入式(7-28),得:

$$a_c = 2\omega_1\boldsymbol{v}_r = \frac{2\omega^2r^3l}{(l^2+r^2)^{\frac{3}{2}}} \tag{7-29}$$

其方向按右手螺旋法则确定,如图 7-15b)所示。

式(7-24)的具体表达式为:

$$\boldsymbol{a}_a^\tau + \boldsymbol{a}_a^n = \boldsymbol{a}_e^\tau + \boldsymbol{a}_e^n + \boldsymbol{a}_r + \boldsymbol{a}_c \tag{7-30}$$

由图 7-15b)所示,将式(7-30)向 O_1x' 轴投影,得:

$$-a_a\cos\varphi = a_e^\tau - a_c \tag{7-31}$$

将式(7-25)、式(7-27)和式(7-28)代入式(7-31),得摇杆 O_1B 的角加速度 α_1,即:

$$\alpha_1 = -\frac{rl(l^2-r^2)}{(l^2+r^2)^2}\omega^2$$

负号说明原假设方向与实际相反,如图 7-15b)所示,应为逆时针转向。

[**例 7-10**] 如图 7-16 所示,求杆 AB 的加速度。

解:选杆 AB 上的 A 点为动点,凸轮为动系,地面为定系。应用牵连运动为定轴转动时点的加速度合成定理,即:

$$\boldsymbol{a}_{a}=\boldsymbol{a}_{e}+\boldsymbol{a}_{r}+\boldsymbol{a}_{c} \tag{7-32}$$

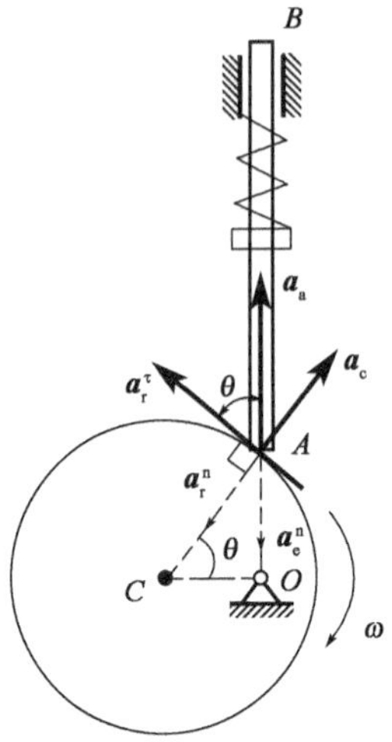

图 7-16

下面分析加速度。

动点 A 的绝对加速度 a_a：由于动点 A 的绝对运动是直线运动，故其加速度的方向是已知的，大小是未知的。

动点 A 的相对加速度 $\boldsymbol{a}_r$：动点 A 的相对运动是沿凸轮边缘的圆周运动，故其加速度分为切向加速度 $\boldsymbol{a}_r^\tau$ 和法向加速度 $\boldsymbol{a}_r^n$。

由例 7-6 中图 7-10b）的速度平行四边形可求得相对速度为：

$$v_r=\frac{v_a}{\cos\theta}=\frac{\omega eR}{e}=\omega R \tag{7-33}$$

则相对加速度的法向加速度 $\boldsymbol{a}_r^n$ 为：

$$a_r^n=\frac{v_r^2}{R}=\omega^2 R \tag{7-34}$$

相对加速度的切向加速度 $\boldsymbol{a}_r^\tau$ 的方向沿圆轮的切线，并指向任意；$\boldsymbol{a}_r^\tau$ 的大小是未知的。

动点 A 牵连加速度 $\boldsymbol{a}_e$：因为凸轮以匀角速度 ω 绕 O 轴转动，所以牵连加速度为法向加速度 $\boldsymbol{a}_e^n$，切向加速度 $\boldsymbol{a}_e^\tau=0$，即：

$$a_e=a_e^n=OA\omega^2=\sqrt{R^2-e^2}\,\omega^2 \tag{7-35}$$

科氏加速度 $\boldsymbol{a}_c$：由式(7-17)的矢量形式得其大小为：

$$a_c=2\omega v_r \tag{7-36}$$

将式(7-33)代入式(7-36)，得：

$$a_c=2\omega v_r=2\omega^2 R \tag{7-37}$$

其方向按右手螺旋定则确定，如图 7-16 所示。

式(7-32)的具体表达式为：

$$\boldsymbol{a}_a=\boldsymbol{a}_e^\tau+\boldsymbol{a}_e^n+\boldsymbol{a}_r^\tau+\boldsymbol{a}_r^n+\boldsymbol{a}_c \tag{7-38}$$

如图 7-16 所示，将式(7-38)向 x 轴投影，得：

$$a_a\sin\theta=-a_e^n\sin\theta-a_r^n+a_c \tag{7-39}$$

其中，$\sin\theta=\frac{\sqrt{R^2-e^2}}{R}$，将式(7-34)～式(7-36)代入式(7-39)，得杆 AB 的加速度为：

$$a_a=\frac{1}{\sin\theta}(-a_e^n\sin\theta-a_r^n+a_c)=\frac{e^2\omega^2}{\sqrt{R^2-e^2}}$$

习题

7-1 判断题

(1)点的合成运动仅指点同时相对两个物体的运动。(　　)

(2)利用速度合成定理分析动点的运动时，动点的牵连速度是指某瞬时动系上与动点重合点的速度。(　　)

(3)科氏加速度产生的原因是动点的牵连速度和相对速度在方向上发生了改变。(　　)

7-2 如题7-2图所示，曲柄 OA 在图示瞬时以 ω_0 绕轴 O 转动，并带动直角曲杆 O_1BC 在图示平面内运动。若取套筒 A 为动点，杆 O_1BC 为动坐标系，试求点 A 的相对速度和牵连速度。

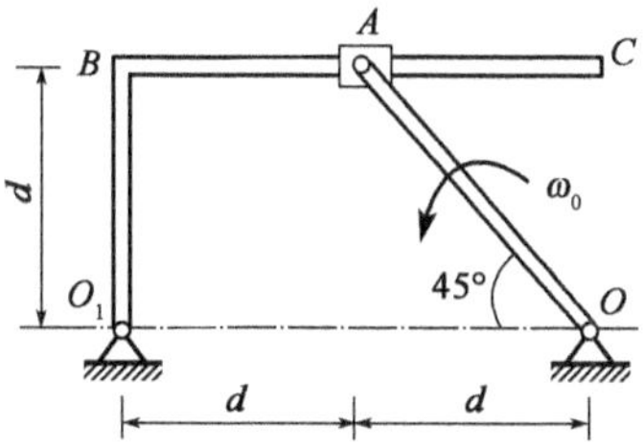

题7-2图

7-3 如题7-3图所示，已知杆 OC 长为 $\sqrt{2}L$，以匀角速度 ω 绕 O 点转动。若以 C 为动点，AB 为动系，试求当 AB 杆处于铅垂位置时点 C 的相对速度和牵连速度的大小和方向。

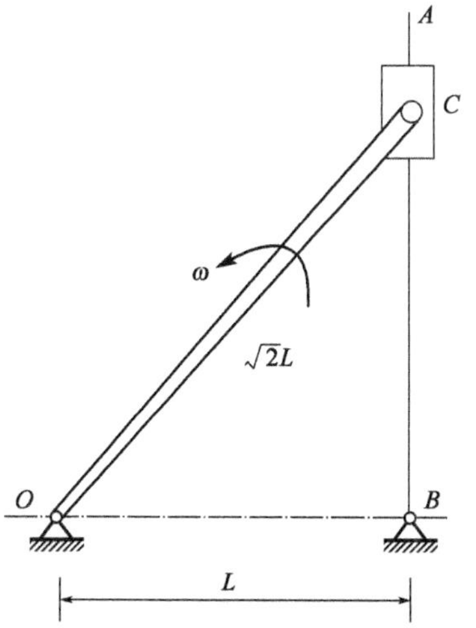

题7-3图

7-4　如题7-4图所示，曲柄滑道机构中，$BCDE$ 由两直杆焊接而成。曲柄 OA 长为10cm，以匀角速度 $\omega = 20\text{rad/s}$ 绕 O 轴转动，通过滑块 A 带动 $BCDE$ 作水平平动。求图示 φ 分别等于0°、30°、90°时 $BCDE$ 的速度。

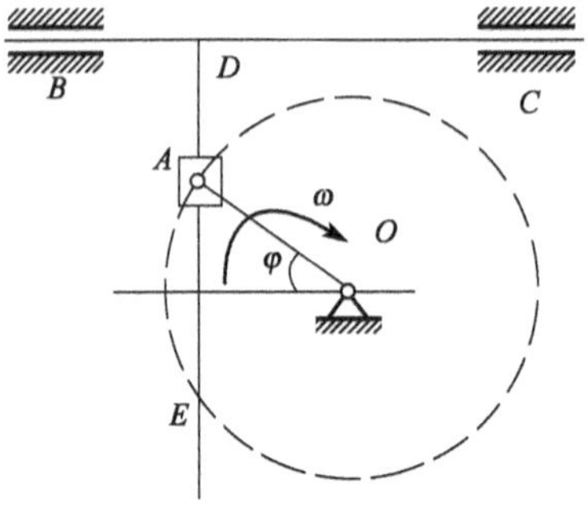

题7-4图

7-5　如题7-5图所示，斜面 AB 以10cm/s的加速度沿 Ox 轴作正向运动，物块以匀相对加速度 $10\sqrt{2}\text{cm/s}^2$ 沿斜面滑下。求物块 M 的加速度大小。

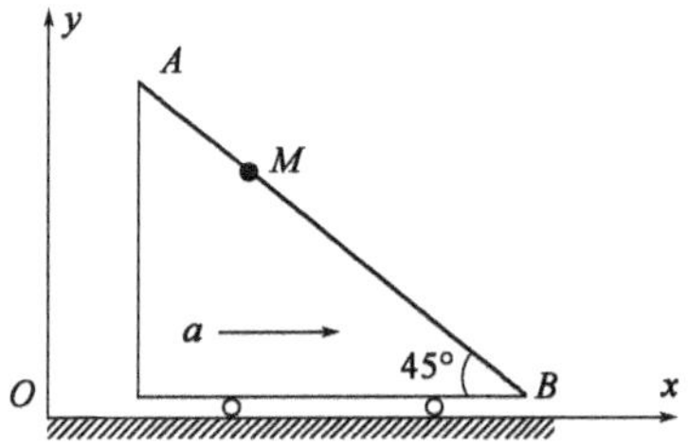

题7-5图

7-6　如题7-6图所示，小车沿水平方向向右作匀加速运动，加速度 $a = 49.2\text{cm/s}^2$。车上有一半径20cm的轮子按 $\varphi = t^2$ 绕 O 轴转动。当 $t = 1\text{s}$ 时，轮缘上 A 点在图示位置，求此时 A 点的加速度。

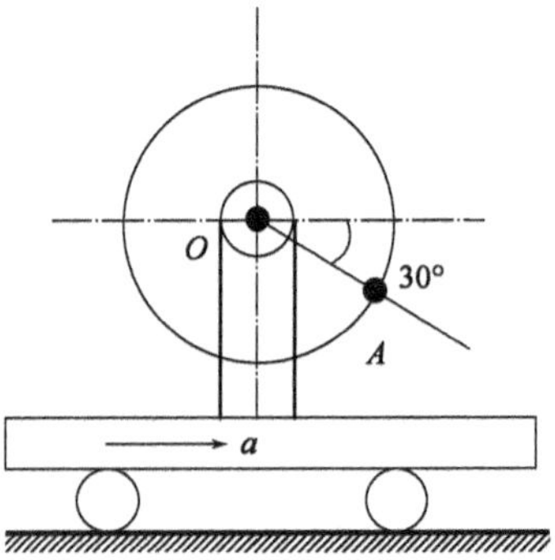

题7-6图

第 8 章 刚体的平面运动

前面学习了刚体的基本运动,即平行移动和定轴转动。这一章学习由这两个运动合成的运动——刚体的平面运动,并运用点的速度合成定理和牵连运动为平移时的加速度合成定理,建立刚体上各点的速度和加速度之间的关系。刚体的平面运动是机械中各种构件的常见运动形式。

8.1 刚体平面运动概述

8.1.1 平面运动定义

机械结构中很多构件的运动,例如行星齿轮机构中动齿轮 B 的运动,如图 8-1a)所示;曲柄连杆机构中连杆 AB 的运动,如图 8-1b)所示;以及沿直线轨道滚动的轮子,如图 8-1c)所示,它们运动的共同特点是既不沿同一方向平移,又不绕某固定点作定轴转动,而是在其自身平面内运动。

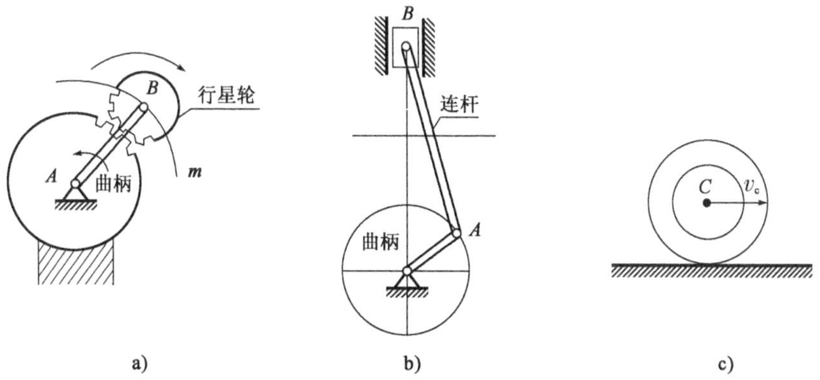

图 8-1

综上,可定义**刚体平面运动为:在一般情况下,刚体运动过程中,其上任意一点与某一固定平面的距离始终保持不变的运动。**

8.1.2 平面运动方程

设刚体作平面运动,某一固定平面为 P_0,如图 8-2 所示,过刚体上 M 点作一个与固定平面 P_0 相平行的平面 P,在刚体上截出一个平面图形 S,由平面运动的定义知,平面图形 S 内的各点均在平面 P 内运动。过 M 点作与固定平面 P_0 相垂直的直线段 M_1M_2,直线段 M_1M_2 的运动为平移,其上各点的运动均与 M 点的运动相同。因此,刚体作平面运动时,只需研究平面图形 S 在其自身平面 P 内的运动即可。

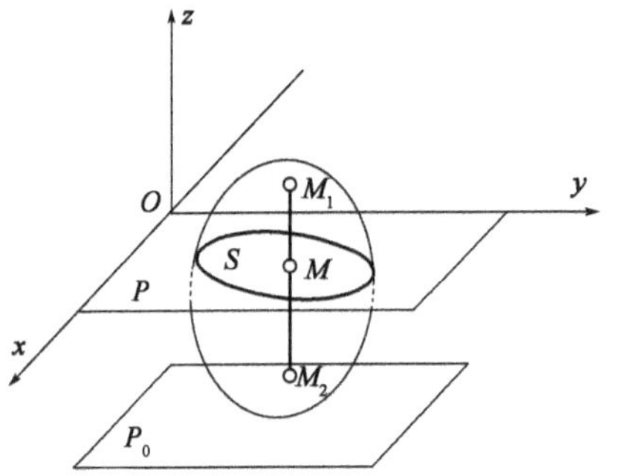

图 8-2

如图 8-3 所示,在平面图形 S 内建立平面直角坐标系 Oxy,以确定平面图形 S 的位置。要确定平面图形 S 的位置,只需确定其上任意直线段 AB 的位置。线段 AB 的位置可由点 A 的坐标和线段 AB 与 x 轴或 y 轴的夹角确定。即有:

$$\left.\begin{aligned} x_A &= f_1(t) \\ y_A &= f_2(t) \\ \varphi &= f_3(t) \end{aligned}\right\} \tag{8-1}$$

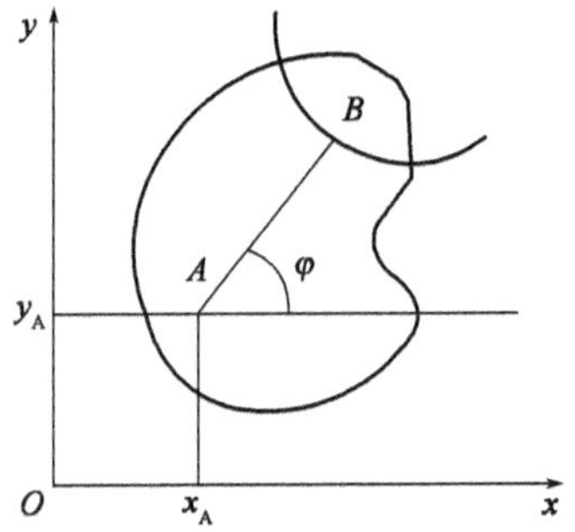

图 8-3

式(8-1)称为平面图形 S 的运动方程,即刚体平面运动的运动方程。点 A 称为基点,一般选为已知点,若已知刚体的运动方程,则刚体在任一瞬时的位置和运动规律就可以确定了。例如沿平直轨道作直线滚动的车轮,如图 8-4 所示,设车轮的轮心 C 以速度 v_0 作匀速运动,选点

C 为基点，初始时 C 点在 y 轴上，CM 与 y 轴的夹角为 φ，则车轮的运动方程为：

$$x_C = v_0 t, y_C = R, \varphi = \frac{v_0 t}{R}$$

式中，R 为车轮的半径。

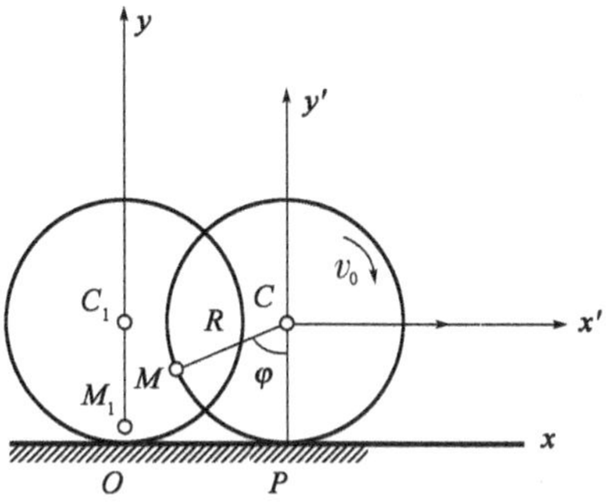

图 8-4

8.1.3 平面运动的分解

由式(8-1)知：

(1)若基点 A 不动，基点 A 的坐标 x_A、y_A 均为常数，则平面图形 S 绕基点 A 作定轴转动；

(2)若 φ 为常数，平面图形 S 无转动，则平面图形 S 以方位不变的 φ 角作平移。由此可见，当两者都变化时，平面图形 S 的运动可以看成是随着基点的平移和绕基点的转动的合成。一般情况下，在基点 A 处建立平移坐标系 $Ax'y'$，研究平面图形内各点的速度和加速度，由点的合成运动知识来解决。

基点的选择是任意的，选择不同的基点，平面图形上各点的运动情况一般是不相同的。如图 8-5 所示，A 和 A'为平面图形上的两个不同点，此两点的速度和加速度是不相等的，因此**平面图形随着基点平移的速度和加速度与基点的选择有关**。过点 A 和 A'作两条直线段 AB 和 $A'B'$，与平移坐标系的夹角分别为 φ 和 φ'，两条直线段的夹角为 α，平移坐标系的两坐轴 x 和 x'，则 $\varphi' = \varphi + \alpha$，由于两条直线段的夹角 α 是常数，其角速度和角加速度有 $\omega' = \omega, \alpha' = \alpha$，因此**平面图形绕基点转动的角速度和角加速度与基点的选择无关**。

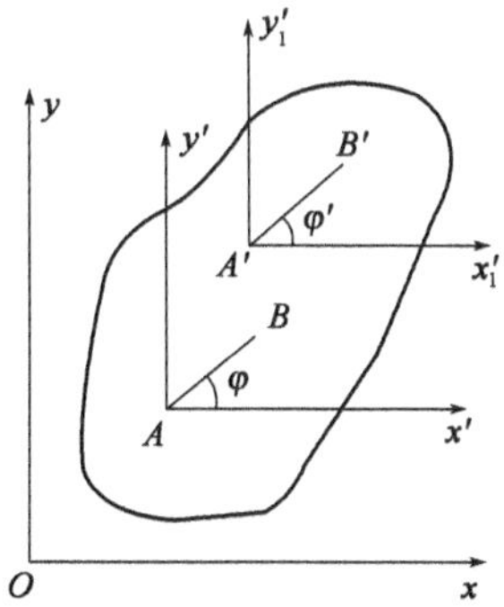

图 8-5

8.2　平面图形内各点的速度

8.2.1　基点法

平面图形 S 的运动可以看成是随着基点的平移和绕基点的转动的合成。因此，可以运用速度合成定理求解平面图形内各点的速度。

如图 8-6 所示，取点 A 为基点，求平面图形内 B 点的速度，设图示瞬时平面图形的角速度为 ω，由速度合成定理知，点 B 的牵连速度 $v_e = v_A$，相对速度 $v_r = v_{BA} = \omega AB$，则有：

$$\boldsymbol{v}_B = \boldsymbol{v}_A + \boldsymbol{v}_{BA} \tag{8-2}$$

求平面图形 S 内任一点速度的基点法：在任一瞬时，平面图形内任一点的速度等于基点的速度和该点绕基点转动速度的矢量和。

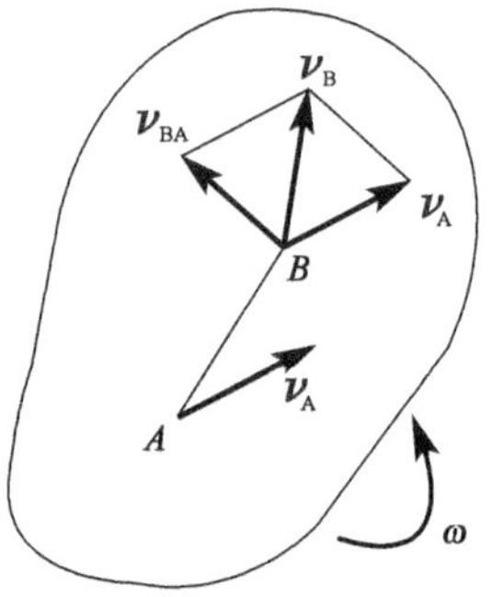

图　8-6

8.2.2　速度投影法

已知平面图形 S 内任意两点 A、B 的速度方位，如图 8-7 所示，将式(8-2)两侧各速度向 AB 连线投影，由于 $\boldsymbol{v}_{BA}$ 垂直于 AB，则有：

$$[\boldsymbol{v}_A]_{AB} = [\boldsymbol{v}_B]_{AB} \tag{8-3}$$

即得**速度投影定理：平面图形 S 内任意两点的速度在两点连线上的投影相等。**

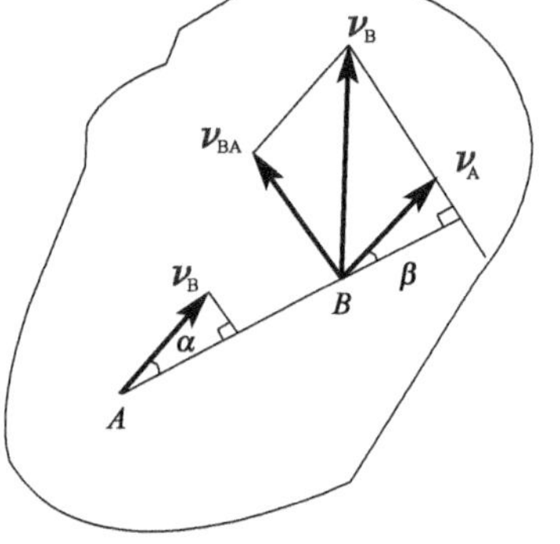

图　8-7

式(8-2)和式(8-3)反映了刚体上各点的速度关系，一般情况下，刚体上各点的速度是不相等的，它们相差的是相对基点转动的速度，说明选不同的点作为基点时，平面图形 S 随基点平动的速度与基点的选择有关。

[例8-1] 如图8-8a)所示，滑块 A、B 分别在相互垂直的滑槽中滑动，连杆 AB 的长度为 $l=20\text{cm}$，在图示瞬时，$v_A=20\text{cm/s}$，水平向左，连杆 AB 与水平线的夹角为 $\varphi=30°$，试求滑块 B 的速度和连杆 AB 的角速度。

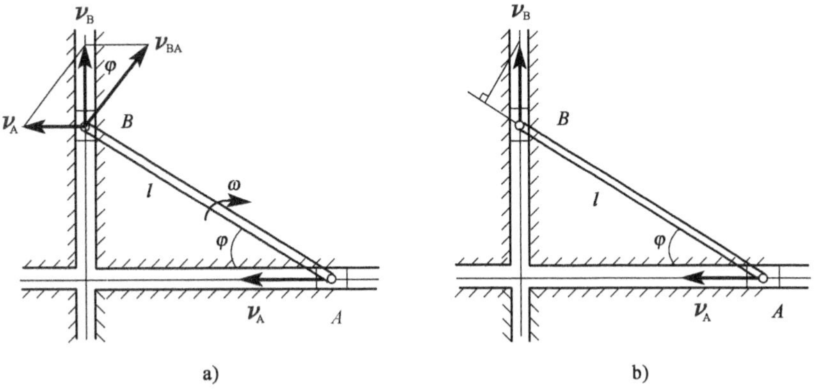

图 8-8

解：连杆 AB 作平面运动，因滑块 A 的速度是已知的，故选点 A 为基点，由式(8-2)得滑块 B 的速度为：

$$\boldsymbol{v}_B=\boldsymbol{v}_A+\boldsymbol{v}_{BA}$$

上式中有三个大小和三个方向，共六个要素，其中 $\boldsymbol{v}_B$ 的方向是已知的，$\boldsymbol{v}_B$ 的大小是未知的；$\boldsymbol{v}_A$ 的大小和方向是已知的；点 B 相对基点转动的速度 $\boldsymbol{v}_{BA}$ 的大小是未知的，$\boldsymbol{v}_{BA}=\omega AB$，方向是已知的，垂直于连杆 AB。在点 B 处作速度的平行四边形，并使 $\boldsymbol{v}_B$ 位于平行四边形对角线的位置，如图8-8a)所示。由图中的几何关系得：

$$v_B=\frac{v_A}{\tan\varphi}=\frac{20}{\tan30°}=34.6(\text{cm/s})$$

$\boldsymbol{v}_B$ 的方向铅直向上。

点 B 相对基点转动的速度为：

$$v_{BA}=\frac{v_A}{\sin\varphi}=\frac{20}{\sin30°}=40(\text{cm/s})$$

连杆 AB 的角速度为：

$$\omega=\frac{v_{BA}}{l}=\frac{40}{20}=2(\text{rad/s})$$

其转向为顺时针。

本题若采用速度投影法，可以很快速地求出滑块 B 的速度。如图8-8b)所示，由式(8-3)有：

$$[\boldsymbol{v}_A]_{AB}=[\boldsymbol{v}_B]_{AB}$$

即：

$$v_A\cos\varphi=v_B\sin\varphi$$

则：

$$v_B = \frac{\cos\varphi}{\sin\varphi} v_A = \frac{v_A}{\tan\varphi} = \frac{20}{\tan 30°} = 34.6(\text{cm/s})$$

但此法不能求出连杆 AB 的角速度。

[例 8-2] 曲柄连杆机构如图 8-9 所示，曲柄 OA 以匀角速度 ω 绕 O 轴转动，已知曲柄 OA 长为 R，连杆 AB 长为 l。试求当曲柄与水平线的夹角 $\varphi = \omega t$ 时，滑块 B 的速度和连杆 AB 的角速度。

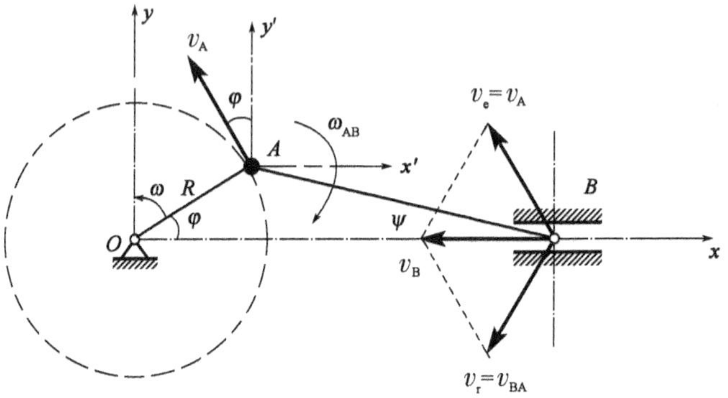

图 8-9

解：连杆 AB 作平面运动，因点 A 的运动是已知的，故选点 A 为基点，由式(8-2)可得滑块 B 的速度为：

$$\boldsymbol{v}_B = \boldsymbol{v}_A + \boldsymbol{v}_{BA}$$

其中，由于曲柄 OA 作定轴转动，点 A 的速度大小为 $v_A = \omega R$，方向垂直于曲柄 OA 沿 ω 的旋转方向。滑块 B 的速度大小是未知的，方向是已知的；点 B 相对基点转动的速度 $\boldsymbol{v}_{BA}$ 的大小是未知的，$v_{BA} = \omega AB$，方向是已知的，垂直于连杆 AB。故在点 B 处作速度的平行四边形，使 $\boldsymbol{v}_B$ 位于平行四边形对角线的位置，如图 8-9 所示。由图中的几何关系得：

$$\frac{v_A}{\sin(90° - \psi)} = \frac{v_B}{\sin(\varphi + \psi)}$$

解得滑块 B 的速度为：

$$v_B = v_A \frac{\sin(\psi + \varphi)}{\cos\psi} = \omega R(\sin\varphi + \cos\varphi\tan\psi) \tag{8-4}$$

图中几何关系有：

$$l\sin\psi = R\sin\varphi$$

则：

$$\sin\psi = \frac{R}{l}\sin\varphi$$

$$\cos\psi = \sqrt{1 - \sin^2\psi} = \frac{1}{l}\sqrt{l^2 - R^2\sin^2\varphi}$$

$$\tan\psi = \frac{R\sin\varphi}{\sqrt{l^2 - R^2\sin^2\varphi}} \tag{8-5}$$

将式(8-5)代入式(8-4)中，并考虑 $\varphi = \omega t$，则滑块 B 的速度为：

$$v_B = \omega R\left(1 + \frac{R\cos\omega t}{\sqrt{l^2 - R^2\sin^2\omega t}}\right)\sin\omega t$$

由图中的几何关系得：

$$\frac{v_A}{\sin(90° - \psi)} = \frac{v_{BA}}{\sin(90° - \varphi)}$$

解得：

$$v_{BA} = \frac{v_A\sin(90° - \varphi)}{\sin(90° - \psi)} = \omega R\,\frac{\cos\varphi}{\cos\psi}$$

则连杆 AB 的角速度为：

$$\omega_{AB} = \frac{v_{BA}}{l} = \frac{\omega R\cos\varphi}{l\ \cos\psi} = \frac{\omega R\cos\omega t}{\sqrt{l^2 - R^2\sin^2\varphi}}$$

[**例 8-3**]　如图 8-10 所示的平面机构，曲柄 OB 以匀角速度 $\omega = 2\text{rad/s}$ 绕 O 轴转动，并带动连杆 AD 上的滑块 A 和滑块 C 在水平滑道和铅垂滑道上运动。已知 $AB = BC = CD = OB = 12\text{cm}$，试求连杆 AD 的运动方程、点 D 的轨迹方程，以及当曲柄 OB 与水平线夹角 $\varphi = 45°$ 时点 D 的速度。

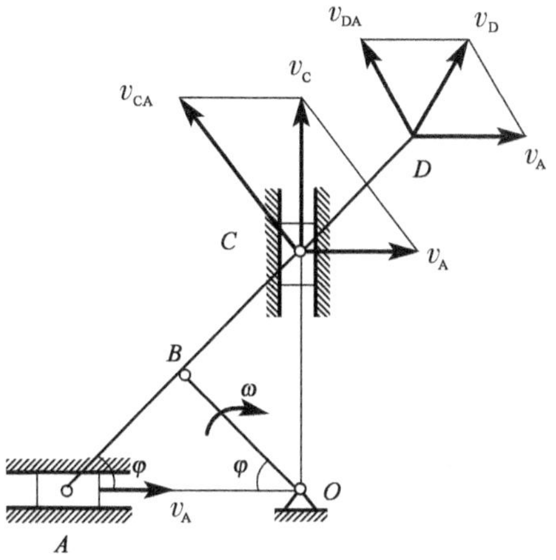

图　8-10

解：(1) 连杆 AD 的运动方程和点 D 的轨迹方程

在点 O 建立直角坐标系 Oxy，选点 D 为基点，其运动方程为：

$$x_D = 12\cos\varphi = 12\cos\omega t$$

$$y_D = 36\cos\varphi' = 36\sin\omega t$$

连杆 AD 与 x 轴夹角为：

$$\varphi = \omega t$$

则连杆 AD 的运动方程为：

$$\begin{cases} x_D = 12\cos\omega t \\ y_D = 36\sin\omega t \\ \varphi = \omega t \end{cases}$$

点 D 的轨迹方程为：

$$\left(\frac{x_D}{12}\right)^2+\left(\frac{y_D}{36}\right)^2=1$$

点 D 的轨迹为椭圆。

(2)点 D 的速度

由速度投影定理得滑块 A 的速度为：

$$v_A\cos45°=v_B$$

$$v_A=\frac{v_B}{\cos45°}=\frac{OB\omega}{\cos45°}=\frac{12\times2}{\frac{\sqrt{2}}{2}}=33.94(\text{cm/s})$$

选点 A 为基点，在点 C 处作速度的平行四边形，如图 8-10 所示，点 C 相对于点 A 的速度为：

$$v_{CA}=\frac{v_A}{\cos45°}=\frac{v_B}{\cos^2 45°}=\frac{12\times2}{\left(\frac{\sqrt{2}}{2}\right)^2}=48(\text{cm/s})$$

连杆 AD 的角速度为：

$$\omega_{AD}=\frac{v_{CA}}{CA}=\frac{48}{24}=2(\text{rad/s})$$

由式(8-2)得点 D 的速度为：

$$\boldsymbol{v}_D=\boldsymbol{v}_A+\boldsymbol{v}_{DA}$$

如图 8-10 所示，将上式向直角坐标轴投影得：

$$v_{Dx}=v_A-v_{DA}\cos45°=v_A-\omega_{AD}DA\cos45°=33.94-2\times36\times\frac{\sqrt{2}}{2}=-16.97(\text{cm/s})$$

$$v_{Dy}=v_{DA}\cos45°=\omega_{AD}DA\cos45°=2\times36\times\frac{\sqrt{2}}{2}=50.91(\text{cm/s})$$

则点 D 的速度大小为：

$$v_D=\sqrt{v_{Dx}^2+v_{Dy}^2}=\sqrt{(-16.97)^2+50.91^2}=53.7(\text{cm/s})$$

点 D 的速度方向为：

$$\cos(\boldsymbol{v},\boldsymbol{i})=\frac{v_{Dx}}{v_D}=\frac{-16.97}{53.7}=-0.3160$$

$$\cos(\boldsymbol{v},\boldsymbol{j})=\frac{v_{Dy}}{v_D}=\frac{50.91}{53.7}=0.9480$$

其中，$\angle(\boldsymbol{v},\boldsymbol{i})=180°\pm71.58°$，$\angle(\boldsymbol{v},\boldsymbol{j})=180°\pm18.55°$，点 D 的速度为第二项象限角，即 $\angle(\boldsymbol{v},\boldsymbol{i})=108.42°$，$\angle(\boldsymbol{v},\boldsymbol{j})=18.55°$。

[例 8-4] 半径为 R 的圆轮，沿直线轨道作无滑动的滚动，如图 8-11 所示。已知轮心 O 以速度 v_O 运动，试求轮缘上水平位置和竖直位置处点 A、B、C、D 的速度。

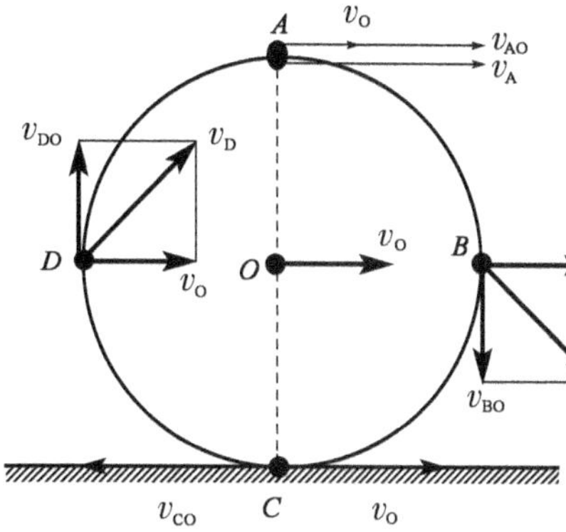

图 8-11

解:选轮心 O 为基点,先研究点 C 的速度。由于圆轮沿直线轨道作无滑动的滚动,故点 C 的速度为:

$$v_C = 0$$

如图 8-11 所示,则有:

$$v_C = v_O - v_{CO} = 0$$

圆轮的角速度为:

$$\omega = \frac{v_{CO}}{R} = \frac{v_O}{R}$$

各点相对于基点的速度为:

$$v_{AO} = v_{BO} = v_{DO} = \omega R = v_O$$

点 A 的速度为:

$$v_A = v_O + v_{AO} = 2v_O$$

点 B、D 的速度为:

$$v_B = v_D = \sqrt{2} v_O$$

其方向如图 8-11 所示。

8.2.3 速度瞬心法

1)速度瞬心法定义

由基点法知,若选择不同的点作为基点,相对于基点的速度是不相同的,因此在每一瞬时,平面图形上总可以找到速度为零的点。此点的速度是由基点的速度和相对于基点转动的速度合成得到的,即基点的速度和相对于基点转动的速度大小相等、方向相反。该点称为瞬时速度转动中心,简称**速度瞬心**。如图 8-12 所示,已知 A 点的速度 $\boldsymbol{v}_A$,过 A 点作速度矢量 $\boldsymbol{v}_A$ 的垂线 AB,沿角速度 ω 的旋转方向,在直线段 AB 上找点 P,使

$$PA = \frac{v_A}{\omega}$$

则相对速度 $v_{PA}=\omega PA=v_A$，则点 P 的速度，有 $\boldsymbol{v}_P=\boldsymbol{v}_A+\boldsymbol{v}_{PA}=0$。

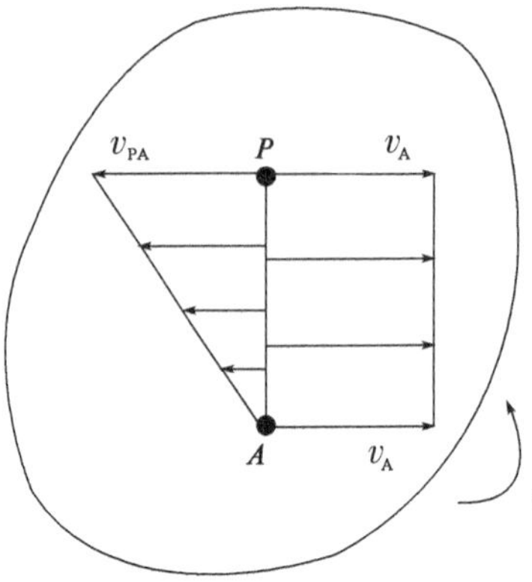

图 8-12

结论：作平面运动的刚体，每一瞬时存在速度为零的点，此时平面图形相对于该点作纯转动，故求平面图形内各点的速度可以用定轴转动的知识来求解。这种求速度的方法称为速度瞬心法，简称瞬心法。

注意：由于速度瞬心的位置是随时间的变化而变化的，因此，平面图形相对速度瞬心的转动具有瞬时性。

2）确定速度瞬心的方法

（1）若已知某一瞬时，平面图形上任意两点的速度矢量 $\boldsymbol{v}_A$、$\boldsymbol{v}_B$ 的方向，作 A、B 两点速度矢量的垂线，其交点 P 即为平面图形在该瞬时的速度瞬心，如图 8-13a）所示。

（2）平面图形沿某一固定表面作无滑动的滚动，称为纯滚动，平面图形与固定表面接触的点 P 其速度为零，故点 P 为平面图形在该瞬时的速度瞬心。例如，在平直轨道作纯滚动的车轮，如图 8-13b）所示的点 P 即为该瞬时平面图形的速度瞬心。

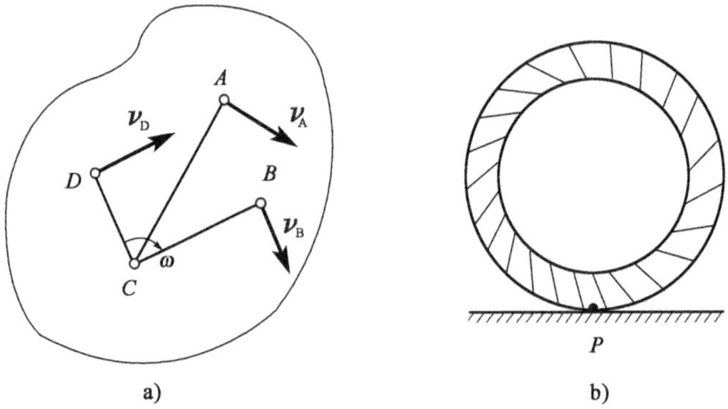

图 8-13

（3）若已知某一瞬时，平面图形上任意两点的速度矢量 $\boldsymbol{v}_A$、$\boldsymbol{v}_B$ 彼此平行，且两个速度方向垂直于 A、B 两点连线，将图 8-14a）和 b）所示的速度矢量 $\boldsymbol{v}_A$、$\boldsymbol{v}_B$ 端点连线，其与线段 AB 的交点 P 为该瞬时平面图形的速度瞬心。若两个速度方向不垂直于 A、B 两点连线，过 A、B 点作速度矢量 $\boldsymbol{v}_A$、$\boldsymbol{v}_B$ 的垂线，其交点在无限远处，此时的角速度为：

$$\omega = \frac{v_A}{PA} = \frac{v_A}{\infty} = 0$$

则 A、B 两点的速度相等,此时平面图形作平移,称为**瞬时平移**,如图 8-14c)所示。平面图形内各点的速度相等,但加速度一般不相等。

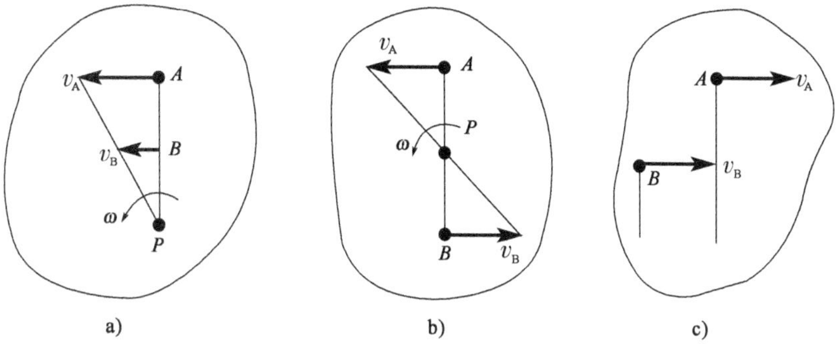

图 8-14

[**例 8-5**] 用速度瞬心法求例 8-4 中各点的速度。

解:由于圆轮沿直线轨道作无滑动的滚动,圆轮与轨道接触点的速度为零,故点 C 为速度瞬心。圆轮的角速度为:

$$\omega = \frac{v_O}{R}$$

圆轮上各点的速度为:

$$v_A = \omega AC = \frac{v_O}{R}2R = 2v_O$$

$$v_B = v_D = \omega\sqrt{2}R = \sqrt{2}v_O$$

$$v_C = 0$$

各点速度的方向如图 8-15 所示。

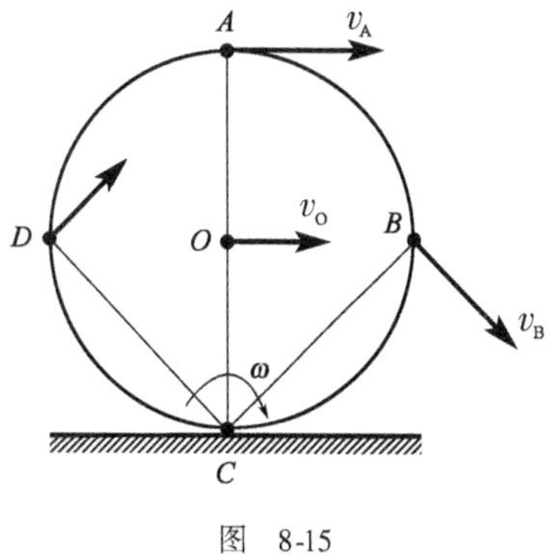

图 8-15

[**例 8-6**] 平面机构如图 8-16 所示,曲柄 OA 以角速度 $\omega = 2\text{rad/s}$ 绕轴 O 转动,已知 $OA = CD = 10\text{cm}$,$AB = 20\text{cm}$,$BC = 30\text{cm}$,在图示位置时,曲柄 OA 处于水平位置,曲柄 CD 与水平线夹

角 $\varphi=45°$。试求该瞬时连杆 AB、BC 和曲柄 CD 的角速度。

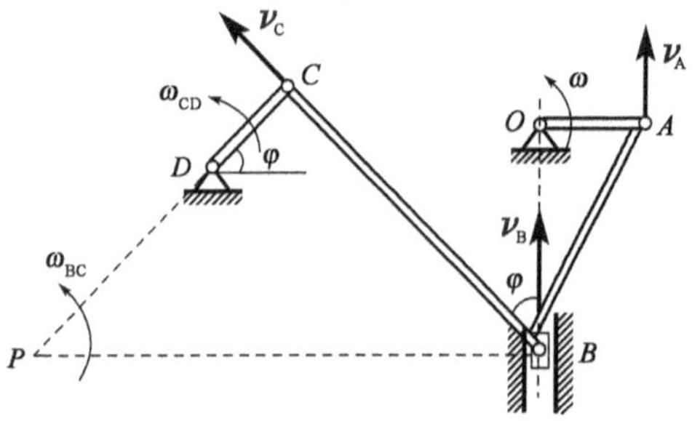

图 8-16

解：速度分析如图 8-16 所示，点 A 的速度为：

$$v_A=\omega OA=10\times2=20(\mathrm{cm/s})$$

由于点 B 的速度为铅直方向，故连杆 AB 作瞬时平移，其角速度为：

$$\omega_{AB}=0$$

则点 B 的速度为：

$$v_B=v_A=20\mathrm{cm/s}$$

点 C 的速度方向垂直于曲柄 CD，连杆 BC 的速度瞬心为 B、C 两点速度矢量垂线的交点 P，则连杆 BC 的角速度为：

$$\omega_{BC}=\frac{v_B}{PB}=\frac{v_B}{\sqrt{2}BC}=\frac{20}{30\sqrt{2}}=0.471(\mathrm{cm/s})$$

点 C 的速度大小为：

$$v_C=\omega_{BC}PC=0.471\times30=14.14(\mathrm{cm/s})$$

曲柄 CD 的角速度为：

$$\omega_{CD}=\frac{v_C}{CD}=\frac{14.14}{10}=1.414(\mathrm{cm/s})$$

8.3 平面图形内各点的加速度——基点法

由于平面图形的运动可以看成是随着基点的平移和相对基点的转动的合成，因此根据牵连运动为平移时的加速度合成定理，便可求平面图形内各点的加速度。如图 8-17 所示，选点 A 作为基点，其加速度为 $\boldsymbol{a}_A$，某一瞬时平面图形的角速度和角加速度分别为 ω、α，则点 B 的牵连加速度为：

牵连加速度：

$$\boldsymbol{a}_e=\boldsymbol{a}_A$$

相对加速度：

$$\boldsymbol{a}_{BA}=\boldsymbol{a}_{BA}^{\tau}+\boldsymbol{a}_{BA}^{n}$$

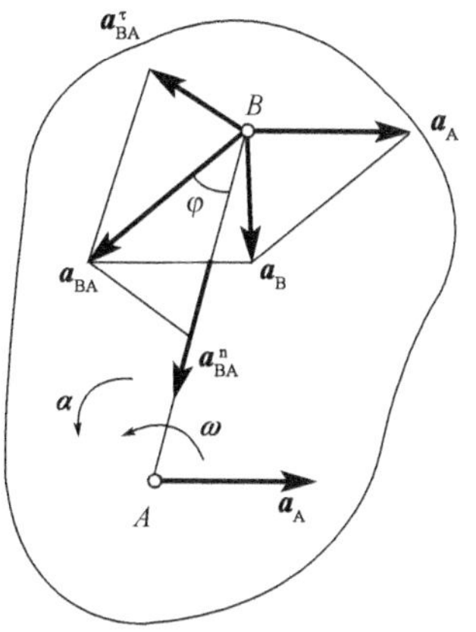

图 8-17

相对切向加速度：

$$a_{BA}^{\tau} = \alpha AB$$

相对法向加速度：

$$a_{BA}^{n} = \omega^2 AB$$

相对加速度的全加速度：

$$a_{BA} = \sqrt{{a_{BA}^{\tau}}^2 + {a_{BA}^{n}}^2} = AB\ \sqrt{\alpha^2 + \omega^4}, \tan\theta = \frac{|\alpha|}{\omega^2}$$

故点 B 的加速度为：

$$\boldsymbol{a}_B = \boldsymbol{a}_A + \boldsymbol{a}_{BA} = \boldsymbol{a}_A + \boldsymbol{a}_{BA}^{\tau} + \boldsymbol{a}_{BA}^{n} \tag{8-6}$$

求平面图形 S 内各点的加速度的基点法：在任一瞬时，平面图形内任一点的加速度等于基点的加速度和相对于基点转动的加速度的矢量和。

式(8-6)为四个矢量(包括四个大小和四个方向)，共八个要素，必须已知其中的六个要素，才可以求出剩余的两个要素，一般采用向坐标投影的方法进行求解。

[例 8-7] 如图 8-18a)所示，曲柄 OA 以角速度 $\omega_O = 10\text{rad/s}$ 绕轴 O 转动，$OA = 20\text{mm}$，逆时针方向转动，并带动连杆 AB，$AB = 100\text{mm}$，滑块 B 沿铅直滑道运动，当 $\varphi = 45°$ 时，曲柄 OA 与连杆 AB 垂直。试求此瞬时连杆 AB 中点 M 的加速度大小。

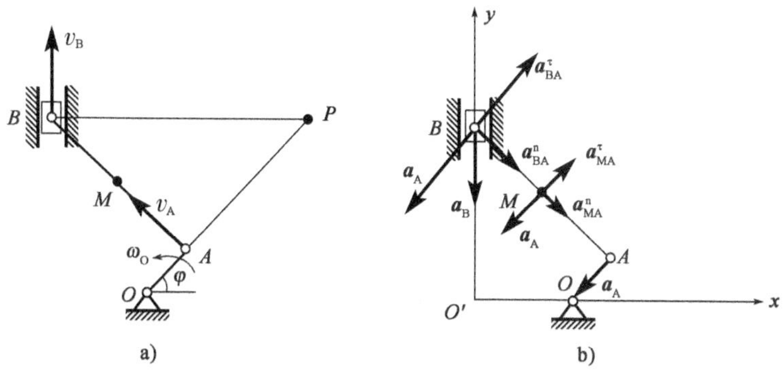

图 8-18

解:由速度瞬心法求连杆 AB 的角速度,如图 8-18a)所示,即:

$$\omega_{AB}=\frac{v_A}{PA}=\frac{\omega_0 OA}{AB}=\frac{10\times 20}{100}=2(\mathrm{rad/s})$$

选点 A 为基点,基点 A 的加速度为:

$$a_A=\omega_0^2 OA=100^2\times 20=2000(\mathrm{mm/s^2})$$

则点 B 的加速度为:

$$\boldsymbol{a}_B=\boldsymbol{a}_A+\boldsymbol{a}_{BA}=\boldsymbol{a}_A+\boldsymbol{a}_{BA}^{\tau}+\boldsymbol{a}_{BA}^{n} \tag{8-7}$$

点 B 的加速度分析如图 8-18b)所示,则有:

$$a_{BA}^{n}=\omega_{AB}^2 AB=2^2\times 100=400(\mathrm{mm/s^2})$$

$$a_{BA}^{\tau}=\alpha AB$$

将式(8-7)向水平方向 x 轴投影,得:

$$0=-a_A\cos 45^\circ+a_{BA}^{n}\cos 45^\circ+a_{BA}^{\tau}\cos 45^\circ$$

得连杆 AB 的角加速度为:

$$\alpha=\frac{a_{BA}^{\tau}}{AB}=\frac{1}{100\cos 45^\circ}(a_A\cos 45^\circ-a_{BA}^{n}\cos 45^\circ)=\frac{1}{100\cos 45^\circ}(2000\cos 45^\circ-400\cos 45^\circ)=16(\mathrm{rad/s^2})$$

连杆 AB 中点 M 的加速度为:

$$\boldsymbol{a}_M=\boldsymbol{a}_A+\boldsymbol{a}_{MA}=\boldsymbol{a}_A+\boldsymbol{a}_{MA}^{\tau}+\boldsymbol{a}_{MA}^{n} \tag{8-8}$$

其中,

$$\boldsymbol{a}_{MA}^{\tau}=\boldsymbol{\alpha} MA=16\times 50=800(\mathrm{mm/s^2})$$

$$\boldsymbol{a}_{MA}^{n}=\frac{1}{2}\boldsymbol{a}_{BA}^{n}=200(\mathrm{mm/s^2})$$

将式(8-8)分别向 x 轴、y 轴投影,得:

$$a_{Mx}=-a_A\cos 45^\circ+a_{MA}^{\tau}\cos 45^\circ+a_{MA}^{n}\cos 45^\circ=-2000\cos 45^\circ+800\cos 45^\circ+200\cos 45^\circ$$
$$=-707.1(\mathrm{mm/s^2})$$

$$a_{My}=-a_A\cos 45^\circ+a_{MA}^{\tau}\cos 45^\circ-a_{MA}^{n}\cos 45^\circ=-2000\cos 45^\circ+800\cos 45^\circ-200\cos 45^\circ$$
$$=-989.94(\mathrm{mm/s^2})$$

则点 M 的加速度大小为:

$$a_M=\sqrt{a_{Mx}^2+a_{My}^2}=\sqrt{(-707.1)^2+(-989.94)^2}=1216.54(\mathrm{mm/s^2})$$

[例 8-8] 在平直的轨道作纯滚动的圆轮,已知轮心 O 的速度为 v_O,加速度为 a_O,轮的半径为 R,如图 8-19a)所示,试求速度瞬心点的加速度。

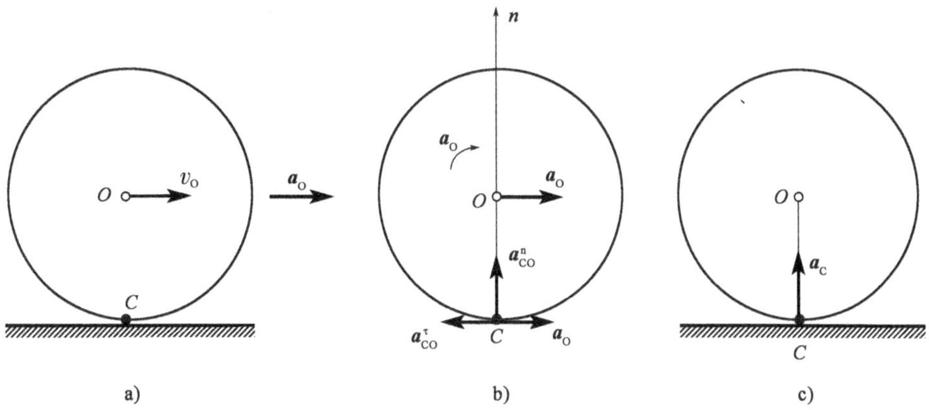

图 8-19

解：由于圆轮作纯滚动，轮缘与地面接触的点 C 为速度瞬心点。圆轮的角速度为：

$$\omega = \frac{v_O}{R}$$

又由于圆轮的半径为常数，则圆轮的角速度对上式求导即可得到，即：

$$\alpha = \dot{\omega} = \frac{\dot{v}_O}{R} = \frac{a_O}{R}$$

取轮心 O 为基点，则点 C 的加速度为：

$$\boldsymbol{a}_C = \boldsymbol{a}_O + \boldsymbol{a}_{CO} = \boldsymbol{a}_O + \boldsymbol{a}_{CO}^\tau + \boldsymbol{a}_{CO}^n$$

其中，

$$a_{CO}^\tau = \alpha R = a_O,$$

$$a_{CO}^n = R\omega^2 = \frac{v_O^2}{R}$$

由于 a_O 和 a_{CO}^2 的大小相等，方向相反，如图 8-19b) 所示，因此，点 C 的加速度为：

$$a_C = a_{CO}^n = \frac{v_O^2}{R}$$

其方向恒指向轮心，如图 8-19c) 所示。

［**例 8-9**］ 如图 8-20 所示的行星轮系机构中，大齿轮Ⅰ固定不动，半径为 r_1，曲柄 OA 以匀角速度 ω_0 绕 O 轴转动，并带动行星齿轮Ⅱ沿轮Ⅰ只滚动而不滑动，齿轮Ⅱ的半径为 r_2。试求轮Ⅱ的角速度 ω_{II} 以及轮缘上点 C、B 的速度和加速度。（点 C 为曲柄 OA 延长线上的点，点 B 为与 OA 垂直的点）

解：(1) 轮缘上点 C、B 的速度

由于行星齿轮Ⅱ作平面运动，其上点 A 的速度由曲柄转动求得，即：

$$v_A = \omega_0 OA = \omega_0 (r_1 + r_2)$$

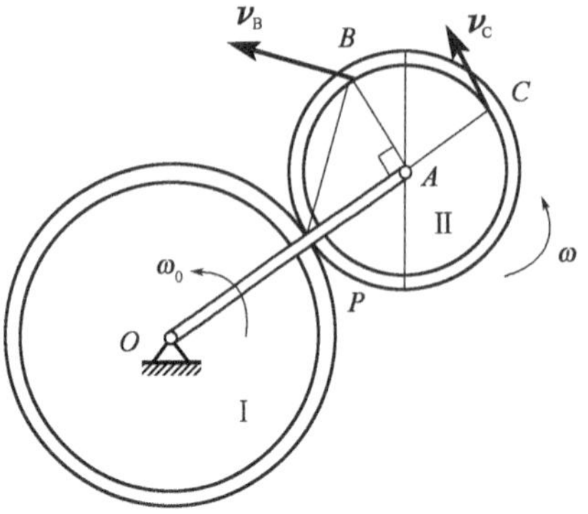

a)

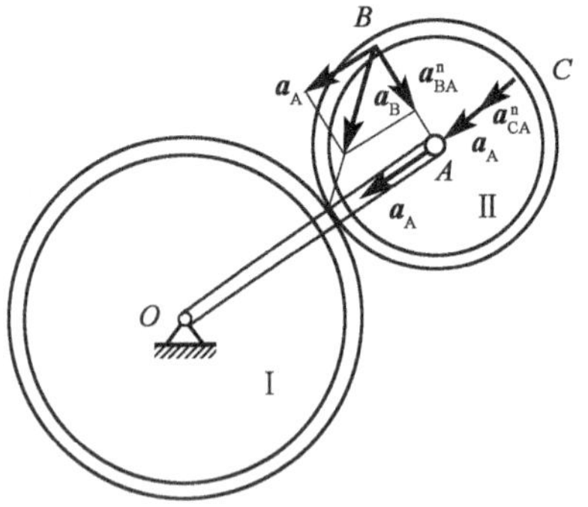

b)

图 8-20

由于行星齿轮Ⅱ沿轮Ⅰ只滚动而不滑动,则两轮接触点 P 为速度瞬心,轮Ⅱ的角速度为:

$$\omega_{\mathrm{II}}=\frac{v_A}{r_2}=\frac{\omega_O(r_1+r_2)}{r_2} \tag{8-9}$$

以点 A 为基点,轮缘上点 C、B 的速度分别为:

$$v_C=2r_2\omega_{\mathrm{II}}=2\omega_O(r_1+r_2),$$

$$v_B=\sqrt{2}r_2\omega_{\mathrm{II}}=\sqrt{2}\omega_O(r_1+r_2)$$

其方向如图 8-20a)所示。

(2)轮缘上点 C、B 的加速度

由于曲柄 OA 以匀角速度 ω_O 转动,则对式(8-9)的时间求导,得轮Ⅱ的角加速度为:

$$\alpha=0$$

选点 A 为基点,轮缘上点 C、B 的加速度为:

$$\boldsymbol{a}_B=\boldsymbol{a}_A+\boldsymbol{a}_{BA}=\boldsymbol{a}_A^\tau+\boldsymbol{a}_A^n+\boldsymbol{a}_{BA}^\tau+\boldsymbol{a}_{BA}^n,$$

$$\boldsymbol{a}_C=\boldsymbol{a}_A+\boldsymbol{a}_{CA}=\boldsymbol{a}_A^\tau+\boldsymbol{a}_A^n+\boldsymbol{a}_{CA}^\tau+\boldsymbol{a}_{CA}^n$$

其中,

$$\boldsymbol{a}_A^\tau=\boldsymbol{a}_{BA}^\tau=\boldsymbol{a}_{CA}^\tau=0,$$

$$a_A=a_A^n=\omega_O^2(r_1+r_2),$$

$$a_{BA}^n=a_{CA}^n=\omega_{\mathrm{II}}^2r_2=\frac{\omega_O^2(r_1+r_2)^2}{r_2}$$

则点 C、B 的加速度大小为:

$$a_C=a_A+a_{CA}^n=\omega_O^2(r_1+r_2)+\frac{\omega_O^2(r_1+r_2)^2}{r_2},$$

$$a_B=\sqrt{a_A^2+{a_{BA}^n}^2}=\sqrt{\omega_O^4(r_1+r_2)^2+\frac{\omega_O^4(r_1+r_2)^4}{r_2^2}}$$

a_B 与 AB 的夹角为：

$$\theta = \tan^{-1}\frac{a_A}{a_{BA}^n} = \tan^{-1}\frac{r_2}{r_1 + r_2}$$

其方向如图 8-20b) 所示。

8.4 运动学综合应用举例

在复杂的机构中，可以同时存在点的合成运动和刚体平面运动等较为复杂的运动，对这样的问题应注意分别进行分析，一般要从它们连接处找出各构件运动之间的关系，选用较为简便的方法加以综合分析，以达到快速求解的目的。

[**例 8-10**] 曲柄滑块机构如图 8-21a) 所示，曲柄 OA 以匀角速度 ω 绕 O 轴转动，杆 AC 在套筒 B 内，套筒 B 与杆 BD 固连，$AB = 2OA$，$BD = l$，并绕铰链 B 转动，在图示瞬时，曲柄 OA 铅直。试求套筒 B 的角速度和角加速度，以及点 D 的速度和加速度。

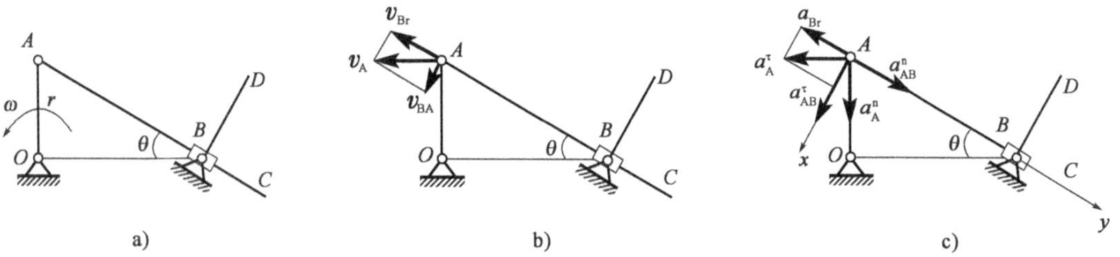

图 8-21

解：以套筒 B 为动系，杆 AC 上的点 B 为动点，因为杆 AC 作平面运动，选点 B 为基点。

(1) 套筒 B 的角速度：

点 A 的速度为：

$$\boldsymbol{v}_A = \boldsymbol{v}_{Br} + \boldsymbol{v}_{AB}$$

如图 8-21b) 所示，由速度的平行四边形得：

$$v_{AB} = v_A \sin\theta$$

而

$$v_A = \omega OA$$

则杆 AC 的角速度为：

$$\omega_{AC} = \frac{v_{AB}}{AB} = \frac{\omega OA \sin\theta}{2OA} = \frac{\omega}{4}$$

又由于杆 AC 和套筒 B 只有相对的滑动而无转动，故套筒 B 的角速度为：

$$\omega_{BD} = \omega_{AC} = \frac{\omega}{4}$$

其转向为逆时针。

(2)套筒 B 的加角速度

点 A 的加速度为：

$$\boldsymbol{a}_{A}^{\tau}+\boldsymbol{a}_{A}^{n}=\boldsymbol{a}_{Be}^{\tau}+\boldsymbol{a}_{Be}^{n}+\boldsymbol{a}_{Br}+\boldsymbol{a}_{Bc}+\boldsymbol{a}_{AB}^{\tau}+\boldsymbol{a}_{AB}^{n} \tag{8-10}$$

其中，点 A 的加速度：

$$a_{A}^{\tau}=0, a_{A}^{n}=\omega^{2}r$$

套筒 B 的牵连加速度：

$$\boldsymbol{a}_{Be}^{\tau}=0, a_{Be}^{n}=0\text{(因动点 }B\text{ 在转轴上)}$$

套筒 B 的相对加速度 $\boldsymbol{a}_{Br}$，沿 AC 作直线运动。

套筒 B 的相对速度：

$$v_{Br}=v_{A}\cos\theta=\frac{\sqrt{3}}{2}\omega r$$

套筒 B 的科氏加速度：

$$a_{Bc}=2\omega_{BD}v_{Br}=2\times\frac{\omega}{4}\times\frac{\sqrt{3}}{2}\omega r=\frac{\sqrt{3}}{4}\omega^{2}r$$

点 A 相对于点 B 的加速度：

$$a_{AB}^{\tau}=\alpha_{BD}AB=2r\alpha_{BD}$$

$$a_{AB}^{n}=\omega_{BD}^{2}AB=\left(\frac{\omega}{4}\right)^{2}2r=\frac{\omega^{2}r}{8}$$

如图 8-21c)所示，将式(8-10)向 x 轴投影，得：

$$a_{A}^{\tau}\sin\theta+a_{A}^{n}\cos\theta=a_{AB}^{\tau}-a_{Bc}$$

$$\omega^{2}r\frac{\sqrt{3}}{2}=2r\alpha_{AC}-\frac{\sqrt{3}}{4}\omega^{2}r$$

则套筒 B 的加角速度为：

$$\alpha_{BD}=\frac{3\sqrt{3}}{8}\omega^{2}$$

其转向为逆时针。

(3)点 D 的速度和加速度

$$v_{D}=\frac{\omega l}{4}, a_{D}^{\tau}=\alpha_{BD}l=\frac{3\sqrt{3}}{8}\omega^{2}l, a_{D}^{n}=\omega_{BD}^{n}l=\frac{\omega^{2}}{16}l$$

[例 8-11] 如图 8-22a)所示，曲柄 OA 以匀角速度 ω_0 绕 O 轴转动，连杆 AB 穿过套筒 D，套筒 D 与曲柄 CD 相连，连杆 AB 的另一端连接滑块 B，滑块 B 在水平的滑道内运动。已知 $OA=CD=AD=DB=r$，试求当曲柄 OA 和曲柄 CD 位于水平位置，$\angle BAO=60°$时，曲柄 CD 的

角速度和角加速度。

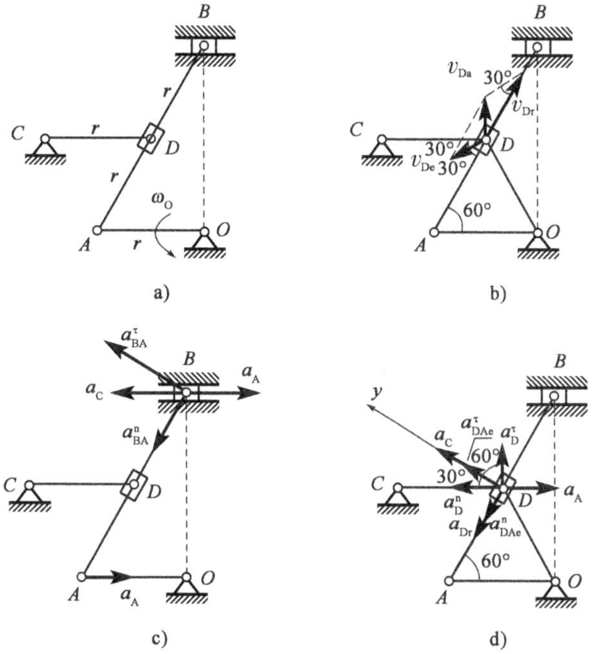

图 8-22

解:(1) 曲柄 CD 的角速度

连杆 AB 作平面运动,用速度瞬心法求得连杆 AB 的角速度为:

$$\omega_{AB} = \frac{v_A}{OA} = \frac{\omega_O OA}{OA} = \omega_O$$

套筒 D 的牵连速度为:

$$v_{De} = \omega_{AB} OD = \omega_O r$$

如图 8-22b) 所示,由套筒 D 速度的平行四边形得套筒的相对速度为:

$$v_{Dr} = 2v_{De}\cos 30^\circ = \sqrt{3}\omega_O r$$

套筒 D 的速度为

$$v_{Da} = v_{De} = \omega_O r$$

则曲柄 CD 的角速度为:

$$\omega_{CD} = \frac{v_{Da}}{CD} = \frac{\omega_O r}{r} = \omega_O$$

其转向为逆时针。

(2) 曲柄 CD 的角加速度

选点 A 为基点,滑块 B 的加速度为:

$$\boldsymbol{a}_B = \boldsymbol{a}_A^{\tau} + \boldsymbol{a}_A^{n} + \boldsymbol{a}_{BA}^{\tau} + \boldsymbol{a}_{BA}^{n} \tag{8-11}$$

其中,基点 A 的加速度:

$$a_A^\tau=0,a_A=a_A^n=r\omega_O^2$$

滑块 B 相对基点转动的加速度:

$$a_{BA}^\tau=2r\alpha_{AB},a_{BA}^n=2r\omega_{AB}^2=2r\omega_O^2$$

如图 8-22c)所示,将式(8-11)向 OB 投影,得:

$$0=a_{BA}^\tau\cos60°-a_{BA}^n\cos30°$$

$$\alpha_{AB}=\sqrt{3}\omega_O^2$$

套筒 D 的加速度为:

$$\boldsymbol{a}_D^\tau+\boldsymbol{a}_D^n=\boldsymbol{a}_A+\boldsymbol{a}_{DAe}^\tau+\boldsymbol{a}_{DAe}^n+\boldsymbol{a}_{Dr}+\boldsymbol{a}_{Dc} \tag{8-12}$$

其中,基点 A 的加速度:

$$a_A=a_A^n=r\omega_O^2$$

套筒 D 的绝对加速度:

$$a_D^\tau=\alpha_{CD}r,a_D^n=r\omega_{CD}^2=r\omega_O^2$$

套筒 D 的牵连加速度:

$$a_{DAe}^\tau=\alpha_{AB}AD=\sqrt{3}\omega_O^2r,a_{DAe}^n=\omega_{AB}^2AD=\omega_O^2r$$

套筒 D 的科氏加速度:

$$a_{Dc}=2\omega_{AB}v_{Dr}=2\sqrt{3}\omega_O^2r$$

套筒 D 的相对加速度 a_D^τ,沿连杆 AB 运动。

如图 8-22d)所示,将式(8-12)向 y 轴投影,得:

$$a_D^\tau\cos60°+a_D^n\cos30°=-a_A\cos30°+a_{DAe}^\tau+a_{Dc}$$

$$\frac{1}{2}\alpha_{CD}r+\omega_O^2r\frac{\sqrt{3}}{2}=-\omega_O^2r\frac{\sqrt{3}}{2}+\sqrt{3}\omega_O^2r+2\sqrt{3}\omega_O^2r$$

$$\alpha_{CD}=4\sqrt{3}\omega_O^2r$$

其转向为逆时针。

习题

8-1　如题 8-1 图所示,圆柱 A 缠以细绳,绳的 B 端固定在天花板上。圆柱自静止落下,其

轴心的速度为 $v_A=\frac{2}{3}\sqrt{3gh}$,其中 g 为常量,h 为圆柱轴心到初始位置的距离。如圆柱半径为 r,求圆柱的平面运动方程。

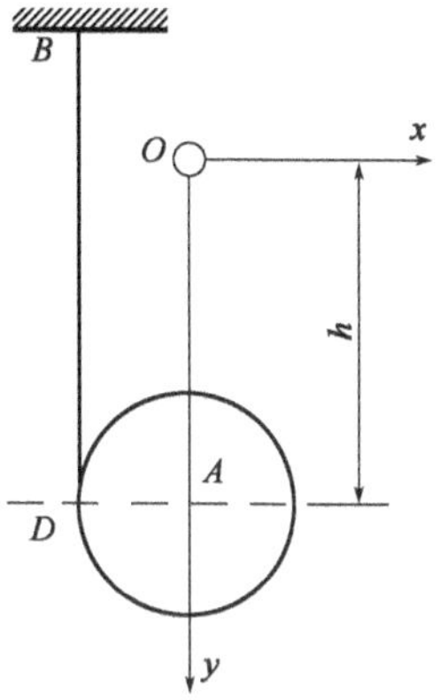

题 8-1 图

8-2　如题 8-2 图所示,两平行齿条沿相同的方向运动,速度大小不同:$v_1=6\text{m/s}$,$v_2=2\text{m/s}$。齿条之间夹有一半径 $r=0.5\text{m}$ 的齿轮,试求齿轮的角速度及其中心 O 的速度。

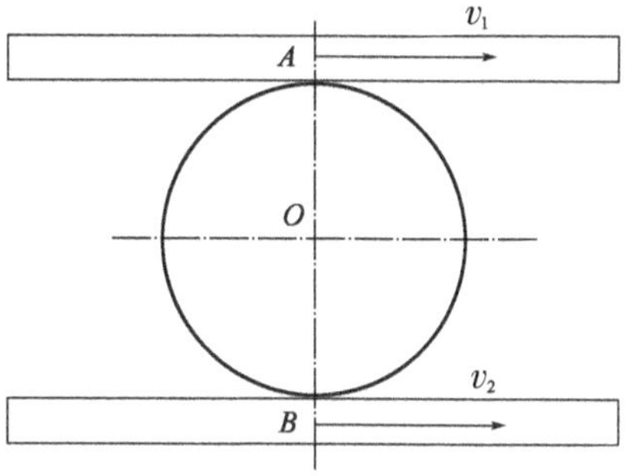

题 8-2 图

8-3　如题 8-3 图所示,杆 AB 一端 A 沿水平面以匀速 v_A 向右滑动时,其杆身紧靠高为 h 的墙边角 C 滑动。试根据定义求杆运动至与水平夹角为 φ 时的角速度和角加速度。

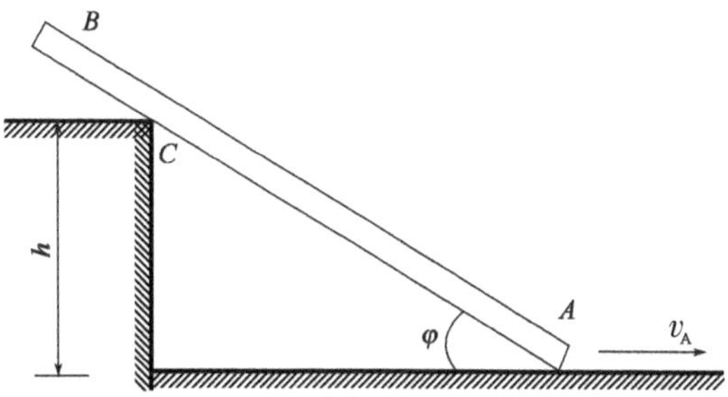

题 8-3 图

8-4　长度为 1m 的两直杆 AC 和 BC 用铰链 C 连接,如题 8-4 图所示,A、B 两端点沿水平直线轨道反向匀速运动。已知 $v_A=0.4\text{m/s}$,$v_B=0.2\text{m/s}$。求当 $\theta=30°$ 时,点 C 的速度大小。

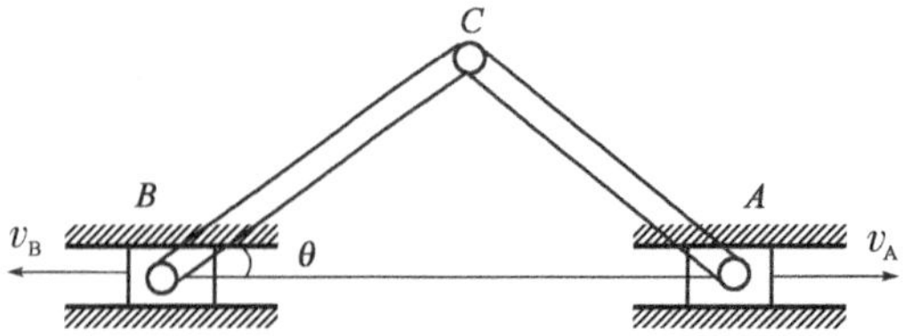

题 8-4 图

8-5　平面四连杆机构 $ABCD$ 的尺寸和位置如题 8-5 图所示。如杆 AB 以等角速度 $\omega=1\text{rad/s}$ 绕 A 轴转动，求点 C 的加速度。

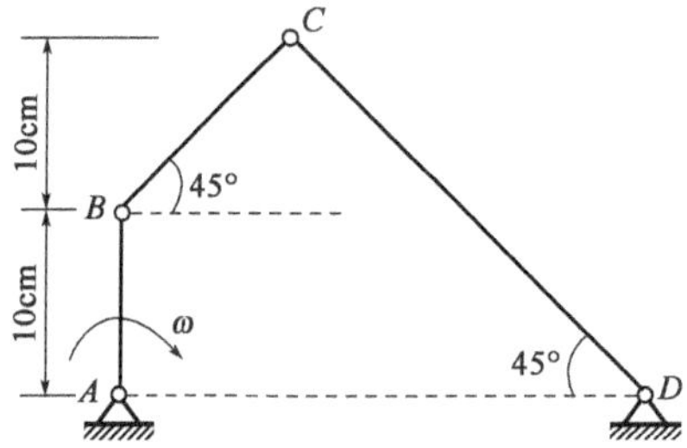

题 8-5 图

8-6　如题 8-6 图所示反平行四边形机构，$AB=CD=40\text{cm}$，$BD=AD=20\text{cm}$，曲柄 AB 以匀角速度 3rad/s 绕 A 轴转动。求当 CD 垂直于 AD 时，杆 BC 的角速度和角加速度。

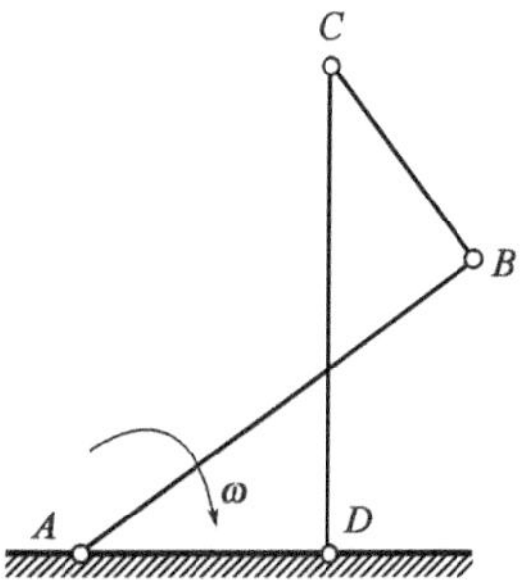

题 8-6 图

8-7　如题 8-7 图所示为一曲柄机构，$OA=r$，$AB=3r$。若曲柄 OA 以匀角速度 ω 绕 O 轴转动，求当 $\varphi=0°$、$60°$、$90°$时点 B 的速度。

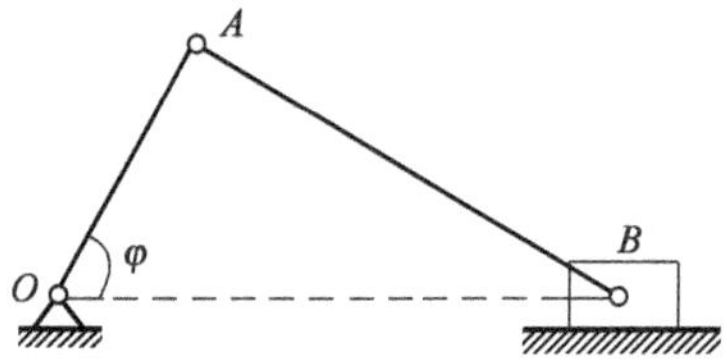

题 8-7 图

8-8　如题 8-8 图所示，滚压机构的滚子沿水平面滚动而不滑动。已知曲柄 OA 长 $r=10\text{cm}$，以匀转速 $n=30\text{r/min}$ 转动。连杆 AB 长 $l=17.3\text{cm}$，滚子半径 $R=10\text{cm}$。求在图示位置时滚子的角速度和角加速度。

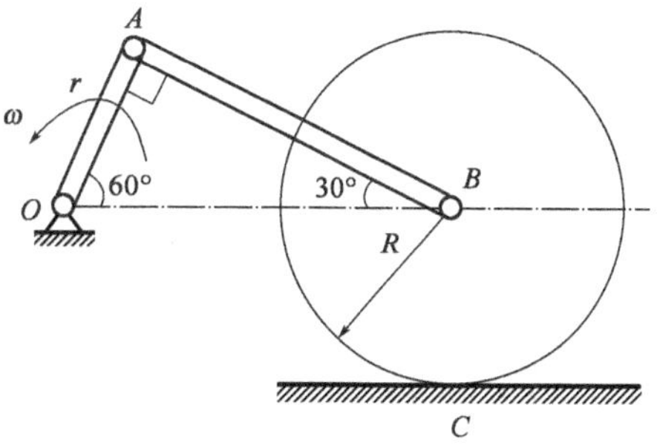

题 8-8 图

8-9 如题 8-9 图所示，齿轮Ⅰ在齿轮Ⅱ内滚动，其半径分别为 r 和 $R=2r$。曲柄 OO_1 绕 O 轴以等角速度 ω_0 转动，并带动行星齿轮Ⅰ。求该瞬时轮Ⅰ上瞬时速度中心 C 的加速度。

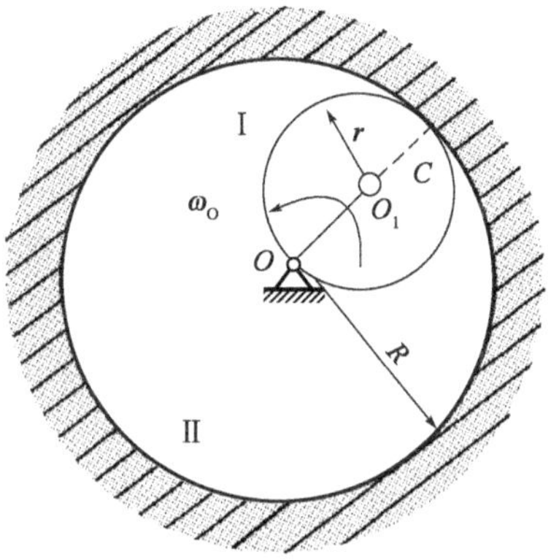

题 8-9 图

PART3 第3篇

动力学

在静力学中，分析了作用于刚体上的力，并研究了刚体在力系作用下的平衡问题，但没有讨论物体在不平衡力系的作用下将如何运动。在运动学中，仅从几何角度分析了刚体的运动规律，但未涉及作用于刚体上的力。动力学则对物体的机械运动进行全面的分析，研究作用于物体上的力与物体运动状态变化之间的关系，即研究物体机械运动的普遍规律。

动力学的理论基础是牛顿定律，所以又可称为牛顿力学或古(经)典力学。研究古典力学时，首先涉及惯性及质量的概念。所谓**惯性，是指任何物体都有保持静止或匀速直线运动的属性**。比如汽车突然开动时，车中站着的人并不立即随车运动，而是暂时保持着原来的静止状态，于是就有向后倾倒的趋势；汽车突然制动时，人并不立即随车停止运动，还会保持原来的运动状态，于是就有向前倾倒的趋势。这就是惯性的表现。**质量是物体惯性的度量**。在地面上同一地点，拖动质量大的物体比拖动质量小的物体费力。这说明大质量物体的惯性大，小质量物体的惯性小。由于物体所受重力与其质量成正比，所以质量大的物体相应也重些，但要注意的是，质量与重量是两个不同的概念。**质量是物体惯性的度量，重量是物体所受的重力**。二者不能混为一谈。

动力学中为了研究物体运动变化与作用于物体上力之间的关系，采用的抽象化理想模型是质点和质点系(包括刚体)。**质点指几何尺寸可以忽略不计但要计其质量的物体。质点系指有限或无限个质点的组合**。质点系中各质点的位置或运动都或多或少地与其他质点的位置或运动相联系。刚体可认为是一种不变形的特殊质点系。

动力学可分为质点动力学和质点系动力学，本书重点介绍质点系动力学。动力学在力学学科中占有重要的地位。机械工程、火箭、人造卫星的发射与运行等，都与动力学密切相关。随着高层建筑的出现，动力基础的隔振与减振，厂房结构、桥梁和水坝在动荷载作用下的振动及抗震等，都必须应用动力学的理论去解决。学好动力学，对于增强人们解决工程实际问题的能力有很大帮助。

第9章

质点动力学基本方程

质点是物体最简单、最基本的模型，是构成复杂物体系统的基础。质点动力学基本方程给出了质点受力与其运动变化之间的联系。

本章根据动力学基本定律得出了质点动力学的基本方程，运用微积分的方法，求解一个质点的动力学问题。

9.1 动力学基本定律

质点动力学的基础是牛顿在总结前人，特别是伽利略研究成果的基础上提出的牛顿运动三大定律。这三条定律描述了动力学的最基本的规律，是古典力学体系的核心。

第一定律（惯性定律）：任何不受力作用的质点，将永远保持其原来的静止或匀速直线运动的状态。

此定理表明：①任何物体运动状态的改变，必须有外力作用（力是物体运动状态改变的原因）。②任何物体都有保持其静止或作匀速直线运动的属性，此属性称为惯性。因此，第一定律也称为惯性定律。

第二定律（力与加速度关系定律）：质点受力作用时所获得的加速度的大小与作用力的大小成正比，而与质点的质量成反比，其方向与力的方向相同。即：

$$F = m\boldsymbol{a} \tag{9-1}$$

由于求解质点动力学问题都需应用牛顿定律，所以称式(9-1)为质点动力学的基本方程。牛顿第二定律给出了质点的质量、其上所受的力及质点的加速度三者之间的定量关系。它说明：质点的加速度与作用在其上的力成正比，与质点的质量成反比。相同的力作用在不同质量的质点上，会引起不同的运动变化，质量大的质点，加速度小，质量小的质点，加速度大。也就是说，质点的质量越大，其运动状态越不容易改变，即质点力图保持原有运动状态的能力越强，或者说它的惯性越大。这就是前面讲的，质量是质点惯性的度量。

第三定律（作用力与反作用力定律）：两物体间相互的作用力总是大小相等，方向相反，并

且沿着同一直线，分别作用在这两个物体上。

这一定律即静力学中的公理四。它阐明了两个物体间相互作用力之间的关系，在研究质点系动力学问题时，具有特别重要的意义。因为第二定律是针对一个质点而言的，而工程中大量存在的却是质点系的问题，要将根据第二定律建立起来的质点动力学理论推广应用于质点系动力学问题，就必须利用作用力与反作用力定律。因此，作用力与反作用力定律提供了从质点动力学过渡到质点系动力学的桥梁。

必须指出，牛顿三定律是在观察物体运动和生产实践中的一般机械运动的基础上总结出来的，它运用于解决一般工程实际问题是正确的。但对于**物体速度极大而接近光速的物体或研究微观粒子的运动时，古典力学不再适用**。在动力学中，**把适用于牛顿定律的参考系称为惯性参考系**。在一般工程技术问题中，**把固定于地面的坐标系或相对于地面作匀速直线平动的坐标系作为惯性坐标系**。在以后的论述中，如果没有特别指明，则所有的运动都是对惯性坐标系而言的。

9.2 质点运动微分方程

质点动力学第二定律建立了质点的加速度与作用力的关系。当质点受到 n 个力 F_1，F_2，…，F_n 的作用时，式(9-1)应写为：

$$m\boldsymbol{a} = \sum_{i=1}^{n}\boldsymbol{F}_i, m\frac{\mathrm{d}^2\boldsymbol{r}}{\mathrm{d}t^2} = \sum_{i=1}^{n}\boldsymbol{F}_i \tag{9-2}$$

式(9-2)是矢量形式的运动微分方程，具体计算时一般使用它的投影形式。

9.2.1 质点运动微分方程的直角坐标形式

设矢径 $\boldsymbol{r}$ 在直角坐标轴上的投影分别为 x、y、z，力 F_i 在轴上的投影分别为 F_{xi}、F_{yi}、F_{zi}，则式(9-2)在直角坐标轴上的投影形式为：

$$\left.\begin{aligned} m\frac{\mathrm{d}^2x}{\mathrm{d}t^2} &= \sum_{i=1}^{n}F_{xi} \\ m\frac{\mathrm{d}^2y}{\mathrm{d}t^2} &= \sum_{i=1}^{n}F_{yi} \\ m\frac{\mathrm{d}^2z}{\mathrm{d}t^2} &= \sum_{i=1}^{n}F_{zi} \end{aligned}\right\} \tag{9-3}$$

9.2.2 质点运动微分方程的自然坐标形式

将式(9-2)两端分别向自然轴系 $O\tau nb$ 的三个轴投影，得：

$$\begin{aligned} m\frac{\mathrm{d}^2s}{\mathrm{d}t^2} &= \sum_{i=1}^{n}F_{i\tau} \\ \frac{m}{\rho}\left(\frac{\mathrm{d}s}{\mathrm{d}t}\right)^2 &= \sum_{i=1}^{n}F_{in} \\ 0 &= \sum_{i=1}^{n}F_{ib} \end{aligned} \tag{9-4}$$

式中,$s=s(t)$是描述质点位置的弧坐标,$F_{i\tau}$、F_{in}、F_{ib}分别为F在自然坐标轴τ、n、b方向的投影。

9.3 质点动力学的两类基本问题

质点动力学问题可分为两类基本问题。第一类基本问题是**已知质点的运动,求作用于质点上的力**。第二类基本问题是**已知作用于质点上的力,求质点的运动**。第一类基本问题求解相对比较简单,问题的求解归结为确定质点的加速度,然后代入质点的运动微分方程,即可解得所求的力。第二类基本问题的求解归结为对运动微分方程进行积分,并根据已知运动初始条件确定积分常数。不过,当力的变化规律复杂时往往导致数学计算上的困难。

9.3.1 已知质点的运动,求作用于质点上的力

已知质点的运动,求作用于质点上的力,是质点动力学的第一类问题。由前面对运动微分方程的讨论可知,如果已知质点的运动微分方程,要利用微分方程求力,实际上归结为求微分和解代数方程的运算。

下面举例说明第一类问题的求解方法和步骤。

[**例9-1**] 物体A、B的质量分别是$m_A=20\text{kg}$,$m_B=40\text{kg}$,两物体用弹簧连接,如图9-1a)所示,已知物体A沿铅直线的运动规律为$y=10\sin 8\pi t$(其中y以mm计,t以s计)。试求物体B对支承面的压力,并求此压力的最大值和最小值(不计弹簧的质量)。

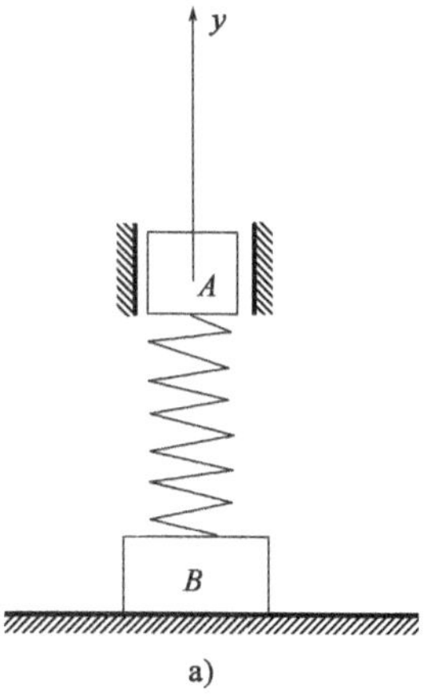

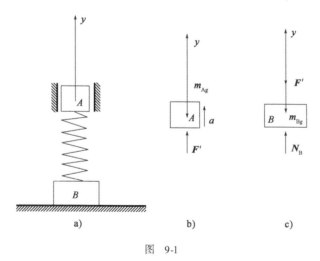

图 9-1

分析:本题给出了物体A的运动规律。尽管本题研究的是由两个物体及弹簧组成的系统,但可以分别单独考察两个物体,将其转化为两个质点的第一类动力学问题。本题研究中还应考虑物体A的运动是否会拉动物体B。

解:(1)先取物体A为研究对象,坐标系给定如图9-1所示(坐标原点取在物体A的静平衡处)。

(2)作受力分析,如图9-1b)所示。

(3)作运动分析。

$$v_{A}=\frac{dy}{dt}=80\pi\cos8\pi t$$

$$a_{A}=\frac{d^{2}y}{dt^{2}}=-640\pi^{2}\sin8\pi t=-0.64\pi^{2}\sin8\pi t(m/s^{2}) \tag{9-5}$$

(4)列物体 A 的运动微分方程并求解。

$$m_{A}a_{A}=F-m_{A}g \tag{9-6}$$

将式(9-5)代入式(9-6),得:

$$F=m_{A}(g-0.64\pi^{2}\sin8\pi t)$$

(5)再取物体 B 为研究对象,其坐标及受力分析如图 9-1c)所示。因为 $g-0.64\pi^{2}\sin8\pi t>0$,所以弹簧力始终是压力,即物体 B 处于静止状态。列物体 B 的平衡方程:

$$\sum Y=0 \quad N_{B}-m_{B}g-F'=0$$

解得:

$$N_{B}=m_{B}g+m_{A}(g-0.64\pi^{2}\sin8\pi t)$$

当 $\sin8\pi t=-1$ 时,有 $N_{B}=N_{Bmax}=714N$;

当 $\sin8\pi t=+1$ 时,有 $N_{B}=N_{Bmin}=462N$。

物体 B 对支撑面的压力与图 9-1c)所示 N_{B} 等值、反向、共线。

[例 9-2] 设质量为 m 的质点 M 在 Oxy 平面内运动(图 9-2),其运动方程为 $x=a\cos\omega t$, $y=b\sin\omega t$,其中 a、b、ω 都是常数。求作用于此质点上的力 F。

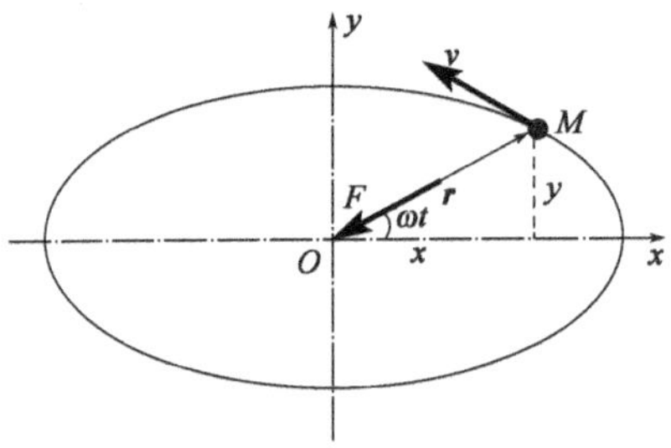

图 9-2

解:由运动方程中消去时间 t,得动点的轨迹方程:

$$\frac{x^{2}}{a^{2}}+\frac{y^{2}}{b^{2}}=1$$

由上式可知,动点的轨迹为椭圆。

对运动方程的 t 求二阶导数得:

$$\frac{d^{2}x}{dt^{2}}=-\omega^{2}a\cos kt=-\omega^{2}x$$

$$\frac{d^{2}y}{dt^{2}}=-\omega^{2}b\sin kt=-\omega^{2}y$$

将其代入运动微分方程式(9-3),解得作用在此质点上的力在 x、y 轴上的投影:

$$F_{x}=ma_{x}=-m\omega^{2}x$$

$$F_{y}=ma_{y}=-m\omega^{2}y$$

或将力表示为：

$$F = F_x i + F_y j = -m\omega^2(xi + yj) = -m\omega^2 r$$

由此可见，力 F 与矢径 r 共线、反向，大小等于 $m\omega^2 r$。

通过以上例题分析，可将求解质点动力学第一类问题的步骤归纳如下：

(1)选取研究对象并建立坐标系。一般选择联系已知量和待求量的物体为研究对象。至于坐标系，如已知质点的轨迹(如圆运动)，采用自然坐标系，否则采用直角坐标系。

(2)画受力图。按静力学介绍的方法进行受力分析。

(3)运动分析。按运动学知识计算质点的加速度。

(4)列运动微分方程并求解。建立运动微分方程一般是列出投影形式的方程，此时应注意力和加速度投影的正负。另外，要注意使所建立的方程适合于整个运动过程，即在运动的一般位置给出方程。

9.3.2 已知作用于质点上的力，求质点的运动

已知作用于质点上的力，求质点的运动，是质点动力学的第二类问题。在第二类问题中，若要求的运动量是质点的加速度，则属于解代数方程的问题；若要求的运动量是速度或运动规律，则必须进行积分。积分时需要注意两个问题：第一，作用在质点上的力可以是常力，也可以是变力。变力可以是时间的函数、距离的函数、速度的函数或同时是上述三种变量的函数。因此，在求解第二类质点动力学问题的过程中，进行积分运算时，需要依据力的不同表达式，进行合理的变量代换。第二，要确定积分常数。因此必须事先知道问题的运动初始条件，当力的函数关系比较复杂时上述积分将会很困难，有时甚至只能得到它们某种程度的近似解。

下面举例说明第二类问题的求解方法。

[例9-3] 炮弹以初速 v_0 与水平面成 α 角发射，若不计空气阻力，求炮弹在重力作用下的运动方程。

分析：炮弹可视为质点。要求质点的运动方程，必须先求出质点在任意时刻的加速度，然后根据质点的运动初始条件进行积分。质点仅受重力作用，故加速度可知。质点的运动轨迹为一平面曲线，可选直角坐标系。此题为典型的第二类质点动力学问题。

解：取炮弹为质点，选取坐标系如图9-3所示。炮弹仅受重力作用，其运动轨迹为 Oxy 平面内的一平面曲线。应用直角坐标系中的质点运动微分方程，建立炮弹的运动微分方程：

$$m\frac{d^2x}{dt^2} = 0, m\frac{d^2y}{dt^2} = -mg \tag{9-7}$$

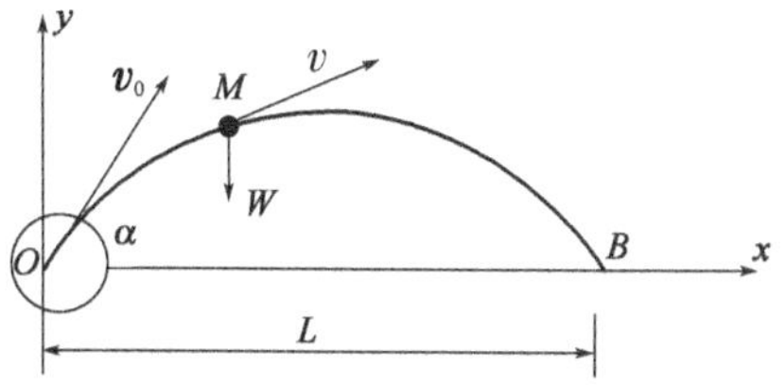

图 9-3

问题的初始条件式为，当 $t=0$ 时，$x=0$，$y=0$，$v_x = v_0\cos\alpha$，$v_y = v_0\sin\alpha$，该问题为在初始条件

下寻求方程组(9-7)的解。因此，原物理问题变为寻找微分方程组初值问题的解。注意到 $v_x = \frac{dx}{dt}, v_y = \frac{dy}{dt}$，式(9-7)可变为：

$$\frac{dv_x}{dt} = 0, \frac{dv_y}{dt} = -g$$

一次积分得：

$$v_x = c_1, v_y = -gt + c_2$$

利用初始条件可解得两个积分常数为：

$$c_1 = v_0\cos\alpha, c_2 = v_0\sin\alpha$$

则有：

$$v_x = v_0\cos\alpha, v_y = v_0\sin\alpha - gt \tag{9-8}$$

对式(9-8)进行第二次积分，得炮弹的运动方程：

$$x\big|_0^x = v_0 t\cos\alpha\big|_0^t$$

$$y\big|_0^y = \left(-\frac{1}{2}gt^2 + v_0 t\sin\alpha\right)\bigg|_0^t$$

即得：

$$x = v_0 t\cos\alpha, y = -\frac{1}{2}gt^2 + v_0 t\sin\alpha \tag{9-9}$$

从式(9-9)中消去时间 t，得抛射体的轨迹方程：

$$y = x\tan\alpha - \frac{gx^2}{2v_0^2\cos^2\alpha}$$

可见，炮弹的运动轨迹是一抛物线。

当抛射体到达 L 时，$y = 0$，称 L 为射程。利用轨迹方程，令 $y = 0$，解出射程：

$$L = \frac{v_0^2}{g}\sin2\alpha \tag{9-10}$$

讨论：

(1)式(9-7)给出的运动规律并不对所有的时间 t 都适用。实际情况是，在运动方程中，当 $x = L$ 时，质点便停止下来，所以式(9-7)对 $t > \frac{2v_0\sin\alpha}{g}$ 的时间是没有意义的。

(2)由式(9-10)可知，在不计空气阻力的情况下，$\alpha = 45°$ 时，射程最远。

[**例 9-4**] 垂直于地面向上抛出一物体(如子弹、火箭等)，求该物体在地球引力作用下任一瞬时的运动速度及达到的最大高度。不计空气阻力，不考虑地球自转的影响。

解：选地心 O 为坐标原点，x 轴铅垂向上(图 9-4)。取物体为研究对象并视为质点。根据牛顿万有引力定律，它在任意位置 x 处受到地球的引力 F，方向指向地心 O，大小为：

$$F = f\frac{m_1 m}{x^2}$$

式中：f——万有引力常数；

m——物体质量；

m_1——地球质量；

x——物体到地心的距离。

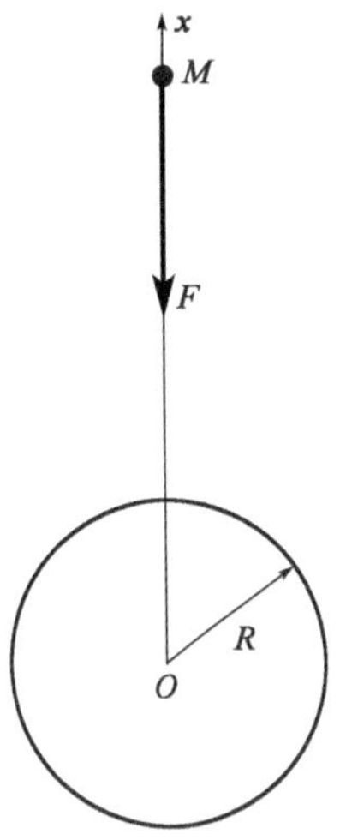

图 9-4

由于物体在地球表面受到的引力即为重力,故有:

$$-mg = -f\frac{m_1 m}{R^2}$$

即:

$$f = \frac{R^2 g}{m_1}$$

可得物体运动的微分方程为:

$$m\frac{\mathrm{d}^2 x}{\mathrm{d}t^2} = -F = -f\frac{mm_1}{x^2} = -\frac{mgR^2}{x^2}$$

即:

$$\frac{\mathrm{d}v}{\mathrm{d}t} = -\frac{gR^2}{x^2}$$

将上式改写为:

$$v\frac{\mathrm{d}v}{\mathrm{d}t} = -\frac{gR^2}{x^2}$$

分离变量,得:

$$v\mathrm{d}v = -gR^2 \cdot \frac{\mathrm{d}x}{x^2}$$

如设物体在地面发射时的速度为 v_0,在空中任意位置 x 处的速度为 v,初始条件为 $t=0$,$x=R$,$v=v_0$,对上式积分,有:

$$\int_0^v v\mathrm{d}v = \int_R^x -gR^2\frac{\mathrm{d}x}{x^2}$$

即:

$$\frac{1}{2}v^2 - \frac{1}{2}v_0^2 = gR^2\left(\frac{1}{x} - \frac{1}{R}\right)$$

由此得到任一位置的速度为:

$$v = \sqrt{(v_0^2 - 2gR) + \frac{2gR^2}{x}} \tag{9-11}$$

由式(9-11)可见,物体的速度将随 x 的增加而递减。如果 $v_0^2 < 2gR$,则在某一位置 $x = R + H$ 时,速度减小至零,此后物体将往回落下,H 为以初速度 v 向上发射所能达到的最大高度。将 $x=R+H$ 及 $v=0$ 代入上式,可得:

$$H = \frac{Rv_0^2}{2gR - v_0^2}$$

如果 $v_0^2 > 2gR$,则不论 x 有多大,甚至为无限大时,速度 v 都不会减小至零。因此,欲使物体向上发射而一去不复返时,必须具有的最小初速度为:

$$v_0 = \sqrt{2gR}$$

由上述例题可知,求解质点动力学第二类基本问题的前几个步骤与第一类基本问题大体相同。必须在正确分析质点的受力情况和质点的运动情况的基础上,列出质点的运动微分方程。求解过程一般需要进行积分,还要分析题意,合理应用运动初始条件确定积分常数,使问题得到确定的解。如果力是位置或速度的函数,往往需要采用分离变量法进行积分;当力是常量或时间的函数时,相对比较简单。

习题

9-1　如题9-1图所示,质量为 m 的球 A,用两根长为 l 的杆支承。支承架以匀角速度 ω 绕铅直轴 BC 转动。已知 $BC=2a$,杆 AB 及 AC 的两端均铰接,杆重忽略不计。求杆 AB、AC 所受的力。

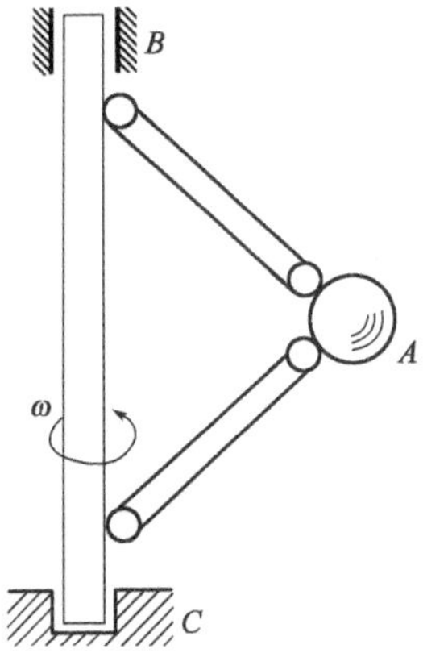

题9-1图

9-2　物块 A、B 的质量分别为 $m_1=100\text{kg}$,$m_2=200\text{kg}$,用弹簧连接如题9-2图所示。设物块 A 在弹簧上按 $x=20\sin 10t$ 作简谐运动(x 以 mm 计,t 以 s 计),求水平面所受压力的最大值与最小值。

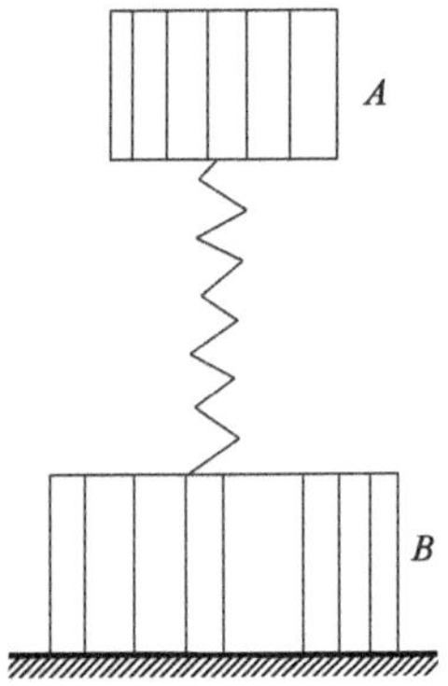

题9-2图

9-3　质量为 m 的物体 A 放在匀速转动的水平台上(题9-3图),它与转轴的距离为 R。若物体与转台表面的摩擦系数为 f,求物体不致因转台旋转而滑出转台的最大角速度 ω。

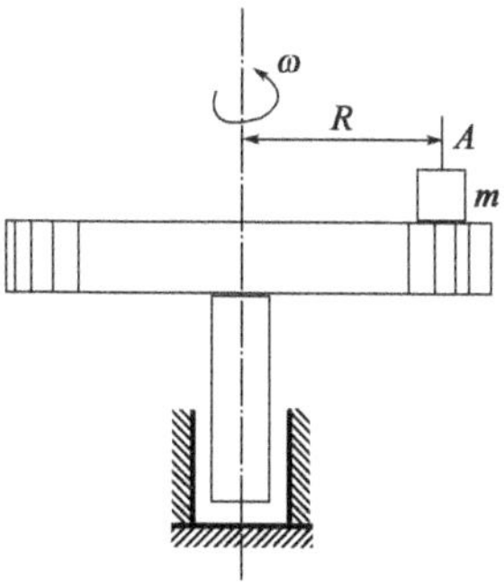

题 9-3 图

9-4　如题 9-4 图所示，小车以匀加速度 a 沿倾角为 θ 的斜面向上运动，在小车的平顶上放一重 G 的物块，随车一同运动。求物块与小车间的摩擦系数 f_s。

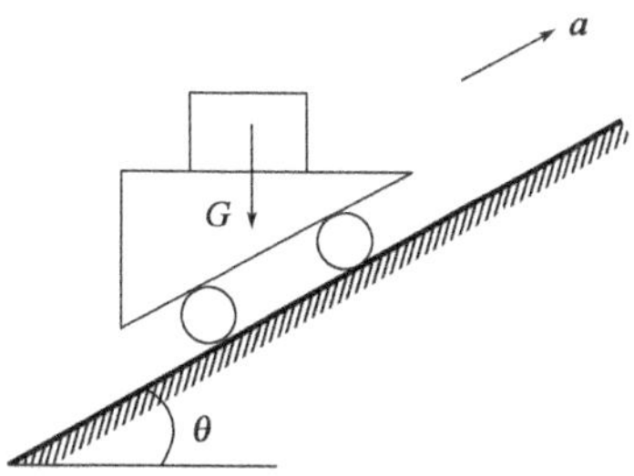

题 9-4 图

9-5　如题 9-5 图所示，质量为 5kg 的小球在铅垂面内向右摆动，已知绳长 1.2m，$\alpha = 60°$ 时，绳中的张力为 30N，求小球在该位置时的速度和加速度。

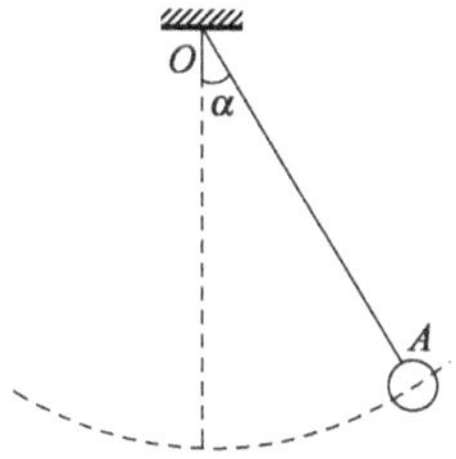

题 9-5 图

9-6　如题 9-6 图所示，质量为 m 的小球从斜面上 A 点开始运动，初速度 $v_0 = 5\text{m/s}$，方向与 CD 平行，不计摩擦。已知 $l = 1\text{m}$，$\alpha = 30°$。试求：①球运动到 B 点所需的时间；②距离 d。

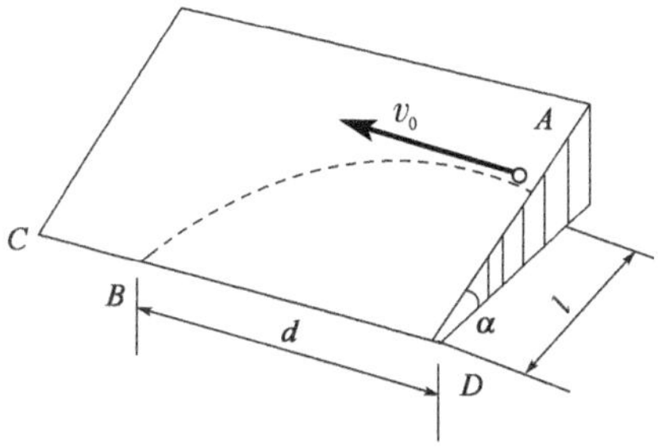

题 9-6 图

9-7　物体由高度 h 处以速度 v_0 水平抛出。空气阻力可视为与速度的一次方成正比,即 $F=-kmv$,其中 m 为物体的质量,v 为物体的速度,k 为常系数。求物体的运动方程和轨迹。

9-8　质量为 10kg 的物体,置于汽车底板上,汽车以 2m/s^2 的匀加速度沿平直马路行驶。已知物体与车板间动摩擦因数为 0.2,求汽车行驶 5s 后物体在车板上滑动的距离。

第 10 章

动量定理

从本章开始,研究动力学问题,即研究物体运动状态的改变与其所受作用力之间的关系。随着科学技术的飞速发展,各种机器向着精密和高速运动方向发展,从而使技术人员在研制这些机器时,必须对它们进行更为精确的动力学计算,这就需要涉及较广的动力学知识。

本书不可能涉及动力学的全部内容,只限于工程应用中的一些基本知识。

10.1 动量和冲量

10.1.1 动量

1)质点的动量

实践证明,物体运动的强弱程度,不仅与它的速度有关,而且还与它的质量有关。例如,一颗高速飞行的子弹,其质量虽小,但速度很大,因此可以打穿墙壁;又如轮船靠岸时,其速度虽小,但质量很大,如果司舵稍有疏忽,操作不当,致其与码头相撞,该力量足以碰坏码头。因此,用**质点的质量与速度的乘积来表征质点的一种运动量,称为质点的动量**,记为 $m\boldsymbol{v}$。这是物体机械运动强弱程度的一种度量。

质点的动量是矢量,动量的方向与质点速度的方向一致。它的单位是导出单位,等于质量单位与速度单位的乘积。在国际单位制中,动量的单位是 kg · m/s 或 N · s。

2)质点系的动量

质点系中各质点动量的矢量和称为质点系的动量。即:

$$\boldsymbol{P} = \sum_{i=1}^{n} m_i \boldsymbol{v}_i \tag{10-1}$$

式中:n——质点系中质点的个数;

m_i、$\boldsymbol{v}_i$——分别为质点系中第 i 个质点的质量和速度。

10.1.2 冲量

由常识可知，一个物体在力的作用下引起的运动变化，不仅与力的大小和方向有关，还与力的作用时间的长短有关。例如，推动车子时，用较大的力可以在较短的时间内达到一定的速度，若用较小的力，要达到同样的速度，就需要作用的时间长一些。因此，可以用力与力的作用时间的乘积来度量力在这段时间内对物体运动所产生的累积效应。**作用于物体上的力与其作用时间的乘积为力的冲量，用 I 表示**。力的冲量是矢量，它的方向与力的作用方向一致。冲量的单位为 N · s，与动量的单位一致。

当力 $\boldsymbol{F}$ 是常力，作用时间为 t 时，有：

$$I = Ft \tag{10-2}$$

当力 $\boldsymbol{F}$ 是变力时，应用微分的思想，可把变力 $\boldsymbol{F}$ 在 t_1 至 t_2 时间内的冲量写为：

$$I = \int_{t_1}^{t_2} \mathrm{d}I = \int_{t_1}^{t_2} F\mathrm{d}t \tag{10-3}$$

其中，$\mathrm{d}I = F\mathrm{d}t$ 称为变力 F 在 $\mathrm{d}t$ 时间内的元冲量。

10.2 动量定理

10.2.1 质点的动量定理

设质点质量为 m，速度为 v，作用力为 F，由牛顿第二定律可得：

$$m\frac{\mathrm{d}\boldsymbol{v}}{\mathrm{d}t} = F$$

可变换为：

$$\mathrm{d}(m\boldsymbol{v}) = F\mathrm{d}t = \mathrm{d}I$$

这是质点的动量定理的微分形式，即质点动量的增量等于作用于质点上的力的元冲量。对上式的时间 t 积分，有：

$$mv_2 - mv_1 = \int_{t_1}^{t_2} F\mathrm{d}t = I$$

这是质点的动量定理的积分形式，即在某一时间间隔内，质点动量的变化等于作用于质点的力在此段时间内的冲量。

［**例 10-1**］ 重量 $P = 300\mathrm{N}$ 的锻锤，自 $h = 1.5\mathrm{m}$ 的高处自由落到工件上，使工件产生变形，如图 10-1 所示，其变形经历的时间 $t = 0.01\mathrm{s}$，试求锻锤对工件的平均锻压力。

解：取锻锤为研究对象，锻锤自由落到工件上时所有的动量为：

$$mv_0 = \frac{P}{g}\sqrt{2gh} = \frac{300}{9.8} \times \sqrt{2 \times 9.8 \times 1.5} = 166(\mathrm{N \cdot s})$$

当锻锤与工件相碰后，锻锤的速度在0.01s后即减为零，因而此时锻锤的动量 mv 也为零，由于本题属于已知动量的改变，要求外力(工件对锻锤作用的力，与锻锤对工件的压力等值、反向)，故可用动量定理的积分形式。

在锻锤与工件相碰后到停止运动的这段时间间隔 t 中，作用在锻锤上的力有重力 P 和工件的反力 F_N。由于力 F_N 是在极短时间内迅速变化的，故可用平均值 F_N 来代替，因而力 F_N 在时间间隔 t 内冲量的大小可写成

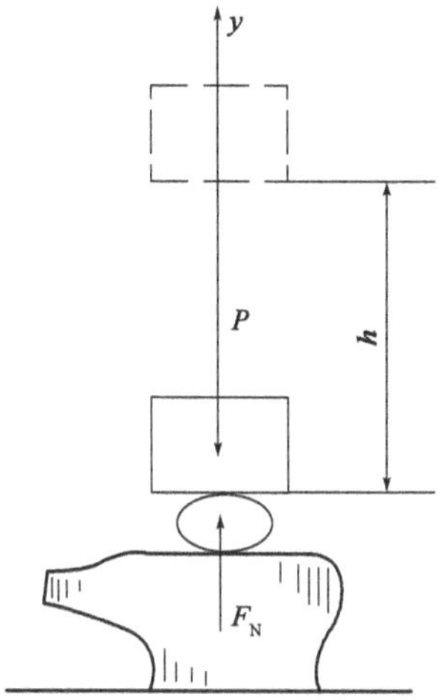

图 10-1

$$I = \int_0^t F_N \mathrm{d}t = F_N t$$

于是由动量定理的积分形式在铅垂方向的投影式可得：

$$p - p_0 = \int_0^t p \mathrm{d}t - \int_0^t F_N \mathrm{d}t$$

$$-166 = p \cdot t - F_N \cdot t = (300 - F_N) \times 0.01$$

解得：

$$F_N = 16.9\mathrm{kN}$$

10.2.2 质点系的动量定理

设由 n 个质点组成的质点系，第 i 个质点的质量为 m_i，速度为 v_i，作用于该质点的力有：质点系外部的物体作用于该质点上的力，称为外力，其合力记为 $\boldsymbol{F}_i^{(e)}$，以及质点系内部各质点对此质点的作用力，称为内力，其合力记为 $\boldsymbol{F}_i^{(i)}$。由质点的动量定理可得：

$$\frac{\mathrm{d}}{\mathrm{d}t}(m_i \boldsymbol{v}_i) = \boldsymbol{F}_i^{(e)} + \boldsymbol{F}_i^{(i)} \tag{10-4}$$

这样的方程共有 n 个，将 n 个方程两端分别相加得：

$$\sum_{i=1}^{n} \frac{\mathrm{d}}{\mathrm{d}t}(m_i \boldsymbol{v}_i) = \sum_{i=1}^{n} \boldsymbol{F}_i^{(e)} + \sum_{i=1}^{n} \boldsymbol{F}_i^{(i)} \tag{10-5}$$

由于质点系内质点相互作用的内力总是大小相等、方向相反地成对出现，因此内力矢量之和必然为零，即 $\sum_{i=1}^{n} \boldsymbol{F}_i^{(i)} = 0$。另一方面，

$$\sum_{i=1}^{n} \frac{\mathrm{d}}{\mathrm{d}t}(m_i \boldsymbol{v}_i) = \frac{\mathrm{d}}{\mathrm{d}t} \sum_{i=1}^{n} (m_i \boldsymbol{v}_i) = \frac{\mathrm{d}\boldsymbol{p}}{\mathrm{d}t} \tag{10-6}$$

于是有：

$$\frac{\mathrm{d}\boldsymbol{p}}{\mathrm{d}t} = \sum_{i=1}^{n} \boldsymbol{F}_i^{(e)} \tag{10-7}$$

这就是质点系动量定理的微分形式。即**质点系的动量对时间的导数，等于作用于质点系的全部外力的矢量和(或外力的主矢)**。上式表明，**质点系动量的改变只与外力有关，而与质点系的内力无关**。换言之，**内力不能改变质点系的动量，但可改变质点的动量**。

设 $t=0$ 时，质点系动量为 $\boldsymbol{p}_0$；时刻 t 时，动量为 $\boldsymbol{p}$，则可得：

$$\boldsymbol{p}-\boldsymbol{p}_0=\sum_{i=1}^{n}\int_0^t \boldsymbol{F}_i^{(e)}\mathrm{d}t=\sum_{i=1}^{n}\boldsymbol{I}_i^{(e)} \tag{10-8}$$

这就是质点系动量定理的积分形式,又称冲量定理。即在某一时间间隔内,质点系动量的改变量等于在这段时间内作用于质点系外力冲量的矢量和。

质点系动量定理的积分投影形式为:

$$p_x-p_{0x}=\sum_{i=1}^{n}I_x^{(e)},p_y-p_{0y}=\sum_{i=1}^{n}I_y^{(e)},p_z-p_{0z}=\sum_{i=1}^{n}I_z^{(e)} \tag{10-9}$$

这就是有限形式的质点系动量定理。

在特殊情况下,若质点系不受外力的作用,或作用于质点系的所有外力的矢量和等于零,即$\sum F=0$时,则由式(10-7)得:

$$\boldsymbol{P}=\sum m\boldsymbol{v}=常矢量 \tag{10-10}$$

这就表明,若作用于质点系的外力的矢量和恒等于零时,则该质点系的动量保持不变,这就是质点系的动量守恒定律。由此可见,内力及其冲量虽然可以改变质点系中质点间的动量互相交换,但是,不能改变整个质点系的动量,要改变质点系的动量,必须有外力的作用。

如果所有作用于质点系的外力在x轴上的代数和等于零,即由式(10-8)得:

$$P_x=\sum mv_x=常量$$

质点系的动量定理不包含内力,适用于求解质点系内部相互作用复杂的问题,如流体在管道中或叶片上的流动、射流对障碍面的压力以及碰撞问题等。只受内力作用需求速度的问题宜用动量守恒定律,守恒定律在研究各种反冲现象时得到广泛应用。

[例10-2] 已知水流流经变截面弯管的示意图(图10-2),设流体是不可压缩的理想流体,而且流动是定常的。求流体对管壁的作用力。

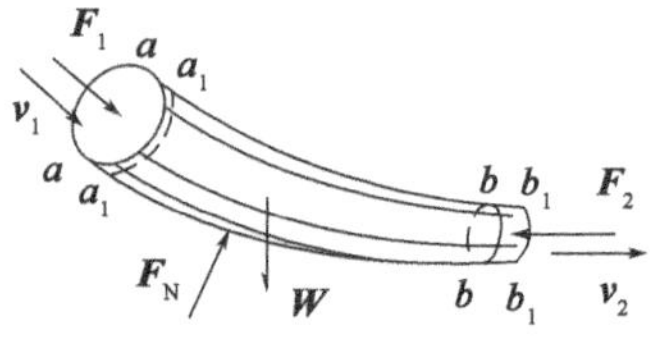

图 10-2

解:(1)研究对象

取管中aa截面和bb截面之间的流体为研究的质点系。

(2)受力分析

如图10-2所示,设流体密度为ρ,流量为q_v(流体在单位时间内流过截面的体积流量,定常流动时q_v是常量),在dt时间内,流过截面的质量为$\mathrm{d}m=\rho q_v\mathrm{d}t$,其动量改变量为:

$$\mathrm{d}p=p_{a_1b_1}-p_{ab}=(p_{a_1b}+p_{ab})-(p_{aa_1}+p_{a_1b})$$

即:

$$\mathrm{d}p=\beta\rho q_v(v_2-v_1)\mathrm{d}t$$

由

$$\frac{\mathrm{d}p}{\mathrm{d}t}=\sum F_i$$

得:

$$\rho q_v(v_2 - v_1) = W + F_1 + F_2 + F_N$$

令

$$F_N = F'_N + F''_N$$

其中，F'_N为管子对流体的静约束力，由下式确定：

$$W + F_1 + F_2 + F'_N = 0$$

则有：

$$F_N = \rho q_v(v_2 - v_1)\begin{cases} F_{Nx} = \rho q_v(v_{2x} - v_{1x}) \\ F_{Ny} = \rho q_v(v_{2y} - v_{1y}) \end{cases}$$

F''_N为流体流动时，管子对流体的附加动约束力。

可见，当流体流速很高或管子截面面积很大时，流体对管子的附加动压力很大，在管子的弯头处必须安装支座。

10.3 质心运动定理

10.3.1 质量中心

设由 n 个质点组成的质点系，其中任一点 M_i 的质量为 m_i，其矢径为 $\boldsymbol{r}$，各质点的质量之和为整个质点系的质量，即$\sum m = M$，则由矢径

$$\boldsymbol{r}_C = \frac{\sum m\boldsymbol{r}}{M} \tag{10-11}$$

所确定的几何点 C 称为质点系的质量中心（简称质心）。它的位置坐标为：

$$x_C = \frac{\sum mx}{M}, y_C = \frac{\sum my}{M}, z_C = \frac{\sum mz}{M} \tag{10-12}$$

10.3.2 质心运动定理

当质点系运动时，它的质心一般来说也在空间运动。由于质点系的动量等于质心速度与其全部质量的乘积。对式(10-11)的时间求导数，则得：

$$M\boldsymbol{v}_C = \sum m\boldsymbol{v} = \boldsymbol{p} \tag{10-13}$$

结合式(10-11)可得：

$$m\frac{d\boldsymbol{v}_C}{dt} = \sum_{i=1}^{n} F_i^{(e)} \tag{10-14}$$

对于质量不变的质点，式(10-14)变为：

$$\frac{d}{dt}(m\boldsymbol{v}_C) = \sum_{i=1}^{n} \boldsymbol{F}_i^{(e)} \tag{10-15}$$

即：

$$m\boldsymbol{a}_C = \sum_{i=1}^{n} \boldsymbol{F}_i^{(e)} \tag{10-16}$$

这就是质点系的质心运动定理。式(10-16)表明，质点系的质量与质心加速度的乘积等于作用于质点系外力的矢量和（即等于外力的主矢）。这一定理表明，质点系质心的运动，可看

成是质心具有质点系全部质量，且在其上作用有质点系的全部外力。由式(10-16)可知，内力不能改变质点系质心的运动状态。

动量定理的微分形式、积分形式，质心运动定理均是矢量形式，在应用时应取投影形式。质心运动定理直角坐标投影式为：

$$
\begin{aligned}
ma_{Cx} &= \sum F_x^{(e)} \\
ma_{Cy} &= \sum F_y^{(e)} \\
ma_{Cz} &= \sum F_z^{(e)}
\end{aligned}
\tag{10-17}
$$

自然坐标的投影为：

$$
\begin{aligned}
m\frac{\mathrm{d}v_C}{\mathrm{d}t} &= \sum F_\tau^{(e)} \\
m\frac{v_C^2}{\rho} &= \sum F_n^{(e)} \\
mF_b^{(e)} &= 0
\end{aligned}
\tag{10-18}
$$

在特殊情形下，若质点系不受外力的作用，或作用于质点系的所有外力的矢量和等于零，即$\sum F^e=0$，则$v_C=$常矢量，这就表明质心处于静止或作匀速直线运动。由此可见，若要改变质心的运动，必须有外力的作用；只有作用于质点系的内力，不能改变质心的运动。

如果所有作用于质点系的外力在x轴上的投影的代数和恒等于零，即$\sum F_x^e=0$，则$v_{Cx}=$常量，这就表明质心的横坐标x_C不变或质心沿x轴的运动是匀速的。

以上两种情况都称为质心运动守恒。

例如，汽车发动机汽缸内的压力对整个汽车来说是内力，内力不能使质心获得加速度，也就是不能直接推动整个车子前进；但发动机开动后，却可促使主动轮转动，使路面对于车轮作用了向前的摩擦力，这才是促使汽车前进的有用外力。同样的道理，人们在光滑的平面上只靠自身肌肉的力量是不能行走的。

质心运动定理虽然只是给出了质点系的质心这一点的运动规律，但却有很多用处，因为在许多实际问题中，质心的运动往往是问题的主要矛盾。例如发射的炮弹，由于自身的旋转，运动是很复杂的，但是若能知道它的质心运动规律，对射击来说就够了。又如采矿工程和土建水利工程中的定向爆破，爆破后土石的运动是很复杂的，但就它们的整体来说，如不计空气阻力，就只受重力作用，则质心的运动就像一个质点在重力作用下作抛射运动一样，因此只要控制好质心处的速度，就可使爆破后的土石抛掷到指定的地方。

质心运动定理是动量定理的另一种表达形式，在理论上也有重要意义。运动学中指出平动刚体可抽象为一个质点来研究，现在定理告诉我们这个点应是质心。当质点系尤其是刚体作一般运动时，其运动可以分解为随质心的平动和相对于质心的转动，应用质心运动定理如能求出质心的运动，也就确定了质点系或刚体的随同质心的平动，至于绕质心的转动，需应用下一章动量矩定理进行研究。

质心运动定理对于那些质心已知的质点系特别有用，因为定理中不包括内力，可直接去求作用于质点系上的未知外力；反之，若已知外力，则可应用这个定理去求质心的运动规律。对质点系在内力作用下求位移的问题，可应用质心守恒条件求解。

[例 10-3]　设有一电动机用螺栓固定在水平基础上如图 10-3 所示,电动机外壳及其定子重 P_1,质心 O_1 在转子的轴线上,转子重 P_2,质心 O_2 由于制造上的误差而与其轴线相距为 r,转子以匀角速度 ω 转动。求螺栓和基础对电动机的反力。

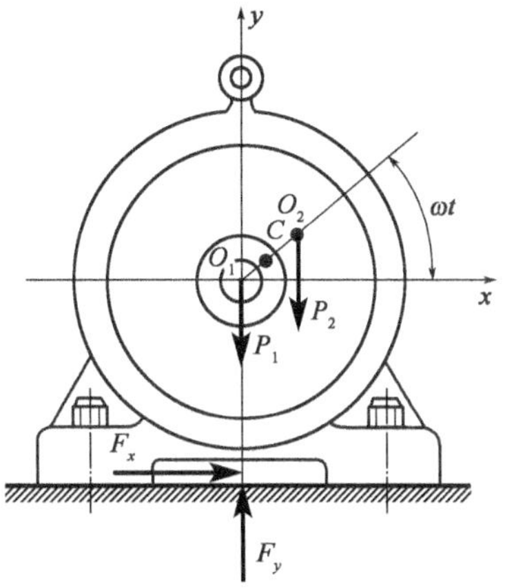

图　10-3

解:取电动机为质点系,作用于质点系的外力有重力 P_1、P_2 及约束反力 F_x、F_y。选固定坐标系 O_1xy,则外壳与定子的质心 O_1 的坐标为 $x_1=0$,$y_1=0$,而转子的质心 O_2 的坐标为 $x_2=r\cos\omega t$,$y_2=r\sin\omega t$,则电动机质心的坐标为:

$$x_C=\frac{P_1x_1+P_2x_2}{P_1+P_2}=\frac{P_2r\cos\omega t}{P_1+P_2}$$

$$y_C=\frac{P_1y_1+P_2y_2}{P_2+P_1}=\frac{P_2r\cos\omega t}{P_1+P_2}$$

根据质心运动定理,电动机质心 C 的运动微分方程为:

$$\frac{P_1+P_2}{g}\frac{d^2x_C}{dt^2}=-\frac{P_2}{g}r\omega^2\sin\omega t=F_x$$

$$\frac{P_1+P_2}{g}\frac{d^2y_C}{dt^2}=-\frac{P_2}{g}r\omega^2\cos\omega t=F_y-P_1-P_2$$

可见,由于转子偏心引起的水平和垂直方向的动反力都是随时间呈周期性变化的,其中附加动反力比静反力大得多,会引起基础的振动及机件的损坏,因此在设计安装时常需考虑附加动反力。

当 $F_y>0$ 时,F_y 是基础给电动机的动反力,而当 $F_y<0$ 时,F_y 是螺栓对于电动机的力。若不计摩擦的螺栓的预紧力时,F_x 是螺栓给电动机的力。实际上,一般是预先拧紧螺母,形成足够的预紧力,依靠电动机与基础间的摩擦力提供水平反力 F_x。

[例 10-4]　质量为 m 的三棱柱 A 置于光滑水平面上,其两斜面与水平面的夹角分别为 θ 和 β,如图 10-4 所示。物块 B 和物块 D 的质量分别为 m_B 和 m,通过不可伸长的柔绳相连接,分别置于三棱柱的斜面上。不计柔绳质量。试求当物块 B 由静止开始沿斜面下滑一段距离 l 时,三棱柱移动的距离。

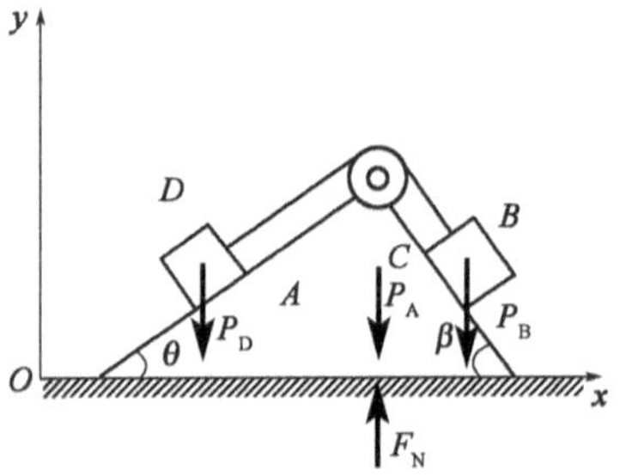

图 10-4

解:取三棱柱 A、物块 B 和物块 D 组成的系统为研究对象。

系统受到重力 P_A、P_B、P_D 和水平面法向反力 F_N 作用,它们在水平方向上的投影都等于零,所以,系统在水平方向上动量守恒。建立图示固结于水平面的坐标系 Oxy,则有 $v_{Cx}=0$,又因为初始时刻系统处于静止状态,故有:

$$x_{C0}=x_C=\text{常量}$$

式中,x_{C0}、x_C 分别表示系统质心 C 在系统静止和物块 B 下滑一段距离 l 时的横坐标。

设初始时三棱柱及两物块质心的横坐标分别为 x_{AO}、x_{BO}、x_{DO},根据质心坐标公式,有:

$$x_{C0}=\frac{m_A x_{AO}+m_B x_{BO}+m_D x_{DO}}{m_A+m_B+m_D}$$

设物块 B 沿斜面下滑一段距离 l 时,三棱柱沿 x 轴正方向移动了距离 Δx,则有:

$$x_C=\frac{m_A(x_{AO}+\Delta x)+m_B(x_{BO}+\Delta x+l\cos\beta)+m_D(x_{DO}+\Delta x+l\cos\theta)}{m_A+m_B+m_D}$$

由此可得:

$$\Delta x=\frac{l(m_B\cos\beta+m_D\cos\theta)}{m_A+m_B+m_D}$$

式中,负号表示三棱柱 A 实际上沿 x 轴负方向运动。

习题

10-1　如题 10-1 图所示,均质滑轮 A 的质量为 m,重物 M_1、M_2 的质量分别为 m_1、m_2,斜面倾角为 θ。已知重物 M_2 的加速度为 a,不计摩擦,求滑轮对转轴 O 的压力。

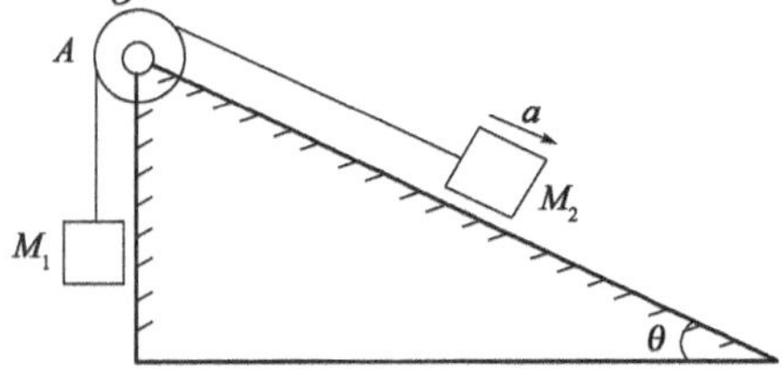

题 10-1 图

10-2 质量为 m_1 的物块 B,可沿水平光滑直线轨道滑动,质量为 m 的球 A,通过长为 l 的无重刚杆 AB 铰链于物块 B 上,如题 10-2 图所示。不计摩擦,已知 $\varphi = \omega t$。试求物块 B 的运动规律及轨道对物块 B 的压力。

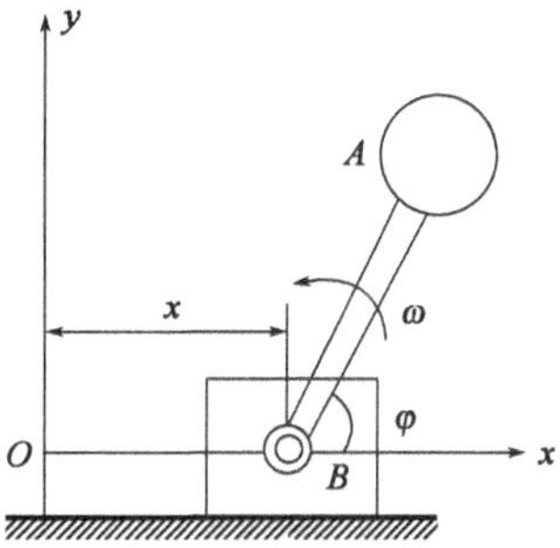

题 10-2 图

10-3 如题 10-3 图所示的系统中,均质杆 OA、AB 与均质轮的质量均为 m,OA 杆的长度为 l_1,AB 杆的长度为 l_2,轮的半径为 R,轮沿水平面作纯滚动。在图示瞬时,OA 杆的角速度为 ω,求整个系统的动量。

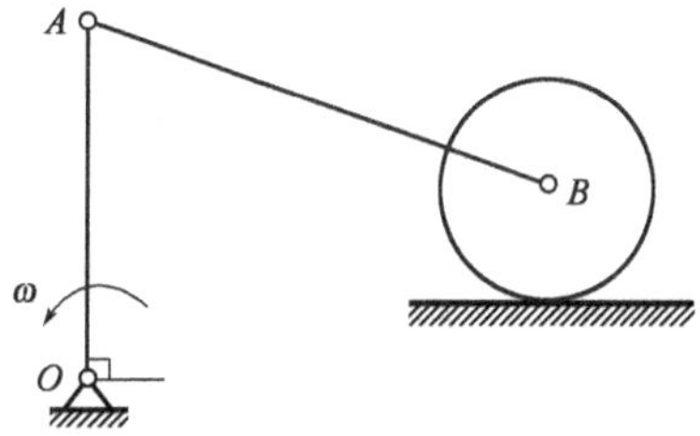

题 10-3 图

10-4 如题 10-4 图所示,均质杆 AB 长 $2l$,A 端放置在光滑水平面上。杆在如图位置自由倒下,求 B 点的轨迹方程。

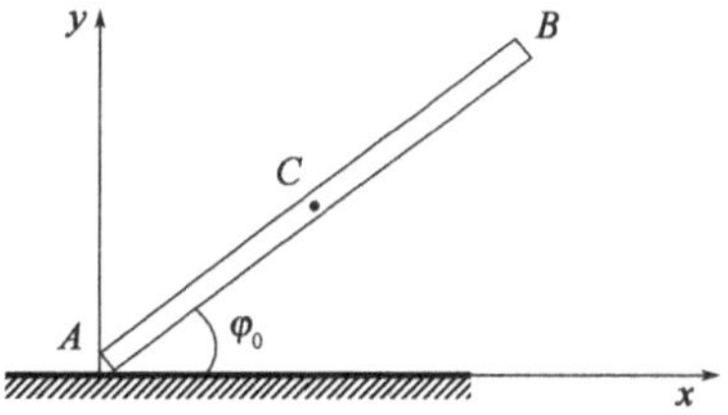

题 10-4 图

第 11 章

动量矩定理

第 10 章阐述的动量定理建立了作用力与动量变化之间的关系,揭示了质点系机械运动规律的一个侧面,而不是全貌。例如,圆轮绕质心转动时,无论怎么转动,圆轮的动量都是零,动量定理不能说明这种运动规律。动量矩定理则是从另一个侧面,揭示出质点系相对于某一定点或质心的运动规律。本章将推导动量矩定理并阐明其应用。

11.1 质点及质点系的动量矩

11.1.1 质点的动量矩

类似力对点之矩的定义,把质点 M 在某瞬时相对于某点 O 的矢径 $\boldsymbol{r}$ 与其动量 $m\boldsymbol{v}$ 的矢量积定义为质点在该瞬时对点 O 的动量矩。用矢量 $\boldsymbol{M}_O(m\boldsymbol{v})$ 表示,如图 11-1 所示。即:

$$\boldsymbol{M}_O(m\boldsymbol{v}) = \boldsymbol{r} \times m\boldsymbol{v} \tag{11-1}$$

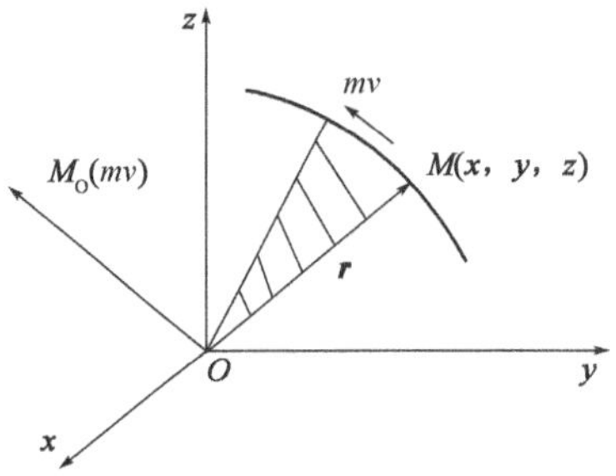

图 11-1

质点的动量矩表达质点绕某点转动的转动特征,是个瞬时矢量。其单位为(kg · m/s) · m = kg · m^2/s。

因为动量是矢量,就数学计算方法而言,力对点之矩的计算与动量对点之矩的计算是完全一样的,因此只要将力对点之矩的计算公式中的力矢量 $\boldsymbol{F}$ 用动量 $m\boldsymbol{v}$ 代替,算出的就是动量矩。

如以 O 为原点建立坐标系 $Oxyz$,则用矢量积表达动量矩的计算式为:

$$\boldsymbol{M}_0(m\boldsymbol{v})=\begin{vmatrix}\boldsymbol{i} & \boldsymbol{j} & \boldsymbol{k}\\ x & y & z\\ m\boldsymbol{v}_x & m\boldsymbol{v}_y & m\boldsymbol{v}_z\end{vmatrix}=(ym\boldsymbol{v}_z-zm\boldsymbol{v}_y)\boldsymbol{i}+(zm\boldsymbol{v}_x-xm\boldsymbol{v}_z)\boldsymbol{j}+(xm\boldsymbol{v}_y-ym\boldsymbol{v}_x)\boldsymbol{k}$$

即有:

$$[M_0(m\boldsymbol{v})]_x=M_x(m\boldsymbol{v})=m(y\boldsymbol{v}_x-z\boldsymbol{v}_y)$$
$$[M_0(m\boldsymbol{v})]_y=M_y(m\boldsymbol{v})=m(z\boldsymbol{v}_x-x\boldsymbol{v}_z)$$
$$[M_0(m\boldsymbol{v})]_z=M_z(m\boldsymbol{v})=m(x\boldsymbol{v}_z-y\boldsymbol{v}_x)$$

式中,$[M_0(m\boldsymbol{v})]_x$、$[M_0(m\boldsymbol{v})]_y$、$[M_0(m\boldsymbol{v})]_z$ 分别为动量矩在 x、y、z 各轴上的投影;$M_x(m\boldsymbol{v})$、$M_y(m\boldsymbol{v})$、$M_z(m\boldsymbol{v})$分别为动量对 x、y、z 各轴的矩;x、y、z 分别为质点 M 的直角坐标值;v_x、v_y、v_z 分别为质点该瞬时的速度在 x、y、z 各轴上的投影。这与力对点之矩与力对过该点的轴之矩的关系类似,即**质点动量对坐标轴之动量矩,等于质点动量对坐标原点的动量矩矢在该轴上的投影**。

[例 11-1] 质量为 m 的质点 C,绕 AB 轴以 ω 的角速度转动。当 ABC 平面与 Byz 平面重合时,C 点的坐标为$(0,a,b)$,如图 11-2 所示。求此时质点 C 对 B 点的动量矩。

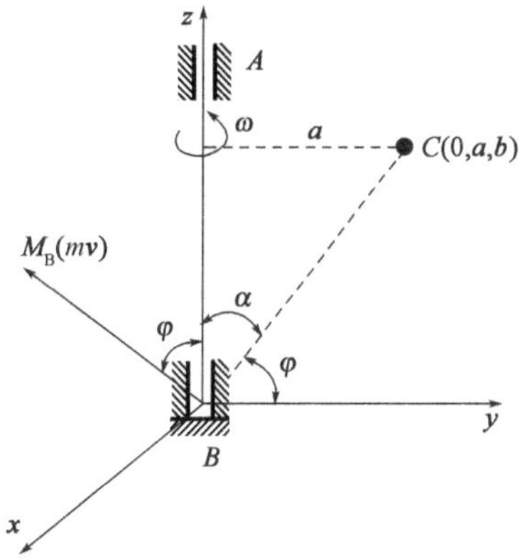

图 11-2

解:此时质点 C 的速度为:

$$v=-a\omega i$$

根据质点对轴的动量矩定义有:

$$\left.\begin{aligned}M_x(m\boldsymbol{v})&=0\\ M_y(m\boldsymbol{v})&=-mab\omega\\ M_z(m\boldsymbol{v})&=ma^2\omega\end{aligned}\right\}$$

其大小为:

$$|M_B(m\boldsymbol{v})|=ma_\omega\sqrt{a^2+b^2}$$

方向为:

$$\varphi = \arctan \frac{b}{a}$$

可见 $M_B(m\boldsymbol{v})$ 与 BC 垂直。

11.1.2 质点系的动量矩

质点系内各质点的动量对某固定点 O 之矩的矢量和，称为质点系对该点的动量矩，以 L_0 表示，即：

$$L_0 = \sum_{i=1}^{n} M_0(m_i v_i) = \sum_{i=1}^{n} (r_i \times m_i v_i) \tag{11-2}$$

同样，质点系内各质点对某轴之动量矩的代数和，称为质点系对该轴的动量矩。即：

$$L_z = \sum_{i=1}^{n} L_{zi} = \sum_{i=1}^{n} M_z(m_i v_i) \tag{11-3}$$

刚体平动时，可将全部质量集中于质心，作为一个质点计算其动量矩。

刚体绕定轴转动是工程中最常见的一种运动情况。设刚体绕固定轴 z 转动，某瞬时的角速度为 ω。在刚体内任取一质点 M_i，其质量为 m_i。到转轴的距离为 r_i，该质点对 z 轴的动量矩为：

$$M_z(m_i v_i) = (m_i r_i \omega) r_i = m_i r_i^2 \omega$$

于是，整个刚体对 z 轴的动量矩为：

$$L_z = \sum_{i=1}^{n} M_z(m_i v_i) = \sum_{i=1}^{n} m_i r_i^2 \omega = (\sum_{i=1}^{n} m_i r_i^2)\omega \tag{11-4}$$

式中，$\sum m_i r_i^2$ 是刚体内各质点的质量与该点到 z 轴的距离平方的乘积之和，称为刚体对轴的转动惯量，记为：

$$J_z = \sum_{i=1}^{n} m_i r_i^2 \tag{11-5}$$

可见，转动惯量 J_z 只与刚体本身的质量及其分布情况有关，与刚体的运动无关，是反映刚体转动惯性的一个特征量。

于是，定轴转动刚体对转动轴的动量矩为：

$$L_z = J_z \omega \tag{11-6}$$

即**绕定轴转动刚体对其转轴的动量矩等于刚体对转轴的转动惯量与转动角速度的乘积**。

11.2 动量矩定理

11.2.1 质点的动量矩定理

设质点的质量为 m，某瞬时相对于定点 O 的矢径为 $\boldsymbol{r}$，受合力为 $\boldsymbol{F}$，速度为 $\boldsymbol{v}$，将质点的动量矩 $M_O(m\boldsymbol{v})$ 对时间求一阶导数，得：

$$\frac{\mathrm{d}}{\mathrm{d}t} M_O(m\boldsymbol{v}) = \frac{\mathrm{d}}{\mathrm{d}t}(\boldsymbol{r} \times m\boldsymbol{v}) = \frac{\mathrm{d}r}{\mathrm{d}t} \times m\boldsymbol{v} + \boldsymbol{r} \times \frac{\mathrm{d}mv}{\mathrm{d}t}$$

由于 $\mathrm{d}\boldsymbol{r}/\mathrm{d}t = \boldsymbol{v}$，则上式右端的第一项为 $\mathrm{d}\boldsymbol{r}/\mathrm{d}t \times m\boldsymbol{v} = \boldsymbol{v} \times m\boldsymbol{v}$。显然 $\boldsymbol{v}$ 与 $m\boldsymbol{v}$ 同方向，二者的夹角为零。根据矢量积定义 $\boldsymbol{v} \times m\boldsymbol{v} = 0$，故得：

$$\frac{\mathrm{d}}{\mathrm{d}t}M_O(m\boldsymbol{v}) = \boldsymbol{r} \times \frac{\mathrm{d}(m\boldsymbol{v})}{\mathrm{d}t} \tag{11-7}$$

由质点的动量定理可知：

$$\frac{\mathrm{d}}{\mathrm{d}t}(m\boldsymbol{v}) = \boldsymbol{F}$$

即：

$$\frac{\mathrm{d}}{\mathrm{d}t}M_O(m\boldsymbol{v}) = \boldsymbol{r} \times \boldsymbol{F}$$

即：

$$\frac{\mathrm{d}}{\mathrm{d}t}M_O(m\boldsymbol{v}) = M_O(\boldsymbol{F}) \tag{11-8}$$

式(11-8)表明：**质点对某一固定点的动量矩对时间的一阶导数，等于同瞬时作用在该质点上的力对同一点的矩**。这就是质点的**动量矩定理**。

工程实际中，经常用到质点对固定轴的动量矩定理。将式(11-8)的两端分别向过 O 点的三个坐标轴投影，得：

$$\begin{cases} \dfrac{\mathrm{d}}{\mathrm{d}t}M_x(m\boldsymbol{v}) = M_x(\boldsymbol{F}) \\ \dfrac{\mathrm{d}}{\mathrm{d}t}M_y(m\boldsymbol{v}) = M_y(\boldsymbol{F}) \\ \dfrac{\mathrm{d}}{\mathrm{d}t}M_z(m\boldsymbol{v}) = M_z(\boldsymbol{F}) \end{cases} \tag{11-9}$$

式(11-9)表明：**质点对定轴的动量矩对时间的一阶导数，等于作用于质点上的力对同一轴的矩**。这就是质点对固定轴的**动量矩定理**。

从质点的动量矩定理可以得到下列两个推论：

(1)如果作用在质点上的力始终通过某一固定点 O，则该力对此固定点的矩恒等于零，式(11-8)成为：

$$\frac{\mathrm{d}}{\mathrm{d}t}M_O(m\boldsymbol{v}) = 0$$

即：

$$M_O(m\boldsymbol{v}) = \text{恒矢量} \tag{11-10}$$

式(11-10)表明：**如果作用于质点上的力对某一固定点的矩恒等于零，则质点对该点的动量矩保持不变**。

(2)如果作用在质点上的力对 z 轴的矩等于零，则式(11-9)的第三式为：

$$\frac{\mathrm{d}}{\mathrm{d}t}M_z(m\boldsymbol{v}) = 0$$

即：

$$M_z(m\boldsymbol{v}) = \text{恒量} \tag{11-11}$$

式(11-11)表明：**如果作用在质点上的力对某一固定轴的矩恒等于零，则质点对该轴的动量矩保持不变**。

11.2.2 质点系的动量矩定理

设质点系有 n 个质点,第 i 个质点的质量为 m_i,速度为 $\boldsymbol{v}_i$,作用在其上的内力和外力分别是 $F_i^{(\mathrm{i})}$ 和 $F_i^{(\mathrm{e})}$。该质点对固定点 O 之动量矩为:

$$\boldsymbol{L}_{0i}=\boldsymbol{r}_i\times m_i\boldsymbol{v}_i$$

对时间 t 求导,则得:

$$\frac{\mathrm{d}\boldsymbol{L}_{0i}}{\mathrm{d}t}=\frac{\mathrm{d}\boldsymbol{r}_i}{\mathrm{d}t}\times m_i\boldsymbol{v}_i+\boldsymbol{r}_i\times m_i\frac{\mathrm{d}\boldsymbol{v}_i}{\mathrm{d}t}=\boldsymbol{v}_i\times m_i\boldsymbol{v}_i+\boldsymbol{r}_i\times m_i\frac{\mathrm{d}\boldsymbol{v}_i}{\mathrm{d}t}$$

其中,$\boldsymbol{v}_i\times m_i\boldsymbol{v}_i=0$,又由牛顿第二定律有:

$$m_i\frac{\mathrm{d}\boldsymbol{v}_i}{\mathrm{d}t}=F_i^{(\mathrm{i})}+F_i^{(\mathrm{e})}$$

因此有:

$$\frac{\mathrm{d}\boldsymbol{L}_{0i}}{\mathrm{d}t}=\boldsymbol{r}_i\times F_i^{(\mathrm{i})}+\boldsymbol{r}_i\times F_i^{(\mathrm{e})}$$

对上式求和得:

$$\sum\frac{\mathrm{d}\boldsymbol{L}_{0i}}{\mathrm{d}t}=\sum\boldsymbol{r}_i\times F_i^{(\mathrm{i})}+\sum\boldsymbol{r}_i\times F_i^{(\mathrm{e})}$$

即:

$$\frac{\mathrm{d}\boldsymbol{L}_{0}}{\mathrm{d}t}=\sum M_0(F_i^{(\mathrm{i})})+\sum M_0(F_i^{(\mathrm{e})})$$

根据内力的性质,易知上式等号右端第一项为零,故上式变为:

$$\frac{\mathrm{d}\boldsymbol{L}_{0}}{\mathrm{d}t}=\sum M_O(F_i^{(\mathrm{e})}) \tag{11-12}$$

这就是矢量形式的**质点系动量矩定理**。它表明:**质点系对于某一固定点的动量矩对时间的导数等于作用在该质点系上的所有外力对于同一点之矩的矢量和。**

应用时,取投影式

$$\left.\begin{aligned}\frac{\mathrm{d}L_x}{\mathrm{d}t}&=\sum M_x(F_i^{(\mathrm{e})})\\\frac{\mathrm{d}L_y}{\mathrm{d}t}&=\sum M_y(F_i^{(\mathrm{e})})\\\frac{\mathrm{d}L_z}{\mathrm{d}t}&=\sum M_z(F_i^{(\mathrm{e})})\end{aligned}\right\} \tag{11-13}$$

即**质点系对某一固定轴的动量矩对时间的导数,等于作用在质点系上的外力对同一轴之矩的代数和。**

由质点系动量矩定理可知,**质点系的内力不能改变质点系的动量矩,只有外力才能使质点系的动量矩发生变化。**

由质点系动量矩定理可知:

(1)若 $\sum M_O(F^{(\mathrm{e})})=0$,则 $\boldsymbol{L}_0=$ 恒矢量;

(2)若 $\sum M_z(F^{(\mathrm{e})})=0$,则 $\boldsymbol{L}_z=$ 恒量。

即若作用于质点系的所有外力对于某定点(或定轴)之矩的矢量和(力矩的代数和)等于

零,则质点系对于该点(或该轴)的动量矩保持不变。这一结论称为**质点系动量矩守恒定律**。

必须指出,上述动量矩定理的表达形式只适用于对固定点或固定轴。对于一般的动点或动轴,其动量矩定理具有更复杂的表达式,本书不讨论这类问题。

[**例 11-2**] 不可伸长的线 OM 长为 L,其 O 端固定,M 端系着重为 P 的小球,线与球可在铅直平面内摆动,不计线的重量,小球视为质点(图 11-3)。这种装置就是单摆,或称数学摆。设 $t=0$ 时摆线的偏角为 α。初速度为零,求摆的运动规律。

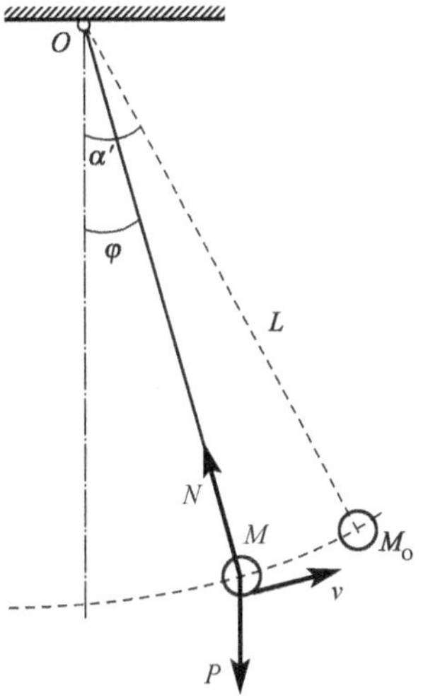

图 11-3

分析:单摆运动时,摆锤对 O 点的动量矩始终垂直于运动平面,因此,应用对 z 轴的动量矩定理就可建立其运动微分方程。

解:取摆锤为研究对象。其上受的力有摆锤的重力 P、绳子的张力 T(张力 T 始终通过悬挂点 O)。摆锤的运动轨迹为以 O 为圆心、以 L 为半径的圆弧,所以摆锤的速度 v 始终垂直于 OM。

对悬挂点 O 应用质点的动量矩定理,有:

$$\frac{\mathrm{d}}{\mathrm{d}t}\left(\frac{P}{g}L^2\dot{\varphi}\right)=-PL\sin\varphi$$

$$\ddot{\varphi}+\frac{g}{L}\sin\varphi=0 \tag{11-14}$$

对于微小摆动,$\sin\varphi\approx\varphi$,并令$\frac{g}{L}=p^2$,则式(11-14)可写为:

$$\ddot{\varphi}+p^2\varphi=0 \tag{11-15}$$

式(11-15)即为单摆的运动微分方程,这种微分方程的解具有如下形式:

$$\varphi=\alpha\sin(pt+\beta) \tag{11-16}$$

式中,α、β 是待定的积分常数,需由初条件决定。此处的初始条件为:

$$\begin{cases}\varphi(0)=\alpha\\ \dot{\varphi}(0)=0\end{cases} \tag{11-17}$$

将式(11-17)代入式(11-16),得:

$$\varphi = \alpha\cos pt \tag{11-18}$$

式(11-18)就是单摆的运动方程,其为周期运动,振动周期为:

$$T = \frac{2\pi}{p} = 2\pi\sqrt{\frac{L}{g}}$$

[例 11-3] 质量为 $m = 1\text{kg}$ 的小球,用两根长 $l = 0.6\text{m}$ 的不可伸长的绳连接在铅垂轴上,此时 $\theta_0 = 30°$,轴转动的角速度为 $\omega_0 = 15\text{rad/s}$,如图 11-4 所示。若滑块 A 向上移动 0.15m,则此时轴转动的角速度变为多少?

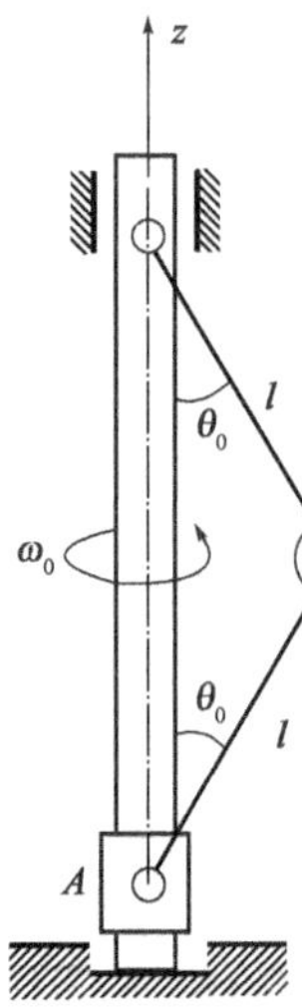

图 11-4

解:取系统为研究对象。系统受到的外力有小球 A 的重力和轴承的约束反力,这些力对于 z 轴的矩都等于零,所以系统对转轴的动量矩保持不变。

当 $\theta = 30°$ 时,小球对 z 轴的动量矩为:

$$L_{z1} = ml\sin\theta_0 \cdot \omega_0 \cdot l\sin\theta_0 = ml^2\omega_0\sin^2\theta_0$$

设 ω_1 和 θ_1 分别为滑块 A 向上移动 0.15m 时杆的转动角速度和绳与杆轴线的夹角。此时小球对 z 轴的动量矩为:

$$L_{z2} = ml^2\omega_1 \cdot \sin^2\theta_1$$

根据动量矩守恒定理 $L_{z1} = L_{z2}$,解得:

$$\omega_1 = \frac{\sin^2\theta_1}{\sin^2\theta_2}\omega_0 \tag{11-19}$$

式中,θ_1 未知,考虑几何条件:

$$2l\cos\theta_0 - 2l\cos\theta_1 = 0.15$$

解得:

$$\cos\theta_1 \approx 0.74, \sin^2\theta_1 \approx 0.45$$

代入式(11-19)可得:

$$\omega_1 \approx 8.31\text{rad/s}$$

11.3 刚体对轴的转动惯量

11.3.1 转动惯量

转动惯量是刚体转动时惯性大小的度量,其定义为:

$$J_z = \sum m_i r_i^2 \tag{11-20}$$

它不仅与整个刚体的质量大小有关,而且还与刚体质量的分布、轴的位置有关。同一刚体对于不同的轴,其转动惯量是不相同的。因此,求刚体的转动惯量时,应明确是对哪一个轴而言的。

如果刚体的质量是连续分布的,式(11-20)还以写成积分形式,即:

$$J_z = \int_V r^2 \mathrm{d}m \tag{11-21}$$

式中,V 表示整个刚体区域。

具有规则几何形状的均质刚体,其转动惯量均可按式(11-21)用积分法求得。对于形状不规则或质量非均匀分布的刚体,通常进行试验测定。

下面来计算几种均质简单形状物体的转动惯量。

(1)均质等截面直杆

设均质等截面直杆长为 l,质量为 m。如图 11-5 所示。求此杆对通过杆端 O 并与杆垂直的 z 轴的转动惯量 J_z。

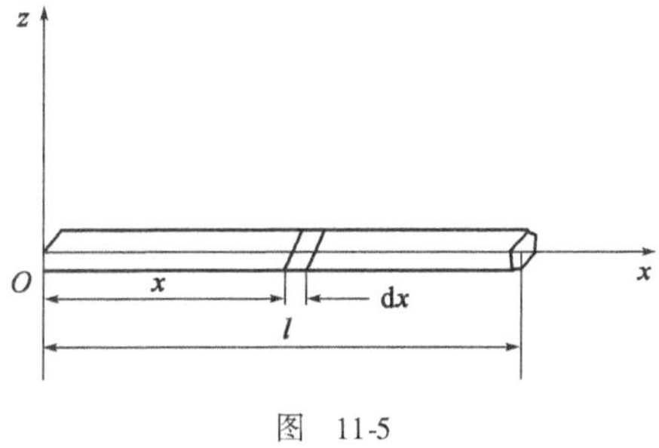

图 11-5

在杆中 x 处取长为 $\mathrm{d}x$ 的一段,其质量 $\mathrm{d}m = \frac{m}{l}\mathrm{d}x$,于是:

$$J_z = \int_0^l \frac{m}{l} x^2 \mathrm{d}x = \frac{1}{3} m l^2$$

(2)均质薄圆环

设圆环质量为 m,半径为 R,如图 11-6 所示,求过中心且与圆环所在平面垂直的转轴 z 的转动惯量 J_z。

将圆环分成许多微段,其中每一微段的质量为 m_i,它对 z 轴的转动惯量为 $m_i R^2$,故整个圆环对 z 轴的转动惯量为:

$$J_z=\sum m_iR^2=(\sum m_i)R^2=mR^2$$

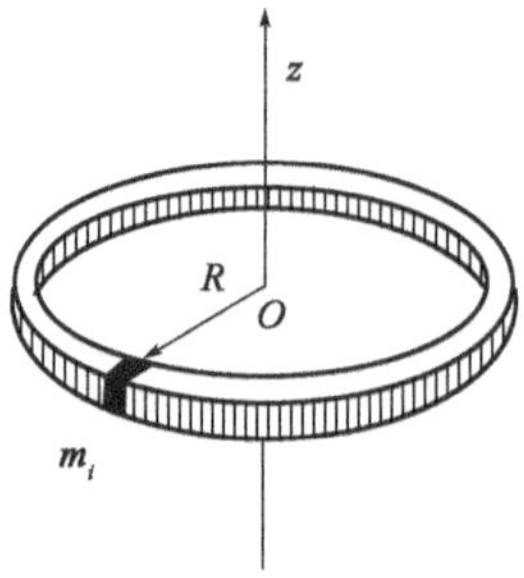

图 11-6

11.3.2 回转半径

通过上述计算,可知各物体转动惯量的计算公式一般是不同的。工程上,为了使用方便,将刚体转动惯量的计算设想为按一个质点的转动惯量来计算,从而得到一个统一的简单公式:

$$J_z=M\rho_z^2 \tag{11-22}$$

其中的当量长度ρ_z称为刚体对z轴的回转半径或惯性半径。

式(11-22)表明:**刚体对某一轴的转动惯量,等于刚体总质量与刚体对该轴回转半径平方的乘积。**

回转半径的单位与长度的单位相同。它的物理意义是:假想把刚体的全部质量集中到一点,使该点对原轴的转动惯量等于刚体对原轴的转动惯量,则该点到原轴的距离就是回转半径。

对几何形状相同的物体,J_z/M是一定的,即惯性半径是一定的。在机械工程手册中,列有简单几何形状或几何形状已标准化的零件的回转半径,可供工程技术人员查阅。表11-1列出了几种常见均质物体转动惯量的计算公式。其他情况可查阅有关的工程手册。由于同一物体对不同轴的转动惯量一般不相同,因此,查表时应注意表中指明的是哪一根轴线。

常见均质物体的转动惯量 表11-1

物体的形状	简　图	转动惯量	惯性半径
细直杆	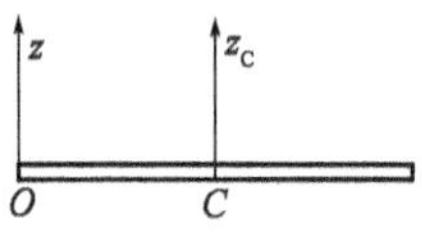	$J_C=\frac{m}{12}l^2$ $J_z=\frac{m}{3}l^2$	$\rho_c=\frac{l}{2\sqrt{3}}=0.289l$ $\rho_z=\frac{l}{\sqrt{3}}=0.578l$
薄壁圆筒 (包括细薄圆环)	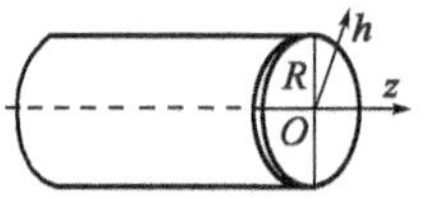	$J_z=mR^2$	$\rho_z=R$
圆柱 (包括薄圆板)	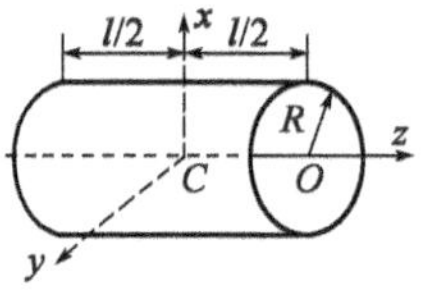	$J_z=\frac{1}{2}mR^2$ $J_x=J_y=\frac{m}{12}(3R^2+l)$	$\rho_z=\frac{R}{\sqrt{2}}=0.707R$ $\rho_x=\rho_y=\sqrt{\frac{1}{12}(3R^2+l)}$

续上表

物体的形状	简　图	转动惯量	惯性半径
空心圆柱	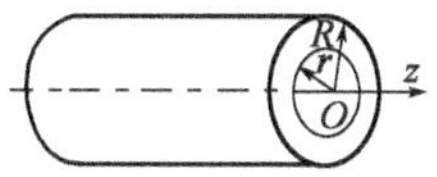	$J_z=\frac{m}{2}(R^2+r^2)$	$\rho_z=\sqrt{\frac{1}{2}(R^2+r^2)}$
实心球	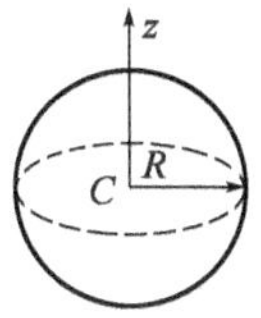	$J_z=\frac{2}{5}mR^2$	$\rho_z=\sqrt{\frac{2}{5}}R=0.632R$
矩形薄板	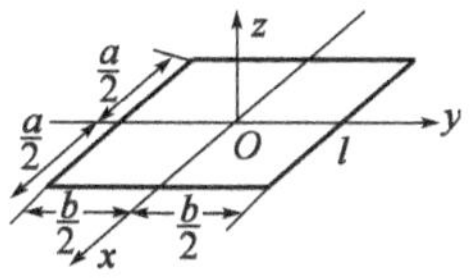	$J_z=\frac{m}{12}(a^2+b^2)$ $J_x=\frac{m}{12}b^2$ $J_y=\frac{m}{12}a^2$	$\rho_z=\sqrt{\frac{1}{12}(a^2+b^2)}$ $\rho_x=0.289b$ $\rho_y=0.289a$
立方体	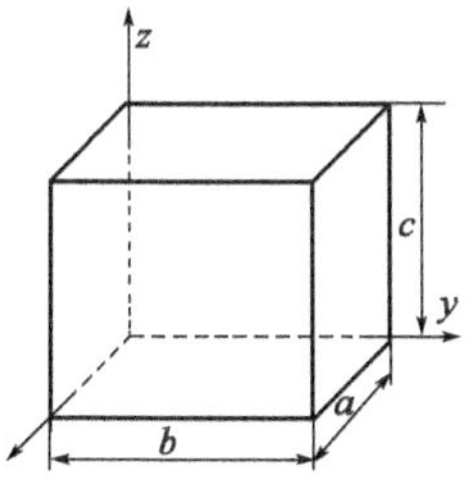	$J_z=\frac{m}{12}(a^2+b^2)$ $J_x=\frac{m}{12}(b^2+c^2)$ $J_y=\frac{m}{12}(a^2+c^2)$	$\rho_z=\sqrt{\frac{1}{12}(a^2+b^2)}$ $\rho_x=\sqrt{\frac{1}{12}(c^2+b^2)}$ $\rho_y=\sqrt{\frac{1}{12}(a^2+c^2)}$

11.3.3 转动惯量的平行移轴定理

定理:**刚体对任一轴的转动惯量,等于刚体对通过质心并与该轴平行的轴的转动惯量,加上刚体的质量与两轴间距离平方的乘积**,即:

$$J_z=J_{zC}+mL^2 \tag{11-23}$$

11.3.4 组合体的转动惯量

由转动惯量的定义可知:组合体对于某一轴的转动惯量,等于其中各简单形状物体对同一轴的转动惯量之总和。如果物体有空心部分,可把这部分质量视为负值处理。

[**例 11-4**] 冲击摆可近似看成由均质杆 OA 和均质圆盘 B 组成,如图 11-7 所示。已知杆的质量为 m_1,杆长为 L,圆盘的质量为 m_2,半径为 R,试求摆对通过杆端并与盘面垂直的轴 z 的转动惯量 J_z。

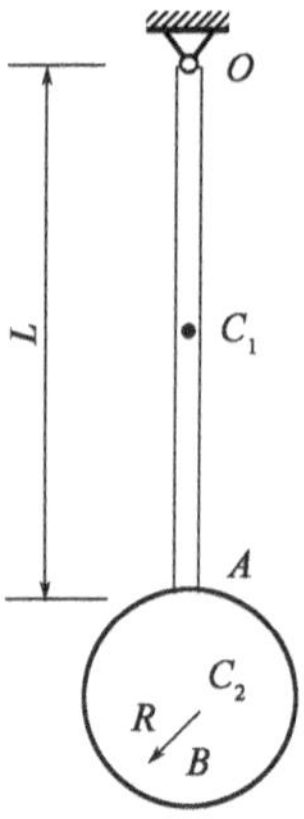

图 11-7

解：摆对 z 轴的转动惯量 J_z，等于杆对 z 轴的转动惯量 J_{1z} 与盘对 z 轴的转动惯量 J_{2z} 的和。

$$J_{1z} = \frac{m_1 L^2}{3}$$

$$J_{2z} = \frac{m_2 R^2}{2} + m_2 (L+R)^2 = \frac{1}{2} m_2 (3R^2 + 4RL + 2R^2)$$

所以

$$J_z = J_{1z} + J_{2z} = \frac{m_1 L^2}{3} + \frac{1}{2} m_2 (3R^2 + 4RL + 2R^2)$$

11.4 刚体的定轴转动微分方程

设一刚体绕固定轴 z 转动，在某瞬时 t 的角速度为 ω。如图 11-8 所示，则刚体对转动轴 z 的动量矩为：

$$L_z = J_z \omega \tag{11-24}$$

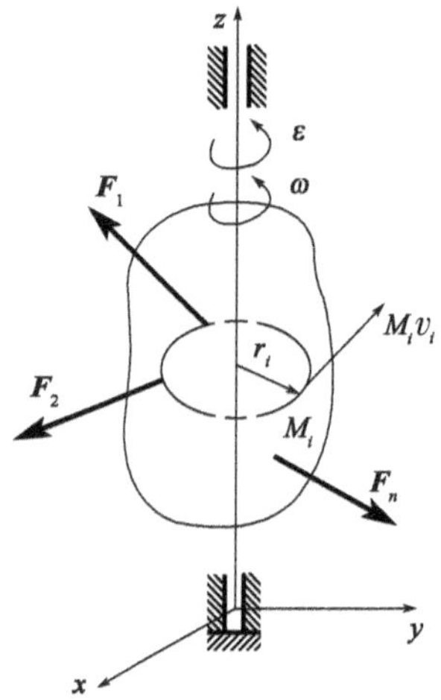

图 11-8

从式(11-18)可以看出，由于 J_z 恒大于零。所以 L_z 和 ω 同向。

将式(11-18)带入式(11-13),可得:

$$J_z\varepsilon = \sum m_z(F_i^{(e)}) \tag{11-25}$$

式(11-19)表明:**定轴转动刚体对转轴的转动惯量与角加速度的乘积,等于所有外力对转轴之矩的代数和。这就是刚体的定轴转动微分方程。**

由式(11-25)可以看出:

(1)式(11-25)与质点的运动微分方程相似,所以用它可以求解转动刚体动力学的两类问题。

(2)当外力对转轴之矩的代数和为零时,刚体作匀速转动。

(3)当外力对转轴之矩的代数和不为零时,刚体作变速转动。而且转动惯量越大,获得的角加速度越小,这说明刚体的转动状态变化得越慢,刚体的转动惯性越大,反之,则越小。因此,刚体的**转动惯量是刚体转动时惯性的度量**。

[例11-5] 闸轮重为P,半径为r,以角速度ω_0绕O轴转动,如图11-9a)所示。在闸块的制动下,经过时间t后停止转动。设闸块作用于闸轮的正压力N为一常力。若闸轮对O轴的转动惯量为J_0,闸块与闸轮之间的动滑动摩擦系数为f,轴承中的摩擦忽略不计。试求正压力N的大小。

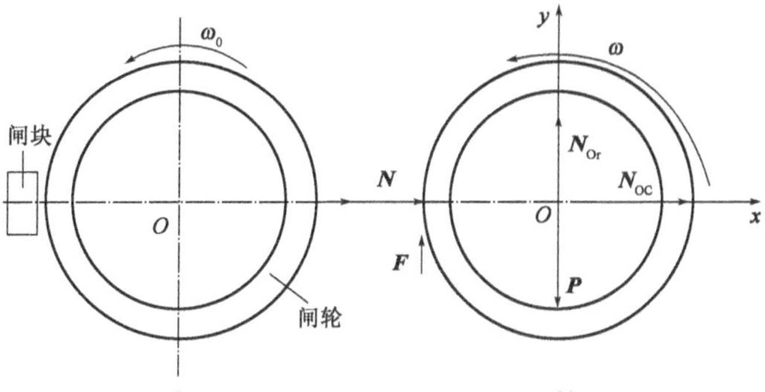

图 11-9

解:取闸轮为研究对象。作用在闸轮上的外力有重力$\boldsymbol{P}$,正压力$\boldsymbol{N}$,滑动摩擦力$\boldsymbol{F}$,轴承反力$\boldsymbol{N}_{0x}$和$\boldsymbol{N}_{0y}$。受力分析如图11-9b)所示。其中,只有$\boldsymbol{F}$对O轴有矩,其他各力的作用线都通过O轴,对O轴的矩都为零。

闸轮作定轴转动,设制动过程中的任一瞬时,闸轮的角速度为ω,角加速度为ε,转向如图11-9b)所示。则闸轮的转动微分方程和初始条件为:

$$J_0\frac{\mathrm{d}\omega}{\mathrm{d}t} = -Fr(F=N=\text{恒矢量}) \tag{11-26}$$

$$\begin{cases}\omega(0)=\omega_0\\ \omega(t)=0\end{cases} \tag{11-27}$$

解得:

$$N=\frac{J_0\omega}{Frt}$$

习题

11-1　如题 11-1 图所示，绞车鼓轮的半径为 R，其质量为 m_1 且假定质量均匀分布在圆周上(即将鼓轮看作圆环)，所起吊的重物质量为 m，绳子的质量不计。由电机传过来的主动转矩为 M，求重物上升时的加速度和绳子的拉力、绞车支座的反力。

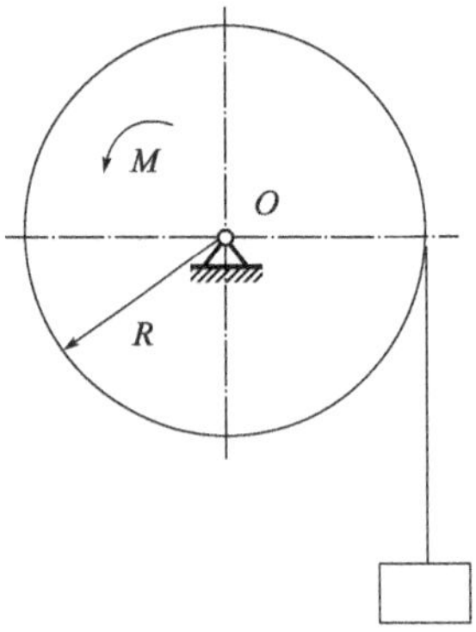

题 11-1 图

11-2　斜面提升装置如题 11-2 图所示。已知鼓轮的半径为 R，质量为 m_1，对转轴 O 的转动惯量为 J，作用在鼓轮上的力偶矩为 M。斜面的倾角为 θ，被提升的小车及重物质量为 m_2。设绳的质量和各处的摩擦忽略不计，求小车的加速度。

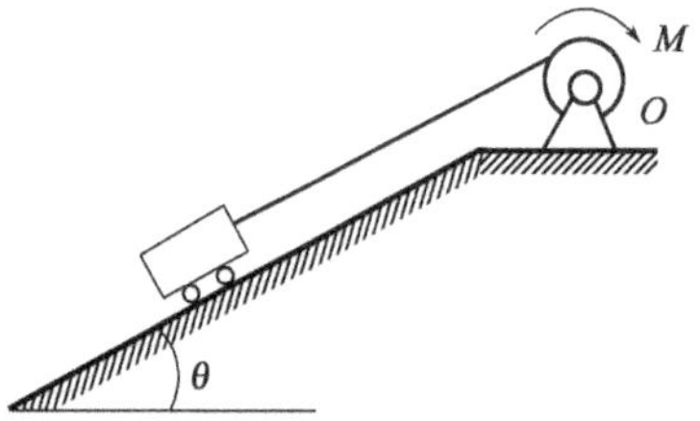

题 11-2 图

11-3　如题 11-3 图所示，电绞车提升一质量为 m 的物体，在其主动轴上作用有一矩为 M 的主动力偶。已知主动轴和从动轴连同安装在这两轴上的齿轮以及其他附属零件的转动惯量分别为 J_1 和 J_2，传动比 $z_1:z_2=i$，吊索缠绕在鼓轮上，此轮半径为 R。设轴承的摩擦和吊索的质量均略去不计，求重物的加速度。

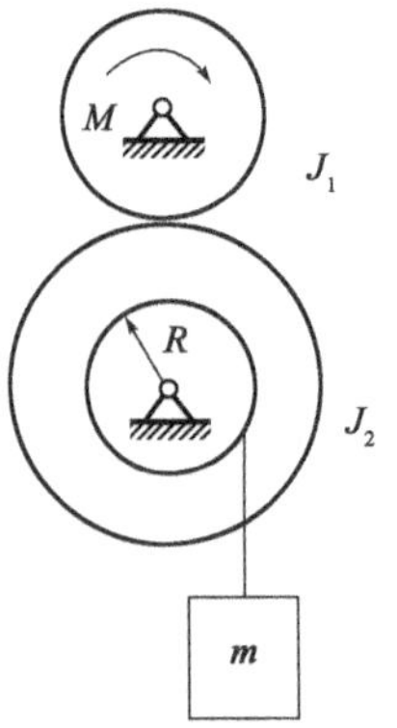

题 11-3 图

11-4　重物 A 质量为 m_1，系在绳子上，绳子跨过不计质量的固定滑轮 D，并绕在鼓轮 B 上，如题 11-4 图所示。由于重物下降，带动了轮 C，使它沿水平轨道滚动而不滑动。设鼓轮半径为 r，轮 C 的半径为 R，两者固连在一起，总质量为 m_2，对于其水平轴 O 的回转半径为 ρ。求重物 A 的加速度。

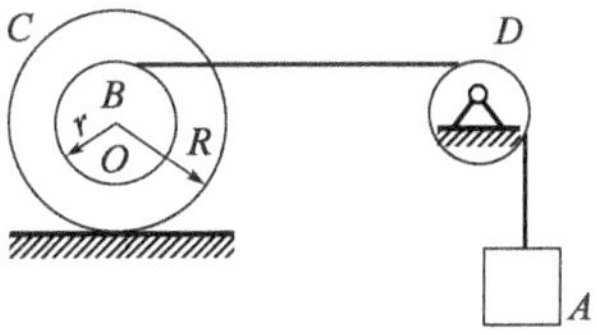

题 11-4 图

11-5　已知飞轮的转动惯量为 $J = 18\times10^3\,\text{kg}\cdot\text{m}^2$，在恒力矩 M 作用下由静止开始转动，经过 20s，飞轮的转速达到 120r/min。若不计摩擦的影响，求起动力矩 M。

11-6　如题 11-6 图所示，质量为 m 的直杆可以自由地在固定铅垂套管中移动，杆的下端搁在质量为 M、倾角为 α 的光滑的楔块上，而楔块放在光滑的水平面上，由于杆的压力，楔块向水平方向运动，因而杆下降，求两物体的加速度。

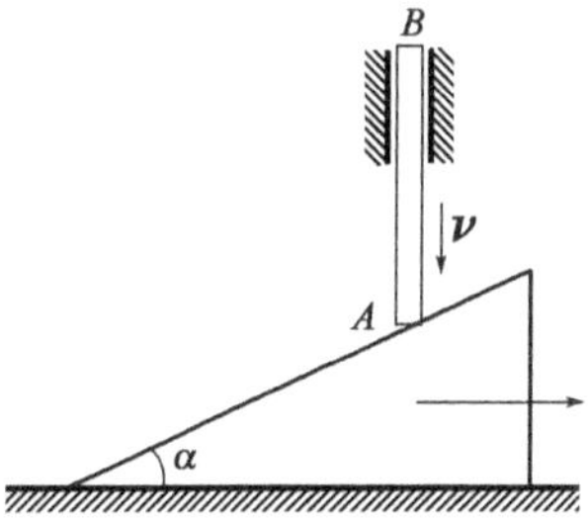

题 11-6 图

11-7　如题 11-7 图所示，均质圆盘的半径 $R = 180\text{mm}$，质量 $m = 25\text{kg}$。测得圆盘的扭转振动周期为 $T_1 = 1\text{s}$；当加上另一物体时，测得扭转振动周期为 $T_2 = 1.2\text{s}$。求所加物体对于转动轴的转动惯量。

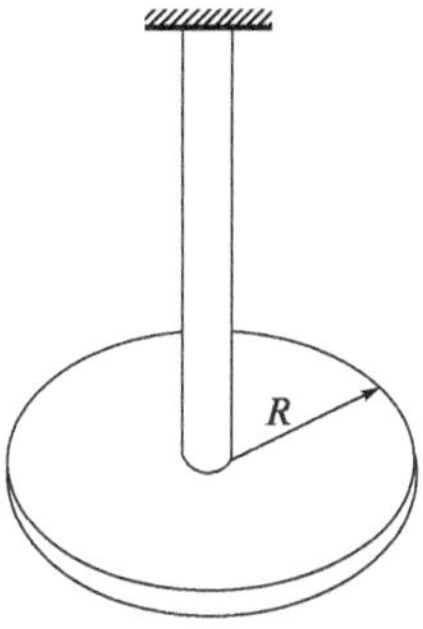

题 11-7 图

第12章 动能定理

我们知道,当质点系无外力作用时,它的动量和动量矩将保持不变。如果其中部分质点获得了动量或动量矩,则必定有另一部分质点损失同样多的动量或动量矩。这就是说,质点之间机械运动的传递,可以用动量、动量矩来量度。另一方面,质点之间这种机械运动的传递是靠相互作用的力来实现的。如果它们之间的作用力是摩擦力,那么质点之间在进行机械运动的传递过程中,将由摩擦力的存在而产生热量。即机械运动在质点之间进行相互传递的过程中,同时还可能存在着机械运动和热运动之间的互相转换过程。一般来说,不仅质点之间的机械运动可以互相传递,而且质点的机械运动还可以和其他的运动,如热的、光的和电的运动进行相互转换。机械运动和其他各种运动形态的转换,将以能量来度量。物体由于运动而具有的能量称为物体的动能。本书不研究机械运动和其他各种运动相互转换的规律,而是研究物体的动能的改变和物体所受力之间的关系——动能定理,以及动能和势能之间的转换规律——机械能守恒定律。

12.1 力 的 功

12.1.1 常力在直线位移中的功

从物理学上知道,功是力对物体在一段路程中作用效果的积累。设一质点 M 在力 $\boldsymbol{F}$ 作用下沿直线运动,如图 12-1 所示,则此常力 $\boldsymbol{F}$ 在位移方向上的投影与其路程 s 的乘积,称为力 $\boldsymbol{F}$ 在路程 s 上所做的功,以 W 表示,即:

$$W=\boldsymbol{F}\times\boldsymbol{s}=Fs\cos\alpha \tag{12-1}$$

12.1.2 变力在有限曲线位移上做的功

为了计算变力在有限曲线路径中的功。先定义力在无限小位移中的元功。设变力 F 的作用点沿着曲线 AB 运动,如图 12-2 所示,力在 $\mathrm{d}s$ 路程中所做的功称为元功。由于 $\mathrm{d}s$ 是一个无穷小量,所以略去高阶小量后,可视 ds 为曲线切线上的一小段直线,其位移矢量即为 dr,力 $\boldsymbol{F}$ 在此微小路程中可视为常力矢,故力 $\boldsymbol{F}$ 在此微小路程上所做的功可表示为:

$$d'W = \boldsymbol{F} \cdot d\boldsymbol{r} = \boldsymbol{F} ds\cos(\boldsymbol{F}, d\boldsymbol{r})$$

或

$$d'W = F_x dx + F_y dy + F_z dz \tag{12-2}$$

式中,F_x、F_y、F_z 为力 F 在直角坐标轴上的投影,一般来说,它们均是力的作用点的坐标的函数。由高等数学知,式(12-2)等号右端不一定都能写成某个坐标函数的全微分,因此,用 $d'W$ 表示元功,而不用 dW 表示元功。$d'W$ 仅表示元功的一个微量。

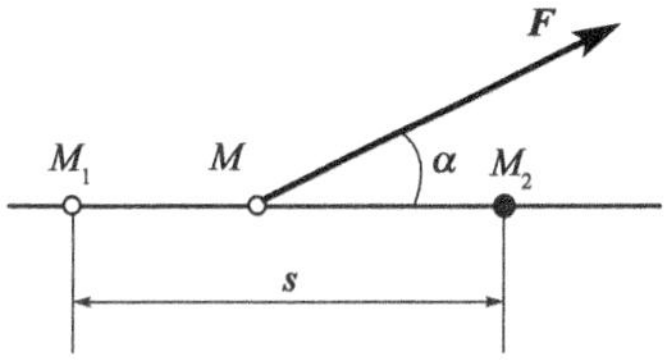

图 12-1

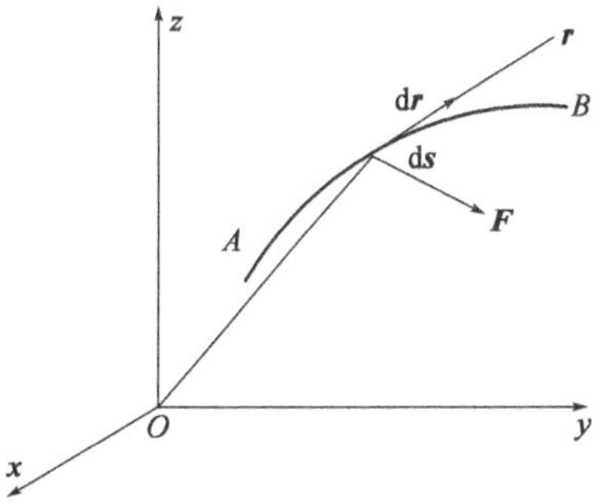

图 12-2

力在有限路程 AB 弧上的功可定义为力在此路程上所有元功之和,即:

$$W_{A,B} = \int_A^B F \cdot d\boldsymbol{r}$$

或

$$W_{A,B} = \int_A^B F_x dx + F_y dy + F_z dz \tag{12-3}$$

12.1.3 汇交力系合力之功

设有 n 个力 $\boldsymbol{F}_1, \boldsymbol{F}_2, \cdots, \boldsymbol{F}_n$ 同时作用于一点,则汇交力系有一合力 $F_R = \sum_{k=1}^{n} \boldsymbol{F}_k$,根据力的功之定义有:

$$W_{A,B} = \int_A^B F_R \cdot d\boldsymbol{r} = \int_A^B \sum_{k=1}^{n} \boldsymbol{F}_k \cdot d\boldsymbol{r} = \sum_{k=1}^{n} \int_A^B \boldsymbol{F}_k \cdot d\boldsymbol{r} = \sum_{k=1}^{n} W_k \tag{12-4}$$

式(12-4)表明,汇交力系的合力在有限路径上的功等于力系中各力在此路径上的功的代数和。

12.1.4 几种常见力的功的计算

1)重力的功

设质点系的质心 C 沿曲线由 A 运动到 B,如图 12-3 所示,则作用于质点的重力为:

$$F = -mg$$

即 $F_x = 0, F_y = 0, F_z = -mg$，因此，重力所做的功为：

$$W_{A,B} = \int_A^B -mg\mathrm{d}z = mg(z_A - z_B)$$

上式表明，**重力所做的功等于重力与质心下降距离的乘积**。由此可见，重力的功与质心(重心)运动轨迹无关，只与其起始位置的高度差有关。假设重心下降高度为 h，则重力的功可写为：

$$W_{A,B} = mgh$$

重心下降，重力所做的功为正；反之，则为负。

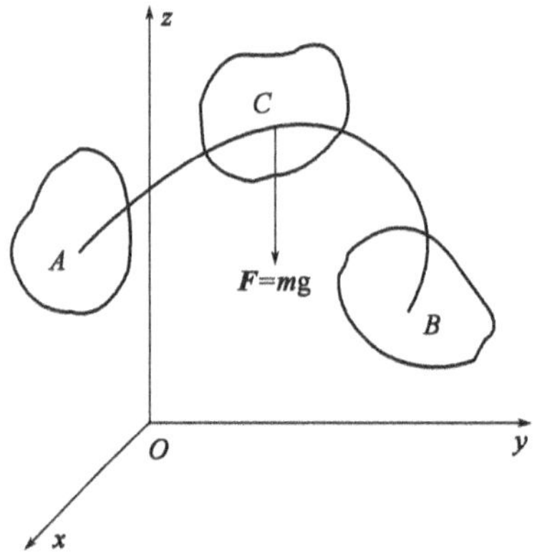

图 12-3

2)弹性力的功

设质点系上两点 C_1 和 C_2 以一直线弹簧连接，如图 12-4 所示。弹簧在其弹性限度内作用于 C_1、C_2 的力分别可以表示为：

$$F_1 = -k(l_0 - l)$$

$$F_2 = -F_1$$

式中，k 称为弹簧的刚度或者弹性系数，表示弹簧变形单位长度所作用的力；l_0 为弹簧的原长；$l = C_1C_2 = r_2 - r_1$。

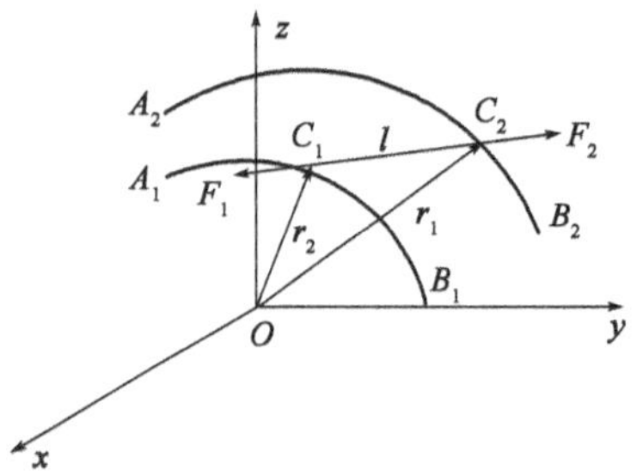

图 12-4

由元功的定义可知，F_1 和 F_2 的元功之和为：

$$d'W = d'W_1 + d'W_2 = F_1 dr_1 + F_2 dr_2 = -F_1 \cdot (dr_2 - dr_1) = -F_1 d(r_2 - r_1) = -F_1 \cdot dl$$

$$= k(l_0 - l) \cdot dl$$

由于

$$l \cdot dl = \frac{1}{2}d(l \cdot l) = \frac{1}{2}dl^2 = l dl$$

故

$$d'W = K(l_0 - l)dl = -k(l - l_0)d(l - l_0) = -k\delta d\delta$$

式中，$\delta = l - l_0$ 为弹簧的变形量。

设在同一时间内，C_1 从 A_1 运动至 B_1，C_2 从 A_2 运动至 B_2，则弹簧长度从 $A_1A_2 = l_1$ 变为 $B_1B_2 = l_2$，变形量从 $\delta_1 = l_1 - l_0$ 变为 $\delta_2 = l_2 - l_0$。F_1 和 F_2 所做功之和为：

$$W = \int d'W = \int_{\delta_1}^{\delta_2} -k\delta d\delta = \frac{1}{2}k(\delta_1^2 - \delta_2^2) \tag{12-5}$$

即**弹性力的功等于弹簧的刚度与其始末位置的变形量的平方差的乘积之半。**

3）摩擦力所做的功

物体受到摩擦时，由于动摩擦力 $F = \mu F_N$，且方向与运动方向相反，故动摩擦力的功为：

$$W = -\int_l \mu F_N dl$$

如果 F_N = 常量，则：

$$W = \mu F_N l \tag{12-6}$$

式中，l 为物体的运动轨迹。

值得注意的是，**只有动摩擦力才做功，静摩擦力由于没有相对位移，并不做功**。

12.2 动　　能

12.2.1 质点的动能

在物理学中，质点的动能等于质点的质量与其速度的平方的乘积的一半，它是机械运动强弱的度量，即质点运动的强弱程度不仅取决于质量的大小，还取决于速度的大小，用 T 表示动能，则：

$$T = \frac{1}{2}mv^2 \tag{12-7}$$

动能是一个大于或等于零的标量。国际单位制中，动能的单位为焦耳（J）。

12.2.2 质点系的动能

对于质点系而言，其动能等于各个质点的动能的总和，即：

$$T = \sum_{i=1}^{n} \frac{1}{2}m_i v_i^2 \tag{12-8}$$

12.2.3　刚体的动能

1)刚体的平动

平动刚体上各点的速度在同一瞬时相同,均等于刚体质心的速度 v_C,因而由式(12-8)可得:

$$T=\sum_{i=1}^{n}\frac{1}{2}m_iv_i^2=\frac{1}{2}v_C^2\sum_{i=1}^{n}m_i \tag{12-9}$$

对于总质量为 m 均匀分布的刚体,有:

$$T=\frac{1}{2}mv_C^2 \tag{12-10}$$

即**平动刚体的动能等于其总质量与质心速度平方乘积的一半**。

2)刚体的定轴转动

设刚体绕定轴 Oz 转动,某瞬时角速度为 ω,刚体内任一点的质量为 m_i,它到转轴的距离为 r_i,如图 12-5 所示,由式(12-10)得:

$$T=\sum_{i=1}^{n}\frac{1}{2}m_iv_i^2=\sum_{i=1}^{n}\frac{1}{2}m_i(\omega r_i)^2=\frac{1}{2}\omega^2\sum_{i=1}^{n}m_ir_i^2$$

式中:$\sum_{i=1}^{n}m_ir_i^2$——刚体对 Oz 轴的转动惯量。

故:

$$T=\frac{1}{2}J_z\omega^2 \tag{12-11}$$

即**刚体定轴转动的动能等于刚体对转动轴的转动惯量与角速度平方的乘积的一半**。

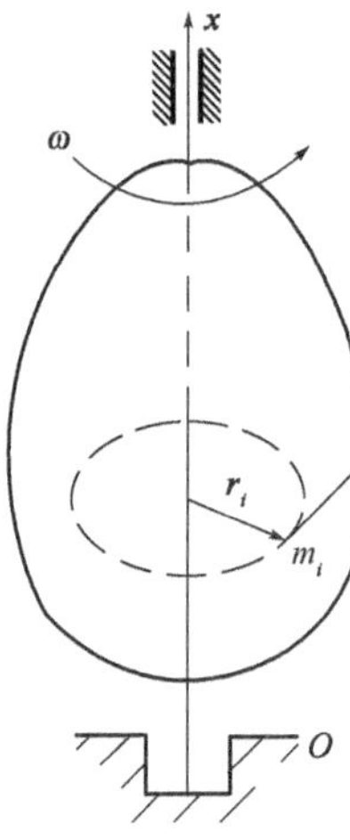

图　12-5

3)刚体的平面运动

刚体做平面运动时,可以视为绕瞬心 P 的瞬时转动,如图 12-6 所示,设刚体对瞬心 P 的转

动惯量为 J_p，则由式(12-11)得：

$$T=\frac{1}{2}J_p\omega^2 \tag{12-12}$$

由转动惯量的平行轴定理知：若 J_p 为刚体对质心 C 的转动惯量，r_C 为质心到瞬心的距离，则有 $J_p=J_C+mr_C^2$，代入式(12-12)得：

$$T=\frac{1}{2}J_C\omega^2+\frac{1}{2}mr_C^2\omega^2$$

由于 $v_C=r_C\omega_C$，故上式改写为：

$$T=\frac{1}{2}J_C\omega^2+\frac{1}{2}mv_C^2 \tag{12-13}$$

即刚体平面运动的动能等于刚体随质心的平动动能和绕质心的转动动能之和。

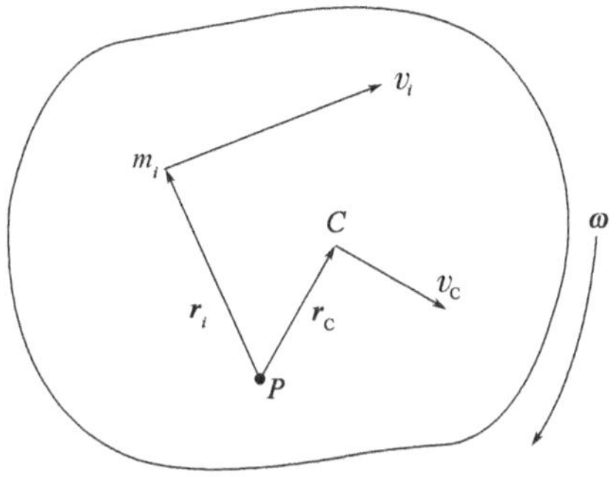

图 12-6

12.3 动 能 定 理

12.3.1 质点的动能定理

设质量为 m 的质点在力 $\boldsymbol{F}$(指合力)的作用下，沿某曲线运动，根据质点动力学基本方程有：

$$\boldsymbol{F}=m\boldsymbol{a}$$

将上式投影到切线方向，得：

$$m\frac{\mathrm{d}v}{\mathrm{d}t}=F_\tau$$

上式两边同乘以 $\mathrm{d}s$，并注意到 $\mathrm{d}s=v\mathrm{d}t$，得：

$$mv\mathrm{d}v=\mathrm{d}\left(\frac{1}{2}mv^2\right)=F_\tau\mathrm{d}s=\mathrm{d}W \tag{12-14}$$

式(12-14)说明，**质点动能的微分等于作用于质点上力的元功。这就是质点动能定理的微分形式。**

当质点从位置 M_1 运动到位置 M_2 时,它的速度从 v_1 变为 v_2(图 12-7)。设位置 M_1 和 M_2 的弧坐标分别为 S_1 和 S_2。对式(12-14)两边作相应的积分,得:

$$\int_{v_1}^{v_2} \mathrm{d}\left(\frac{1}{2}mv^2\right) = \int_{s_2}^{s_1} F_z \mathrm{d}s$$

或

$$\frac{1}{2}mv_2^2 - \frac{1}{2}mv_1^2 = W_{1,2}$$

式中,$W_{1,2}$ 表示质点从 M_1 运动到 M_2 过程中作用于质点上的力所做的功。即在任一段路程中,质点动能的改变,等于作用于质点上的力在这一段路程上所做的功。这就是质点动能定理的积分形式。

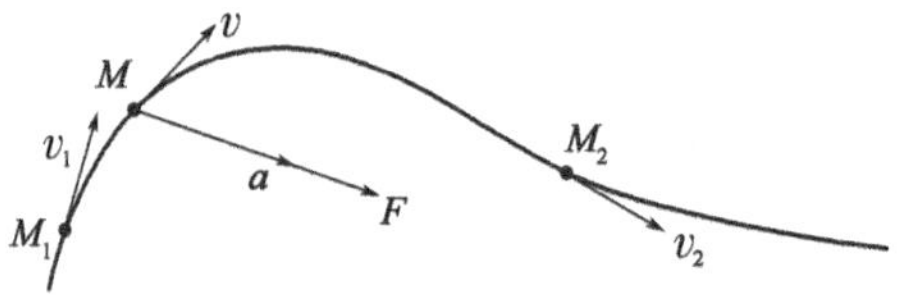

图 12-7

由此可知,动能并不等于功,只是动能的变化在数量上等于功。动能是描述质点某瞬时运动的量,而功则是表征力在某一段路程上作用效果的度量,力做功的结果使质点的动能发生改变。力做正功,质点的动能增加;力做负功,质点的动能减小。

12.3.2 质点系的动能定理

设由 n 个质点组成的质点系,将作用在该质点系上的力分为外力和内力。取质点系中任一质量为 m_i 的质点 M,速度为 v_i,根据质点的动能定理有:

$$\mathrm{d}\left(\frac{1}{2}m_i v_i^2\right) = \mathrm{d}W_i^{(\mathrm{e})} + \mathrm{d}W_i^{(\mathrm{i})}$$

式中,$\mathrm{d}W_i^{(\mathrm{e})}$ 和 $\mathrm{d}W_i^{(\mathrm{i})}$ 分别表示作用于质点 M_i 上的外力合力和内力合力的元功。

对质点系中的每个质点都可写出这样的一个方程,将这 n 个方程相加得:

$$\mathrm{d}\sum\frac{1}{2}m_i v_i^2 = \sum \mathrm{d}W_i^{(\mathrm{e})} + \sum \mathrm{d}W_i^{(\mathrm{i})}$$

或

$$\mathrm{d}T = \sum \mathrm{d}W_i^{(\mathrm{e})} + \sum \mathrm{d}W_i^{(\mathrm{i})} \tag{12-15}$$

将式(12-15)沿路径弧 M_1M_2 积分,可得质点系动能定理的积分形式。在理想约束的条件下,质点系的动能定理可写成以下的形式:

$$\mathrm{d}T = \sum \delta W^{(\mathrm{F})},\ T_2 - T_1 = \sum W^{(\mathrm{F})} \tag{12-16}$$

式(12-16)表明:**在任一段路程中,质点系动能的改变,等于作用在该质点系上所有外力和内力在同一段路程上所做的功之和。**这就是质点系动能定理的积分形式。

[**例 12-1**] 桥式起重机上的吊车吊着重物 A 沿横向作匀速运动,重物的质量为 m,速度为 v_0。由于突然原因紧急制动,重物因惯性必将绕悬挂点向前摆动,如图 12-8 所示。绳长为 L,求最大摆角 φ_m。

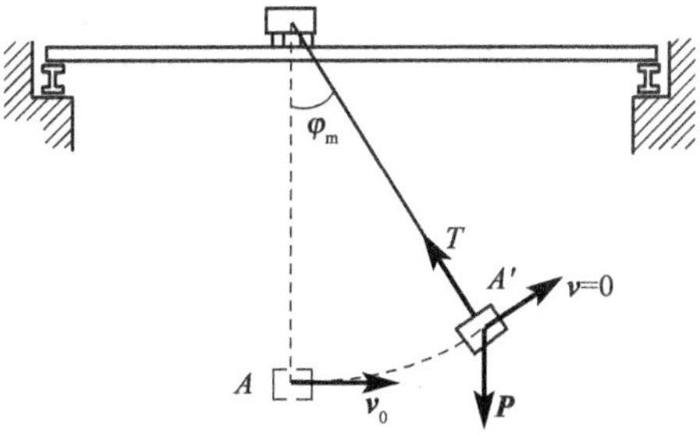

图 12-8

解：紧急制动时，重物 A 的动能为 $T=\frac{1}{2}mv_0^2$，当摆到最大摆角 φ_m 时，速度为零，此时对应的动能也为零。在重物的速度由 v_0 变为零的过程中，其摆动角位移刚好是 φ_m，所以可取重物 A 为研究对象，取速度从 v_0 到零的变化过程为研究过程，用积分形式的动能定理求解。解题的步骤大致如下：

(1) 选取研究对象和研究过程。这里以重物 A 为研究对象，摆角从零到 φ_m 为研究过程。

(2) 分析重物 A 的受力，计算力的功。重物受重力 P 和绳的张力 T 如图 12-8 所示，这里绳子不可伸长，是理想约束，所以 T 不做功，P 的功为：

$$W_{1,2}=-PL(1-\cos\varphi_m)$$

(3) 分析运动并计算动能。运动分析如图 12-8 所示，动能为：

$$T_1=\frac{1}{2}mv_0^2,T_2=0$$

(4) 应用定理列方程，求解并分析结果。根据积分形式的动能定理 $W_{1,2}=T_2-T_1$ 有：

$$0-\frac{1}{2}mv_0^2=-mgL(1-\cos\varphi_m)$$

解得：

$$\cos\varphi_m=1-\frac{v_0^2}{2gL}$$

[**例 12-2**] 升降机提升质量为 m 的重物 A 以速度 v_0 下降，如图 12-9 所示。若钢绳的上端突然被滑轮卡住，设钢绳的刚度为 k，质量不计，求钢绳的最大张力。

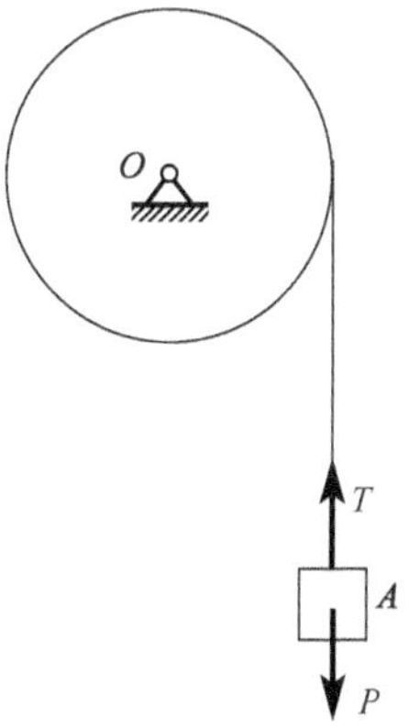

图 12-9

解:当绳的上端被卡住后,重物由于惯性还将继续下降,因而绳被拉长,其张力增加,一直增至重物的速度为零时止。在此过程中,重力和绳的张力做的功与绳的伸长量有关,而重物动能的减少量是已知的,故可用积分形式的动能定理先求绳的伸长量,再求出绳的张力。

以重物为研究对象,研究刚卡住瞬时到重物速度为零的瞬时这一过程。重物受重力 P 及绳子张力 T 作用,所做功为:

$$W_{1,2}=W_{1,2}(P)+W_{1,2}(T)=mg\lambda_{m}+\frac{1}{2}k[\delta_0^2-(\delta_0+\lambda_{m})^2]$$

式中,δ_0 为绳子未被卡住时的伸长量(静伸长),由于卡住前重物作匀速运动,故有:

$$mg=k\delta_0$$

于是力的功可写为:

$$W_{1,2}=mg\lambda_{m}-\frac{1}{2}k\lambda_{m}^2-k\delta_0\lambda_{m}=-\frac{1}{2}k\lambda_{m}^2$$

从绳子被卡住瞬时,重物以初速 v_0 向下作减速运动,下降 λ_{m} 后速度减为零,故若以卡住瞬时为状态1,$v=0$ 的瞬时为状态2,则有:

$$T_1=\frac{1}{2}mv_0^2,T_2=0$$

根据积分形式的动能定理,有:

$$0-\frac{1}{2}mv_0^2=-\frac{1}{2}k\lambda_{m}^2$$

解得:

$$\lambda_{m}=\pm\sqrt{\frac{m}{k}}v_0$$

舍去负值,再由胡克定律得绳的最大张力为:

$$T_{\max}=k(\delta_0+\lambda_{m})=mg\left(1+\frac{v_0}{g}\sqrt{\frac{k}{m}}\right)$$

习题

12-1　如题12-1图所示,圆盘的半径 $r=0.5$m,可绕水平轴 O 转动。在绕过圆盘的绳上吊有两物块 A、B,质量分别为 $m_A=3$kg,$m_B=2$kg 绳与盘之间无相对滑动。在圆盘上作用一力偶,力偶矩按 $M=4\varphi$ 的规律变化(M 以 N·m 计,φ 以 rad 计)。试求由 $\varphi=0$ 到 $\varphi=2\pi$ 时,力偶 M 与物块 A、B 的重力所做的功之总和。

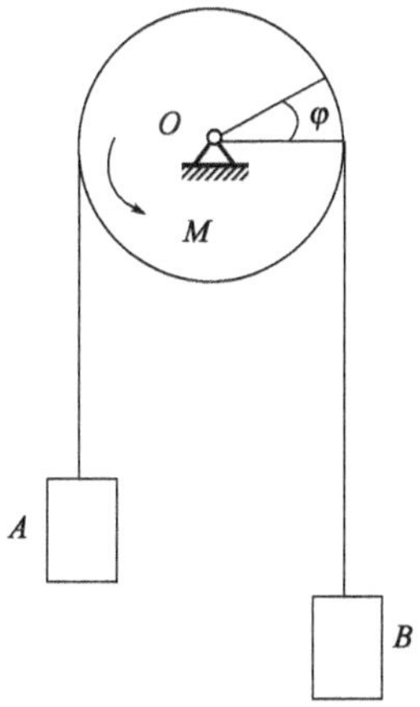

题 12-1 图

12-2　长为 l、质量为 m 的均质杆 OA 以球铰链 O 固定，并以等角速度 ω 绕铅直线转动，如题 12-2 图所示。如杆与铅直线的交角为 θ，求杆的动能。

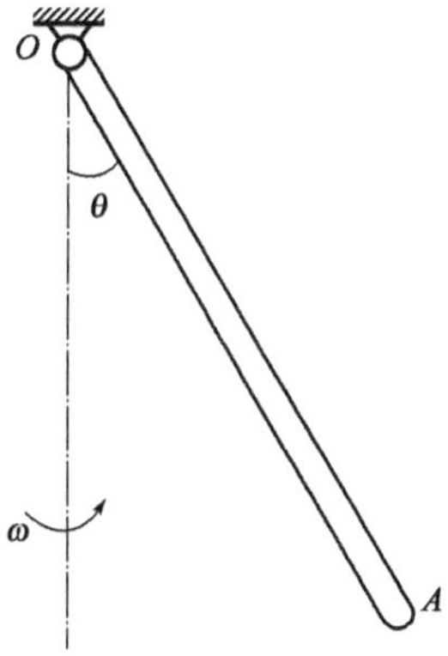

题 12-2 图

12-3　质量为 2kg 的物块 A 在弹簧上处于静止，如题 12-3 图所示。弹簧的刚性系数 $k=400\text{N/m}$。现将质量为 4kg 的物块 B 放置在物块 A 上，刚接触就释放它。求：①弹簧对两物块的最大作用力；②两物块得到的最大速度。

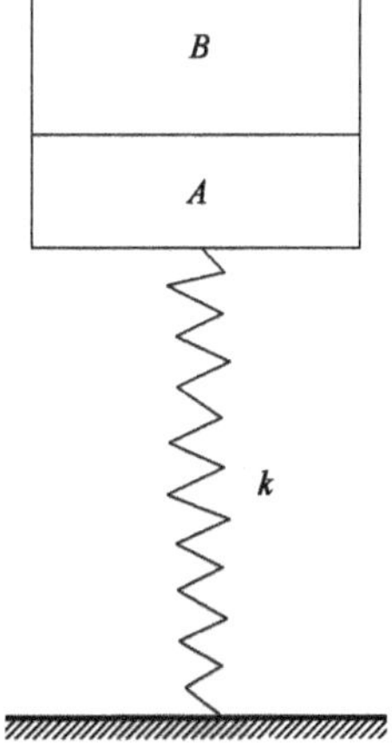

题 12-3 图

12-4　链条长 l,放在光滑的桌面上,如题 12-4 图所示。开始时链条静止,并有长度为 a 的一段下垂。求链条离开桌面时的速度。

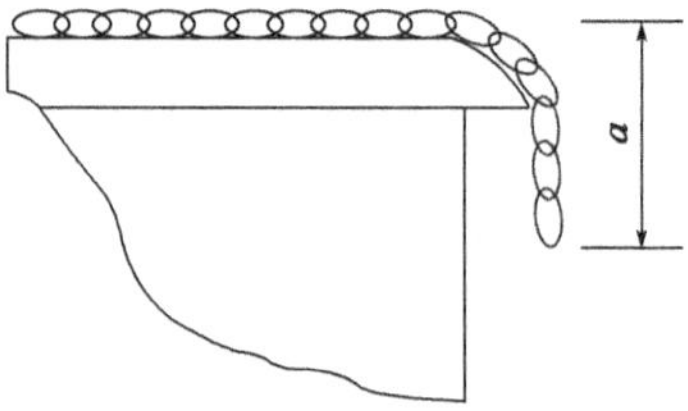

题 12-4 图

12-5　如题 12-5 图所示机构中,$AB = BC = 20\text{cm}$,已知一大小和方向均不变的水平力 $|F| = 100\text{N}$,并作用于 BC 的中点。求 AB 与水平的夹角 φ 由 $60°$ 转至 $30°$ 时力 F 所做的功。

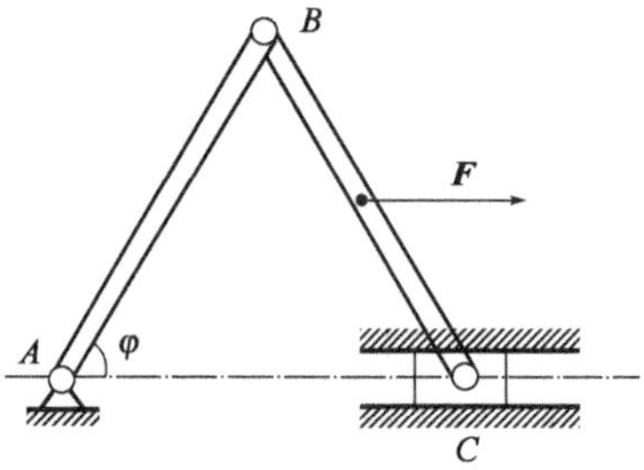

题 12-5 图

12-6　计算题 12-6 图所示各匀质物体的动能。设各物体的质量均为 m,各物体的尺寸及有关的角速度 ω 和速度 v 为已知。

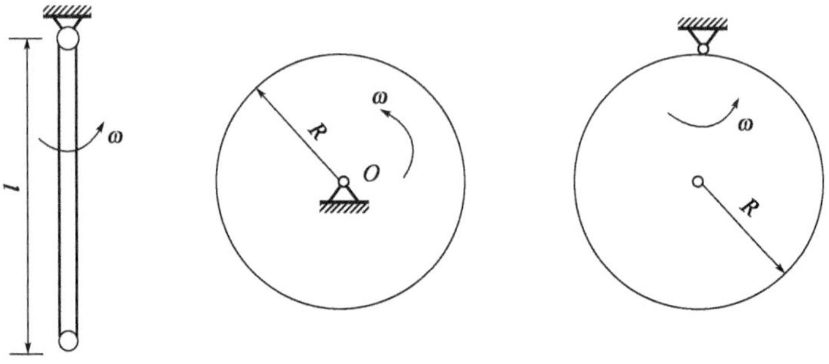

题 12-6 图

第 13 章 达朗贝尔原理

达朗贝尔原理为研究质点或质点系的动力学问题提供了一个新的普遍的方法。利用该原理研究非自由质点系的动反力问题时，更加显示了它的方便性。因此，这一原理在工程实际中广泛应用。

达朗贝尔原理是在引入了惯性力的基础上，用研究力系平衡问题的方法来研究动力学问题的，所以运用这一原理来解决动力学问题的方法又被称为动静法。

13.1 惯性力及其力系的简化

13.1.1 惯性力

惯性定律告诉我们：当物体受到另一个物体的作用而引起运动状态发生改变时，由于该物体具有惯性，力图保持其原有的运动状态，因此对施力物体有一个反作用力，这种反作用力称为**惯性力**。

例如，当人用手推小车使其运动状态发生改变时，若不计摩擦力，则小车在水平方向上只有手作用于小车上的力，如果小车的质量为 m，加速度为 $\boldsymbol{a}$，则由牛顿第二定律可得推力 $F = m\boldsymbol{a}$，同时，车对人手有反作用力 $F' = -F$，这个力即为小车的惯性力。

又如，绳子的一端系着一个质量为 m 的小球，令小球在水平面上作匀速运动，如图 13-1 所示，设小球的质量为 m，法向加速度为 $\boldsymbol{a}$，则小球受到的拉力为：

$$T = m\boldsymbol{a}$$

由作用力与反作用力定律知：小球作用于绳的反作用力为：

$$T' = -T = -m\boldsymbol{a}$$

综上所述，质点的惯性力定义如下：**质点惯性力的大小等于质点的质量与其加速度的乘积，方向与加速度方向相反，它不作用于运动质点本身，而作用于使质点运动状态发生改变的施力物体上。**

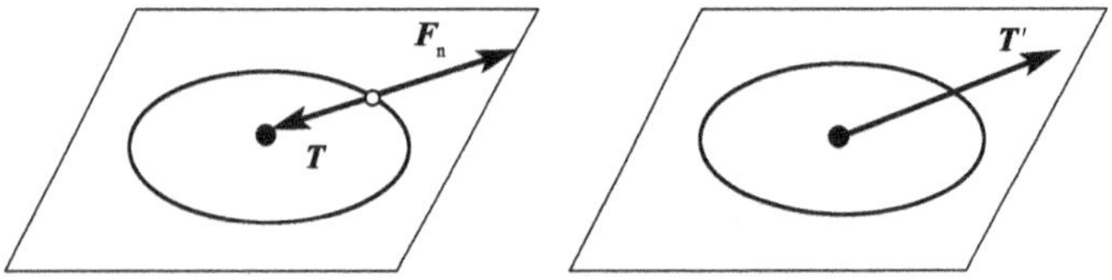

图 13-1

13.1.2 惯性力系及其简化

考虑由 n 个质点组成的质点系,如果其中第 i 个质点的质量为 m_i,加速度为 $\boldsymbol{a}_i$,惯性力 $\boldsymbol{F}_{gi}=m_i\boldsymbol{a}_i$,一共有 n 个这样的惯性力组成惯性力系,如果 n 个惯性力的作用线在同一个平面内,则称为**平面惯性力系**,否则为**空间惯性力系**。

由力系简化定理可知:惯性力系可以应用力的平移定理,向已知点 O 简化,简化的结果为作用于简化中心 O 的力和一个力偶,它们由惯性力系的主矢 F_{Rg}和主矩 M_g 决定。现在就常见的刚体平动、刚体的定轴转动和刚体的平面运动讨论如下。

惯性力的主矢 $\boldsymbol{F}_{Rg}$为:

$$\boldsymbol{F}_{Rg}=\sum\boldsymbol{F}_{gi}=\sum -m_i\boldsymbol{a}_i=-\sum m_i\boldsymbol{a}_i \tag{13-1}$$

对质心坐标公式 $r_C=\dfrac{\sum m_ir_i}{m}$的时间取二阶导数得:

$$m\boldsymbol{a}_C=\sum m_i\boldsymbol{a}_i \tag{13-2}$$

将式(13-2)代入式(13-1),得惯性力系的主矢为:

$$\boldsymbol{F}_{Rg}=m\boldsymbol{a}_C \tag{13-3}$$

由于主矢 $\boldsymbol{F}_{Rg}$与简化中心位置无关,因此,无论刚体做何种运动,惯性力系的主矢都等于刚体的总质量与质心加速度的乘积,方向与质心加速度的方向相反。

惯性力系的主矩 $\boldsymbol{M}_g$ 为:

$$\boldsymbol{M}_g=\sum\boldsymbol{M}_O(F_{gi})=\sum\boldsymbol{r}_i\times(-m_i\boldsymbol{a}_i) \tag{13-4}$$

由于惯性力系的主矩 M_g 与简化中心位置有关,即不同的简化中心有不同的值,故应分别讨论。

1)刚体平动

刚体做平动时,同一瞬时其上各点的加速度均等于质心的加速度 a_C,因而惯性力系为均匀分布在体积内的平行力系,如图 13-2 所示,将惯性力系向质心简化,得到惯性力系的主矢和主矩为:

$$\boldsymbol{F}_{Rg}=-m\boldsymbol{a} \tag{13-5}$$

$$\boldsymbol{M}_g=\sum M_C(\boldsymbol{F}_{gi})=\sum\boldsymbol{r}_i\times(-m_i\boldsymbol{a}_i)=-(\sum -m_i\boldsymbol{r}_i)\times\boldsymbol{a}_C \tag{13-6}$$

因 $\boldsymbol{r}_i$ 是各质点对质心的矢径,对于以质心 C 为原点的坐标系,有:

$$\sum -m_i\boldsymbol{r}_i=m\boldsymbol{r}_C=0 \tag{13-7}$$

故

$$\boldsymbol{M}_g=0 \tag{13-8}$$

刚体平动时,惯性力系简化为过质心的一个合力,其大小等于刚体的总质量与加速度的乘积,方向与质心加速度方向相反。

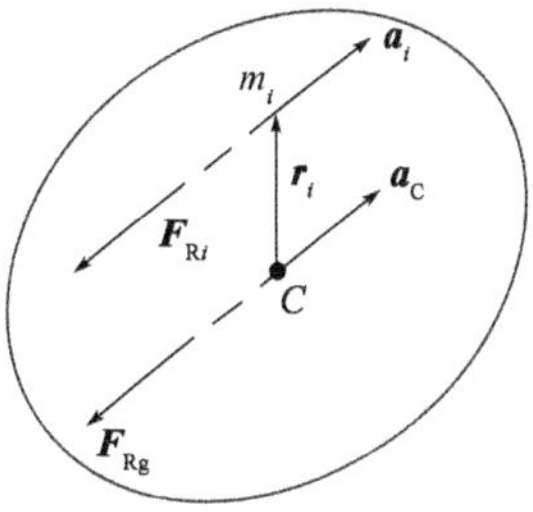

图 13-2

2)具有质量对称平面的刚体绕垂直于该平面的轴转动

在这种情况下,可将刚体的空间惯性力简化为在对称平面内的平面惯性力系,再将此平面惯性力系向对称平面与转轴的交点 O 简化,如图 13-3 所示,则惯性力系的主矢和主矩为:

$$F_{Rg} = -m\boldsymbol{a}_C$$

$$\boldsymbol{M}_g = \sum \boldsymbol{M}_O(\boldsymbol{F}_{gi}) = \sum \boldsymbol{M}_O(\boldsymbol{F}'_{gi}) = \sum(-m_i\boldsymbol{r}_i\alpha)\boldsymbol{r}_i$$
$$= -\sum(-m_i r_i^2)\alpha = -J_O\alpha$$

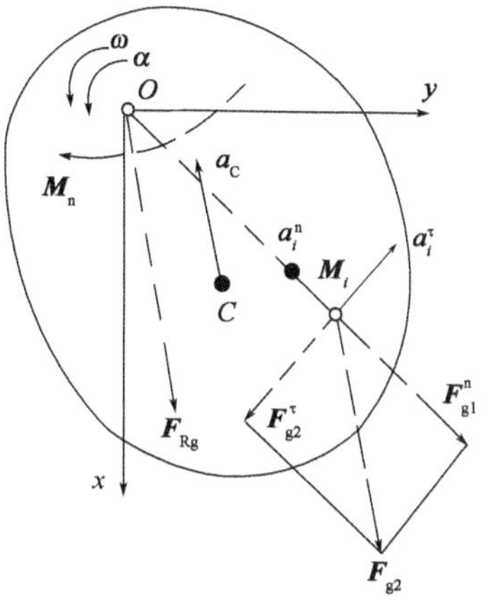

图 13-3

具有质量对称平面的刚体绕垂直于该平面的轴转动时,惯性力系简化为通过轴 O 的一力和一力偶,此力的矢量等于刚体的总质量与质心加速度的乘积,方向与质心加速度的方向相反;此力偶的力偶矩等于刚体对轴的转动惯量与角加速度的乘积,转向与角加速度的方向相反。

可得:

(1)若转轴 O 通过质心 C,则主矢为零,此时惯性力系简化为一力偶。

(2)若刚体匀速转动,则主矩为零,此时惯性力系简化为通过转轴 O 的一个力。

(3)若转轴 O 与质心 C 重合,且刚体匀速运动,则惯性力系的主矢和主矩均为零时,惯性力系为一平衡力系。

3)具有质量对称平面的刚体的平面运动

此时,仍可将刚体的空间惯性力系简化为对称平面内的平面惯性力系。由于平面运动可以分解为随同质心 C 的平动和绕质心 C 的转动,故惯性力系向质心 C 简化,得到惯性力系的主矢和主矩为:

$$\begin{cases} \boldsymbol{F}_{Rg} = -m\boldsymbol{a}_C \\ M_g = -J_C\alpha \end{cases} \tag{13-9}$$

式(13-9)表明:具有质量对称的平面的刚体在平行于此平面内作平面运动时,惯性力系简化为通过质心 C 的一力和一力偶,此力的矢量等于刚体总质量与质心 C 加速度的乘积,方向与加速度的方向相反;此力偶的力偶矩等于刚体对质心 C 的转动惯量与刚体角速度的乘积,转向与角加速度的转向相反。

13.2 达朗贝尔原理

13.2.1 质点的达朗贝尔原理

假定有一质点 m,受主动力 F 和约束反力 F_N 作用,被约束在曲线上运动。质点在 F 和 F_N 这两个力的作用下产生加速度 a,依据牛顿第二定律有:

$$\boldsymbol{F} + \boldsymbol{F}_N = m\boldsymbol{a} \tag{13-10}$$

引入惯性力概念,式(13-10)改写为:

$$\boldsymbol{F} + \boldsymbol{F}_N + \boldsymbol{F}_g = 0 \tag{13-11}$$

式(13-11)表示:非自由质点在运动的每一瞬时,作用在质点上的主动力、约束反力和惯性力组成一平衡力系。这就是质点的达朗贝尔原理,式(13-11)是其数学表达式。从表面上看,式(13-11)与式(13-10)只是在形式上不同,但实质上,式(13-11)所表达的达朗贝尔原理为处理质点动力学问题提供了一种新的方法,这就是用静力平衡的方法处理动力学问题。

为了加深对原理的理解,将举例说明达朗贝尔原理的表达式(13-11):如图 13-4 所示,若分析小车的受力,则小车的惯性力 $\boldsymbol{F}_g$ 与人推小车的主动力 $\boldsymbol{F}$ 在形式上构成一个平衡力系。学习静力学时,曾反复强调,力系的平衡一定是指作用在同一物体上的力系,但现在 $\boldsymbol{F}_g$ 和 $\boldsymbol{F}$ 是分别作用在两个不同的物体上,怎么能平衡呢?事实上也确实不平衡,只是当应用达朗贝尔原理时,是借助静力平衡的处理方法,因此必须把惯性力 F_g 人为地、主观地加到所研究的物体上。从这个意义上讲,惯性力纯粹是假的,虚设的,客观上不存在于研究对象上的一个作用力。按此设想,对于动力学问题,只要在被研究的物体上加上惯性力,就可以用静力平衡的方法建立动力学方程。下面通过例题进行说明。

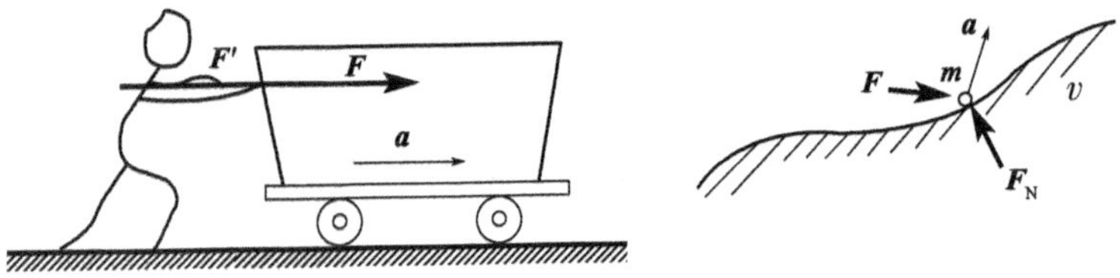

图 13-4

[**例 13-1**] 如图 13-5 所示,重为 P 的小球 m 系于长为 L 绳的一端,绳的另一端固定于 A 点,使小球在水平面内作等速圆周运动,绳与垂线的夹角为 α。求绳的张力 $\boldsymbol{T}$ 及角速度 ω。

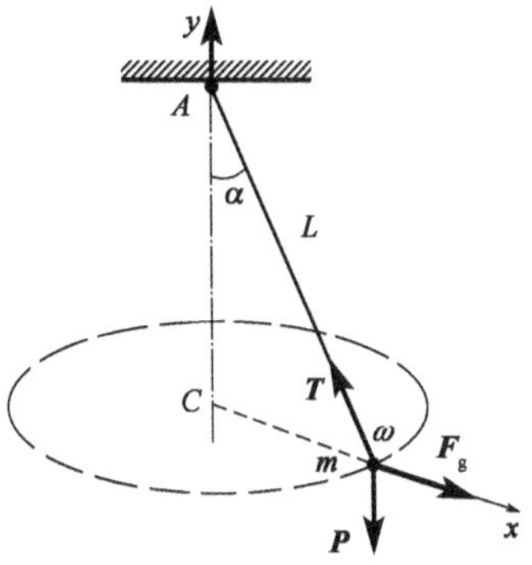

图 13-5

解:选小球为研究对象,置小球于运动的一般位置,分析步骤如下:

(1)分析受力。小球受自身的重力 $\boldsymbol{P}$ 及绳的张力 $\boldsymbol{T}$。

(2)分析运动,加惯性力。由于小球作匀速圆周运动,仅有向心加速度,根据惯性力的定义加惯性力 F_g,如图 13-5 所示。

(3)列平衡方程(在 ACm 平面内)

$$\sum F_x=0 \quad F_g-T\sin a=\frac{P}{g}L\omega^2\sin a-T\sin\alpha=0$$

$$\sum F_y=0 \quad -P+T\cos\alpha=0$$

解得:

$$T=\frac{P}{\cos\alpha},\omega=\sqrt{\frac{g}{L\cos\alpha}}$$

13.2.2 质点系的达朗贝尔原理

设有由 n 个质点组成的质点系,若其中的任一质点 M_i 的质量为 m_i。作用于其上主动力的合力为 $\boldsymbol{F}_i$,约束反力的合力为 N_i,质点的加速度为 $\boldsymbol{a}_i$,则惯性力 $\boldsymbol{F}_{gi}=-m_i\boldsymbol{a}_i$。由质点的达朗贝尔原理有:

$$\boldsymbol{F}_i+\boldsymbol{N}_i+\boldsymbol{F}_{gi}=0 \quad (i=0,1,2,\cdots,n)$$

如果对质点系中的每个质点都假想地加上它的惯性力,则所有惯性力组成一惯性力系,它与质点系上作用的其他力在形式上组成平衡力系。即**在质点系运动的任一瞬时,作用于质点系上所有的主动力、约束反力和假想加于各质点上的惯性力,在形式上组成一平衡力系。这就是质点系的达朗贝尔原理。**

由以上定义可知,对于质点系,作用于其上的力系一般并不是汇交力系,而是一空间任意力系。由静力学力系简化的理论可知,空间任意力系的平衡条件是力系的主矢等于零和主矩等于零,若将作用于质点系上的力分为外力(包括约束反力)和惯性力,则应有:

$$\begin{cases}\sum\boldsymbol{F}_i+\sum\boldsymbol{F}_{gi}=0\\ \sum\boldsymbol{M}_O(\boldsymbol{F}_i)+\sum\boldsymbol{M}_O(\boldsymbol{F}_{gi})=0\end{cases} \tag{13-12}$$

这就是质点系达朗贝尔原理的数学表达式。

[**例 13-2**] 物体系统如图 13-6 所示,设滑轮质量为 m,物体 A 的质量为 $4m$,物体 B 的质量为 m,滑轮视为半径为 r 的均质圆环,不计轮轴 O 处的摩擦,求物体 A 运动的加速度及 O 处

的约束反力。

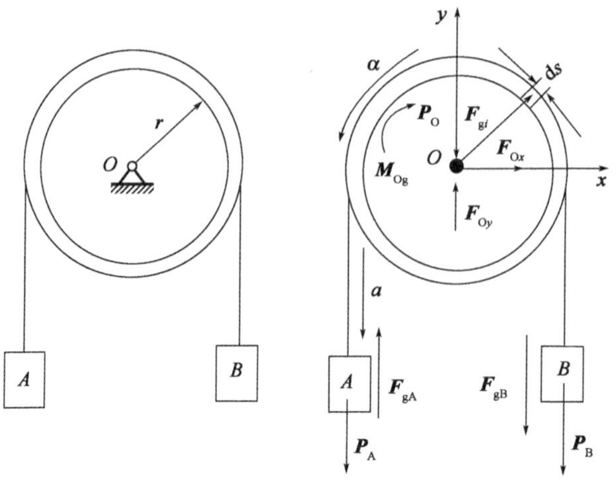

图 13-6

解:这是一个典型的质点系动力学问题,用达朗贝尔原理求解本题的关键是如何把物体 A、B 及滑轮的惯性力加上去。

选系统整体为研究对象,受力分析如图 13-6 所示,其中 P_A、P_B、P_O 是各物体的重力,F_{Ox}、F_{Oy}是 O 处的约束反力。由运动分析知,A 的方向向下,因而物体 A 的惯性力 $F_{gA} = -4ma$,方向向上;物体 B 的惯性力 $F_{gB} = -ma$,方向向下;滑轮的惯性力需要借助微元分析的方法求出,取微元 ds,其质量为 $\mathrm{d}m = \frac{m}{2\pi r}\mathrm{d}s = \frac{m}{2\pi}\mathrm{d}\varphi$,由于对称且 F_g^n 过 O 点,所以微元的惯性力 F_{gi}^n 和 F_{gi}^τ 的主矢及 F_{gi}^n 的主矩都为零,而 F_{gi}^τ 的主矩为:

$$M_{Og}(\boldsymbol{F}_g) = -\int a\mathrm{d}m \cdot r = -\int_0^2 r^2\alpha \frac{m}{2\pi}\mathrm{d}\varphi = -mr^2\alpha = -J_O\alpha$$

这也是滑轮惯性力系简化的结果,负号表示 M_{Og}转向与 α 的转向相反。

应用达朗贝尔原理列方程:

$$\begin{cases} \sum M_O(\boldsymbol{F}) = 0 \quad -J_O\alpha + (4mg - 4ma)r - (mg + ma)r = 0 \\ \sum F_x = 0 \quad F_{Ox} = 0 \\ \sum F_y = 0 \quad F_{Oy} - P_A - P_B - P_O - \dfrac{P_B}{g}a + \dfrac{P_A}{g}a = 0 \end{cases}$$

注意到 $P_A = 4mg, P_B = mg, P_O = mg$,解得:

$$a = \frac{1}{2}g, N_{Ox} = 0, N_{Oy} = \frac{9}{2}mg$$

此题若是用动力学普遍方程求解,则必须联合应用动能定理或动量矩定理和动量定理。

由此可见,用动静法解动力学问题,往往比用动力学普遍定理方便,这就是工程界特别欢迎这种方法的原因。

注意:在所画的受力图中,必须去掉约束。

习题

13-1　行车连同起吊重物一起以匀速 v 运动。当行车突然停住时，重物将向前摆动，如题 13-1 图所示。试求此时钢索的张力。设重物重为 G，钢索长为 l，质量不计。

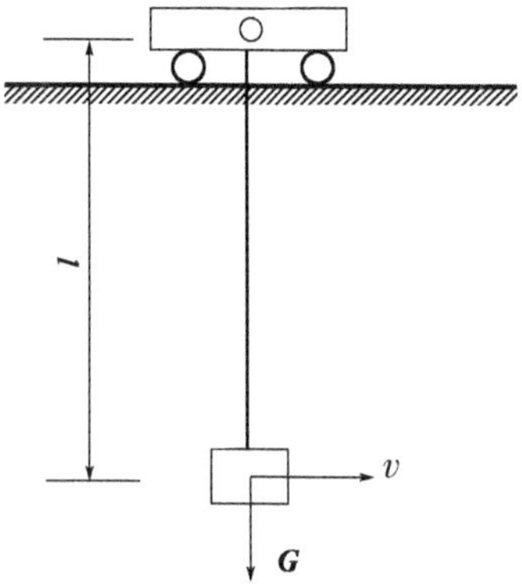

题 13-1 图

13-2　匀质长方形薄板重 $G=1000\text{N}$，以两根等长的柔绳悬挂于题 13-2 图所示铅垂平面内。求当薄板在重力的作用下，由图示位置无初速地释放的瞬时，板所具有的加速度和两绳的拉力。

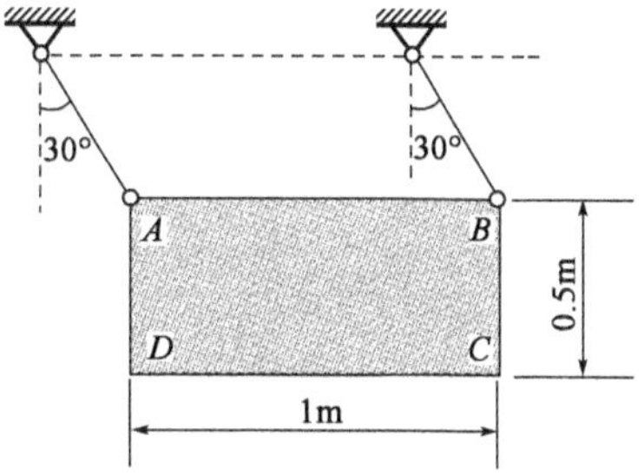

题 13-2 图

13-3　如题 13-3 图所示，汽车总质量为 m，以加速度 a 作水平直线运动。汽车质心 G 离地面的高度为 h，汽车的前后轴到通过质心垂线的距离分别等于 c 和 b。求其前后轮的正压力。若要使汽车前后轮压力相等，其加速度应为多少？

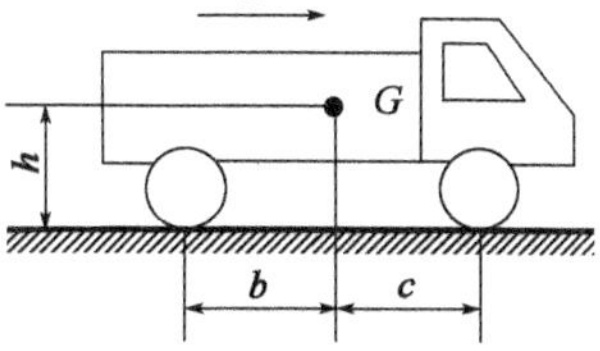

题 13-3 图

13-4　如题 13-4 图所示均质杆 AB 长为 l，质量为 m，以角速度 ω 绕铅直轴 z 转动，试求杆与铅垂轴的夹角 β 及铰链 A 的约束力。

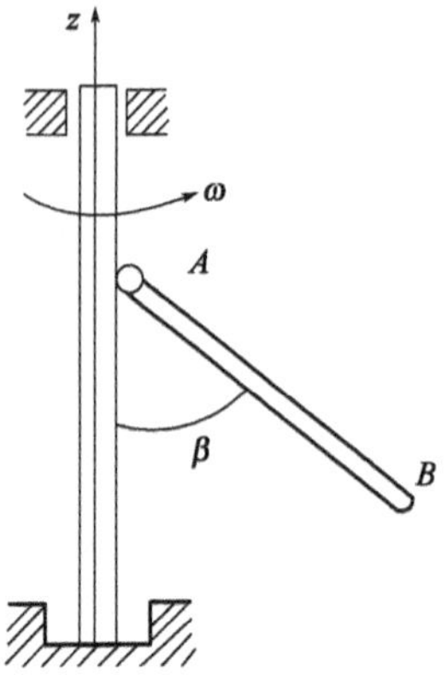

题 13-4 图

13-5　如题 13-5 图所示，偏心飞轮位于铅垂面内。已知轮质量 $m=23\text{kg}$，对质心 C 的回转半径 $\rho_C=0.2\text{m}$，偏心距 $e=0.15\text{m}$。图示位置时，角速度为 $\omega=8\text{rad/s}$。试求飞轮在图示瞬时的角加速度和轴承反力。

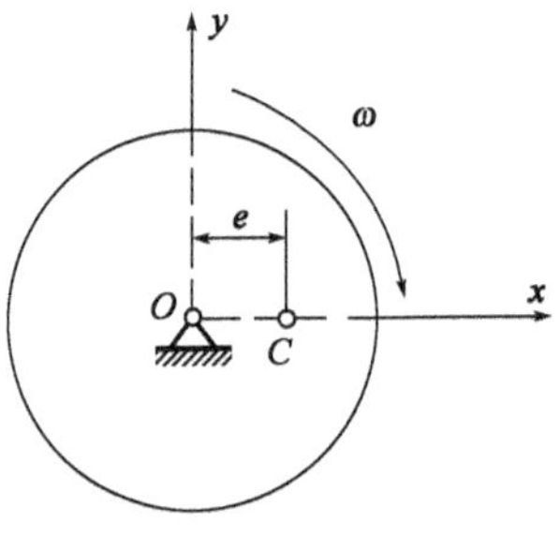

题 13-5 图

第 14 章 虚位移原理

虚位移原理是分析力学的基本原理之一,它建立了任意质点系的平衡条件,由于这一原理是以任意质点系为其研究对象,所以它比静力学中以刚体为研究对象所得的平衡条件更具有普遍意义。不仅如此,该原理避开了约束反力的出现,直接绘出了质点系平衡时主动力之间应满足的关系,从而使得很多非自由质点系的平衡问题的求解变得非常简单,因此在机构和结构的静力分析中,该原理得到了广泛的应用。

当然,虚位移原理的重要意义还在于它和达朗贝尔原理结合导出了非自由质点系的动力学普遍方程和著名的拉格朗日方程,从而得出了求解质点系动力学问题的重要方法,并在此基础上形成了整个分析力学体系。

为了阐明虚位移原理,必须先弄清一些基本概念,如约束、自由度和广义坐标等。

14.1 约束 自由度 广义坐标

14.1.1 约束和约束方程

1)约束的概念

任何非自由质点系的运动总要受到某些条件的限制,这种**限制质点系运动的条件称之为约束**。如图 14-1 所示,单摆的小球被限制在由摆长所决定的圆周上运动、粗糙平面限制圆柱在其上作纯滚动等,都是工程实际中的约束实例。

2)约束的分类

按限制条件的不同,约束可分为几何约束和运动约束两类。**限制质点或质点系几何位置的约束,称为几何约束。限制质点系中各质点运动速度的约束,称为运动约束**。如果约束与时间无关,则称为定常约束,否则称为非定常约束。如图 14-1a) 中杆对小球的约束为几何约束,而图 14-1b) 所示地面对轮子的约束是运动约束。

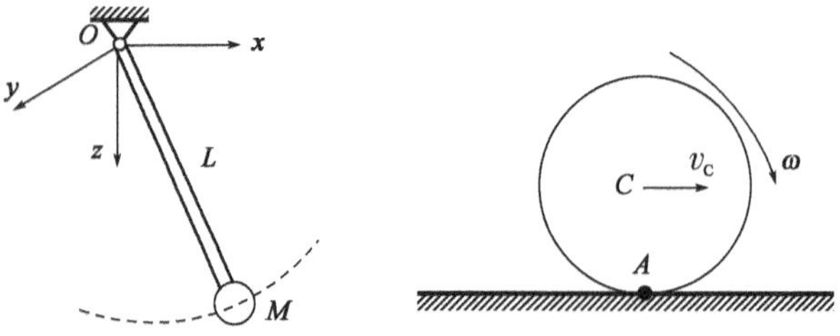

a)　　　　b)

图 14-1

3)约束方程

在力学分析中,常用数学方程表示质点或质点系的约束条件,这类方程称为**约束方程**。如图 14-1a)所示,表示小球 M 由长为 L 的刚性杆与固定球铰支座 O 相连。因此,小球的空间位置被限制在以 O 为圆心,L 为半径的球面上,其相应的约束方程就是这个球面方程:

$$x^2+y^2+z^2-L^2=0$$

球面方程表达了描述小球 M 位置的三个坐标在运动过程中应满足的数学关系式。因式中各量都与时间无关,所以这是个定常的几何约束方程。而图 14-1b)表示轮子沿水平面作纯滚动。由运动学分析知,轮子运动过程中,轮缘上与地面的瞬时接触点 A 是速度瞬心,其速度必为零。设轮心的速度为 v_C,角速度为 ω,轮子半径为 R,则轮子的这种运动学关系可用如下方程表示:

$$v_A=v_C-R\omega=\frac{dR_C}{dt}-R\omega=0$$

方程给出了轮心速度与角速度之间的关系,是限制车轮运动的条件,所以是运动约束方程。

一般,**几何约束方程是代数方程,运动约束方程是微分方程**。如果几何约束方程是等式的代数方程,称为双面约束。如果几何约束方程是不等式的代数方程,称为单面约束。如果运动约束方程中坐标对时间的导数能够通过积分消失,这样的约束称为完整约束。运动约束方程中坐标对时间的导数不能通过积分消失的约束称为非完整约束。本章涉及的约束只是定常双面约束。

14.1.2　自由度和广义坐标

我们知道,确定一个质点在空间的位置需要三个参数,通常可用三个直角坐标值表示。如果这个质点的运动受到一个约束方程的限制,如限制质点只在某平面上运动,则三个坐标中只有两个是独立的。如果这个质点的运动受到两个约束方程的限制,如限制质点只能沿某平面上的某直线运动,则三个坐标中只剩一个是独立的了。

自由度是描述质点或质点系能自由运动程度的物理量。比如上述质点,当描述该质点位置的坐标仅有两个是独立的时,称该质点有两个自由度;如果描述该质点的位置坐标仅有一个是独立的,则称该质点有一个自由度。一般可表述为**确定质点系在几何约束条件下的位置所需要的独立参变量数,称为该质点系的自由度**。

对由 n 个质点组成的质点系,可以选取 $3n$ 个直角坐标 $x_i,y_i,z_i(i=1,2,\cdots,n)$来表示其中各质点的位置。如果该质点系没有任何外部约束,质点之间也没有任何约束,则这 $3n$ 个坐标是彼此独立的,此质点系的自由度为 $3n$,如果该质点系有 S 个约束,即存在 S 个约束方程,则 $3n$ 个坐标中必有 S 个变量不是独立的。因为,当其中 $K=3n-S$ 个坐标确定后,其余的 S 个坐标就可以由 S 个约束方程解出。因此,由 n 个质点组成的质点系,如果有 S 个几何约束,则其自由度为 $K=3n-S$。

[**例 14-1**] 双质点摆如图 14-2 所示,已知 $OM_1=L_1$,$M_1M_2=L_2$,求该系统的自由度 K。

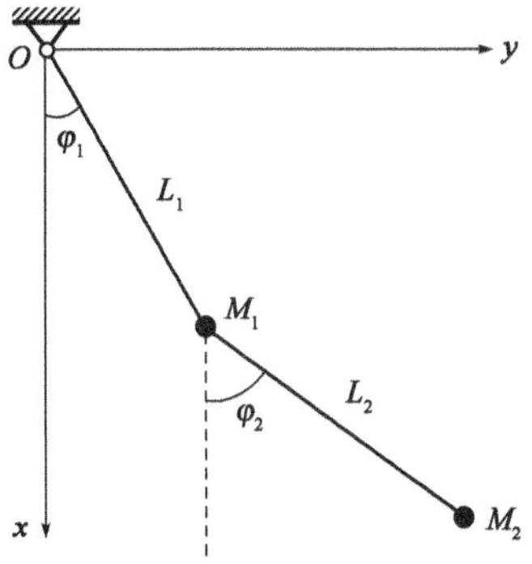

图 14-2

解:此为用两根杆连接两个质点 M_1、M_2 的系统,质点的直角坐标分别为(x_1,y_1,z_1)和(x_2,y_2,z_2),共 6 个。因质点是限制在 Oxy 平面上运动,所以恒有:

$$z_1=0,z_2=0 \tag{14-1}$$

这是两个约束方程,剩下的四个坐标还满足另外两个约束方程,即:

$$\left.\begin{aligned}&x_1^2+y_1^2-L_1^2=0\\&(x_1-x_2)^2+(y_1-y_2)^2-L_2^2=0\end{aligned}\right\} \tag{14-2}$$

系统由两个质点组成,约束方程的个数是 4,所以,该系统的自由度为:

$$K=3\times2-4=2$$

也就是说,这个系统只有两个独立坐标。如取 x_1,x_2 为独立坐标,利用式(14-2)可解得:

$$\left.\begin{aligned}&y_1=\sqrt{L_1^2-x_1^2}\\&y_2=y_1-\sqrt{L_1^2-(x_1-x_2)^2}\end{aligned}\right\}$$

所以,该系统的自由度为 2。

在上例中,强调系统的自由度数是 2 并取 x_1、x_2 为描述系统的独立参数。事实上,描述系统的独立参数也可以是 y_1、y_2,还可以自己定义。例如 φ_1、φ_2 为描述系统的独立参数,此例中质点的直角坐标还可表示为:

$$x_1=L_1\sin\varphi_1,y_1=L_1\cos\varphi_1$$

$$x_2=L_1\sin\varphi_1+L_2\sin\varphi_2,y_2=L_1\cos\varphi_1+L_2\cos\varphi_2$$

由此可知,确定一个系统的位置除采用独立的直角坐标外,也可用其他的独立参数。把确定系统位置的独立参量称为广义坐标。对具有完整约束的系统,其广义坐标的数目等于系统的自由度数。

确定系统的自由度数对应用虚位移原理解决实际问题很重要。确定系统的自由度数,除上述解析法外,还可以用几何分析的办法。即每次限定系统的一个广义坐标,直到把系统限制为一个静止机构为止，限制的次数就是系统的自由度数。如上例中，第一次限制 φ_1 后，系统还可以绕 M_1 转动，若再限制 φ_2 后，则系统就不能运动了，所以系统的自由度数为 2。

14.2 虚位移及虚位移原理

14.2.1 虚位移

在静力学中主要涉及的是静止平衡的问题，现在要用动力学方法求解。系统处于静止状态，其实际并没有产生位移，如何让其动起来，需要假想地给静止的系统以位移。为了达到预期的目的，这些位移应该满足某些条件，由此产生了虚位移的概念：**在某瞬时，质点系在约束允许的条件下，可能实现的任何微小的位移，称为该质点系的虚位移**。虚位移可以是线位移，也可以是角位移，虚位移不是经过时间发生的真实小位移，而是假想的约束允许的某种无限小位移，因而不用微分符号 $\mathrm{d}r$ 表示，而是用是变分符号 δr 表示。δ 是变分法里的通用符号，它包含有无限小变动的意思，与虚位移的含义相一致。

由虚位移的定义可知，虚位移必须满足两个条件：①为约束条件所允许；②无限小。

[**例 14-2**] 如图 14-3 所示曲柄连杆机构中，曲柄 $OA=AB=r$，求该系统的自由度及 A、B 处的虚位移。

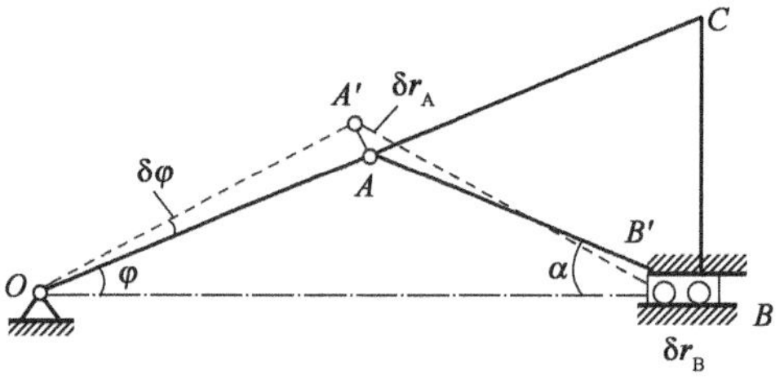

图 14-3

解：利用几何分析法求系统的自由度。若限制 B 点的位移，系统便成为静止机构。B 点因约束所限，只能沿水平方向有位移，所以该系统的自由度数为 1。

另外，该系统在约束允许的条件下，OA 杆只能绕 O 点转动，B 点只能沿水平方向移动，故 A 点的虚位移 $\delta \boldsymbol{r}_A$ 只能是在以 O 为圆心，以 OA 为半径的圆在 A 点处的切线上，至于 $\delta \boldsymbol{r}_A$ 的具体指向，由虚位移方向的任意性可以先假设，B 点的虚位移 $\delta \boldsymbol{r}_B$ 沿水平线，具体指向也可以任设，如图 14-3 所示。

设 OA 杆转动的虚位移为 $\delta\varphi$，则 A、B 点的虚位移可按以下关系计算：

$$\delta r_{\mathrm{A}} = r\delta\varphi$$

注意到 A 与 B 是刚体 AB 上的两个点，类似速度投影定理，此两点的虚位移在 AB 连线上的投影也应相等，即有：

$$|\delta \boldsymbol{r}_{\mathrm{B}}|\cos\alpha = |\delta \boldsymbol{r}_{\mathrm{A}}|\cos(90^\circ - 2\varphi)$$

因为

$$\alpha = \varphi$$

故

$$|\delta \boldsymbol{r}_B| = |\delta \boldsymbol{r}_A| \cdot 2\sin\varphi \tag{14-3}$$

讨论如下：

(1)本题给出的虚位移中，仅有一个是独立的。一般而言，系统独立的虚位移个数与系统的自由度数相等。

(2)由本题可看出，实际结构中，受独立虚位移所限，各点虚位移的方向并不能完全任意，比如取 $\delta\varphi$ 为独立虚位移参数，则 $\delta \boldsymbol{r}_A$ 和 $\delta \boldsymbol{r}_B$ 的具体指向都要依 $\delta\varphi$ 的转向而定。

14.2.2 虚位移的计算

虚位移的计算有二：一是几何法，即根据运动学中求刚体内各点速度的方法，建立各点虚位移之间的关系；二是解析法，即对坐标进行变分运算。

1)解析法

应用广义坐标的概念，选取适当的坐标系，列出各主动力作用点的直角坐标与广义坐标的关系，然后进行坐标变分运算，即可求得各点的虚位移，这就是解析法。坐标的变分运算类似坐标的微分运算。这里仍以上例为例介绍求虚位移的解析法。选 φ 角为广义坐标，则 A、B 两点的直角坐标与广义坐标 φ 之间的关系为：

$$\left.\begin{aligned} x_A = r\cos\varphi, y_A = r\sin\varphi \\ x_B = -2r\cos\varphi, y_B = 0 \end{aligned}\right\} \tag{14-4}$$

对式(14-4)进行变分得虚位移之间的关系为：

$$\left.\begin{aligned} \delta x_A = -r\sin\varphi\delta\varphi, \delta y_A = r\cos\varphi\delta\varphi \\ \delta x_B = -2r\sin\varphi\delta\varphi \end{aligned}\right\} \tag{14-5}$$

式(14-5)就是 A、B 两点虚位移沿直角坐标的投影与广义虚位移 $\delta\varphi$ 之间的关系。对式(14-5)作进一步的计算，得：

$$|\delta \boldsymbol{r}_A| = \sqrt{(\delta x_A)^2 + (\delta y_A)^2} = r\delta\varphi$$

$$|\delta \boldsymbol{r}_B| = |\delta x_B| = |\delta r_A| \cdot 2\sin\varphi$$

2)几何法

从虚位移的概念可知，虚位移之间的关系完全是几何关系，所以可用几何方法计算。对上例中 δr_A 和 δr_B 的计算就是几何法。由于速度的比例关系与位移的比例关系相似，所以也可以用运动学中的速度关系计算虚位移。即求 A、B 点的虚位移可借助运动学的方法找到 AB 杆的速度瞬心 C，设 $\beta = \angle ACB$，则 $\beta = \dfrac{\pi}{2} - \varphi$。另外，$CA = r$，$CB = 2r\sin\varphi$，$\delta r_A = CA\delta\beta$，$\delta r_B = CB\delta B = 2r\sin\varphi\delta\beta$，所以 $\delta r_B = \delta r_A 2\sin\varphi$。

可见，两种方法的计算结果是相同的。

14.2.3 约束力和理想约束

质点系如果不存在约束，那么它在一段时间内运动状态的改变完全取决于质点系所受的主动力。但是如果系统存在约束，那么它在一段时间内运动状态的改变，不但取决于主动力，而且还必须满足约束条件。由牛顿定律知道，质点运动状态的改变是由于质点受到力作用的结果。而约束对质点的运动状态的影响，也是由约束所产生的某些附加力实现的。**这些和主**

动力一起决定质点系运动规律的附加力称为约束力。静力学中约束力和主动力一起使质点系保持平衡。动力学中约束力和主动力一起使质点系在满足约束条件下按一定的规律而运动。在前几章处理刚体的动力学问题时,曾把圆体内的任两点之间的作用力视为内力,但是如果用现在的观点来看,这种内力实质上就是一种约束力。正是这种约束力使得刚体内任两点之间的距离始终保持不变。同样,如像连接两物体之间的锭锤、无重刚杆、绳索等,它们之间的作用力均可视为约束力,可以不去分析它们是外力还是内力。

虚位移原理是研究质点系所受力在其任一虚位移上所做的功,力在虚位移上做功的计算与力在实际位移上做功的计算是一样的。力在虚位移上所做的功称为**力的虚功**,并记为:

$$\delta W = \boldsymbol{F} \cdot \delta \boldsymbol{r} \tag{14-6}$$

由于 $\delta \boldsymbol{r}$ 是一个微量,所以虚功 δW 也是一个微量。根据矢量的数量积运算,式(14-6)也可以写成:

$$\delta W = F_x \cdot \delta x + F_y \cdot \delta y + F_z \cdot \delta z \tag{14-7}$$

式中,F_x、F_y、F_z 为力 $\boldsymbol{F}$ 在直角坐标轴上的投影。

前面章节中,曾经讨论过一些约束力在质点系的实位移中元功为零的情形,在这里不难用同样的方法得出结论:它们在质点系的任何虚位移上所做的虚功也必为零。**约束力在任何虚位移上所做虚功为零,则称此约束为理想约束。如果系统的所有约束反力在系统的任何虚位移上所做的虚功的代数和为零,则系统为理想系统**。理想系统的条件可表示为:

$$\sum_{i=1}^{n} \boldsymbol{F}_{\mathrm{N}i} \cdot \delta \boldsymbol{r}_i = 0 \tag{14-8}$$

式中,$F_{\mathrm{N}i}$为系统的一个约束力。

14.2.4 虚位移原理

具有定常、理想约束的质点系,在某一位置保持静止平衡的充分必要条件为所有作用于质点系的主动力在该位置的任何虚位移上所做的虚功之和等于零,即:

$$\sum_{i=1}^{n} \delta W_i = \sum_{i=1}^{n} \boldsymbol{F}_i \cdot \delta \boldsymbol{r}_i = 0 \tag{14-9}$$

证明:

(1)必要性

当质点系平衡时,系中任一质点也必须平衡,即满足

$$\boldsymbol{F}_i + \boldsymbol{F}_{\mathrm{N}i} = 0$$

于是,$\boldsymbol{F}_i$ 与 $\boldsymbol{F}_{\mathrm{N}i}$在任何虚位移 $\delta \boldsymbol{r}_i$ 中的元功之和亦必为零,即:

$$\sum_{i=1}^{n} \boldsymbol{F}_i \cdot \delta \boldsymbol{r}_i + \sum_{i=1}^{n} \boldsymbol{F}_{\mathrm{N}i} \cdot \delta \boldsymbol{r}_i = 0$$

根据理想约束条件$\sum_{i=1}^{n} \boldsymbol{F}_{\mathrm{N}i} \cdot \delta \boldsymbol{r}_i = 0$,得到:

$$\sum_{i=1}^{n} \boldsymbol{F}_i \cdot \delta \boldsymbol{r}_i = 0$$

必要性得证。

(2)充分性

采用反证法。假设质点系主动力的虚功之和等于零,但质点系中至少有一质点不平衡,由静止开始运动,这意味着质点系的动能将产生一个大于零的增量 $\mathrm{d}T$,根据质点系的动能定

理有：

$$dT=\sum(\boldsymbol{F}_i+\boldsymbol{F}_{Ni})\cdot\delta\boldsymbol{r}>0$$

由于质点系是理想约束系统，即有$\sum_{i=1}^{n}\boldsymbol{F}_{Ni}\cdot\delta\boldsymbol{r}_i\equiv0$，于是有：

$$\sum_{i=1}^{n}\boldsymbol{F}_i\cdot\delta\boldsymbol{r}_i>0$$

显然，这一结论与原来假设主动力的虚功之和等于零相矛盾。因此，若主动力的虚功之和等于零，则质点系必保持静止平衡。

证明完毕。

在实际应用中，虚位移原理常用解析式表示为如下形式：

$$0=\sum(F_{ix}\cdot\delta x_i+F_{iy}\cdot\delta y_i+F_{iz}\cdot\delta z_i)\tag{14-10}$$

式中，F_{ix}、F_{iy}、F_{iz}和 δx_i、δy_i、δz_i 分别表示主动力 $\boldsymbol{F}$ 和虚位移 $\delta\boldsymbol{r}_i$ 在各个坐标轴上的投影。

应用式(14-9)、式(14-10)时需注意两点：第一，虚位移原理假设系统的约束都是理想约束，这个假设虽然反映了绝大多数约束的性质，但在工程实际中，也常遇到摩擦这类约束，相应的摩擦力在系统虚位移中的元功可能等于零，也可能不等于零。因此，具体应用虚位移原理时，应将元功不等于零的摩擦力视为主动力，列入虚位移原理的方程之中。第二，按建立的方程中只包含系统所受的主动力。这里的主动力应包含系统所受的外力和内力。因为只有刚体的内力是理想约束，变形体的内力不是，即变形体内力的虚功之和不等于零。所以用虚位移原理求解变形体问题时，应将变形体的内力作为主动力看待列入虚位移原理的公式中。

[例 14-3] 曲柄式压榨机如图 14-4 所示，其中间铰上作用有水平力 $\boldsymbol{F}$，若 $AB=BC=1$，$\angle BAC=\varphi$。求机构在图示位置平衡时，作用于 C 处的压榨力 $\boldsymbol{P}$ 的大小。

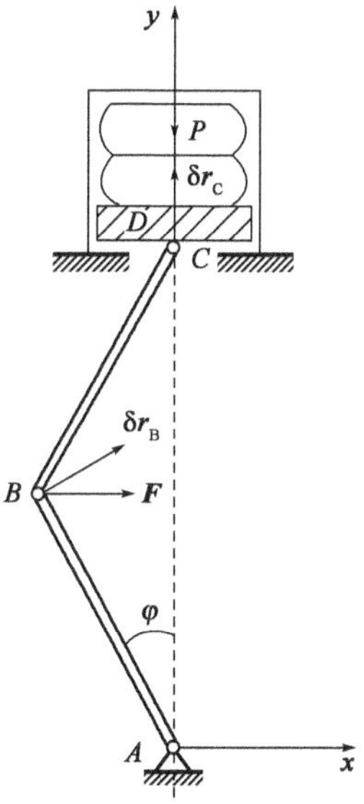

图 14-4

解： 取杆 AB、BC 及压板 D 为研究对象，设被压物体作用于压板 D 上的力为 P，则作用在系统上的所有主动力为 $\boldsymbol{P}$ 和 $\boldsymbol{F}$。

若限制点 C 沿竖直方向的移动，机构变为静止机构系统，由此可判断系统只有一个自由度。设 φ 为广义坐标，给 AB 杆沿顺时针方向转动的虚位移 $\delta\varphi$，则在主动力作用点 B、C 处有

虚位移 δr_B、δr_C，列虚功方程如下：

$$F \cdot \delta \boldsymbol{r}_B + P \cdot \delta \boldsymbol{r}_C = 0$$

即

$$F \cdot |\delta \boldsymbol{r}_B| \cos\varphi - P|\delta \boldsymbol{r}_C| = 0 \tag{14-11}$$

由于这是一个多自由度的系统，所以必须找出各虚位移与独立广义坐标之间的关系：

$$|\delta \boldsymbol{r}_B| = L\delta\varphi, \ |\delta \boldsymbol{r}_C| = 2L\sin\varphi\delta\varphi \tag{14-12}$$

将式(14-12)代入式(14-11)，得：

$$(F\cos\varphi - P \cdot 2\sin\varphi)L\delta\varphi = 0 \tag{14-13}$$

$\delta\varphi$ 是任意的，式(14-13)要成立，必须满足

$$F\cos\varphi - P \cdot 2\sin\varphi = 0$$

得到：

$$P = \frac{1}{2}F\cot\varphi$$

[**例 14-4**]　如图 14-5 所示连杆机构中，当曲柄 OC 绕 O 轴摆动时，滑块 A 沿曲柄自由滑动，并带动 AB 杆在铅垂导槽 K 内移动。已知：$OC=a$，$OK=L$，在点 C 处垂直于曲柄作用一力 Q，在点 B 处沿 BA 作用一力 $\boldsymbol{P}$。求机构平衡时 $\boldsymbol{P}$ 与 $\boldsymbol{Q}$ 的关系。

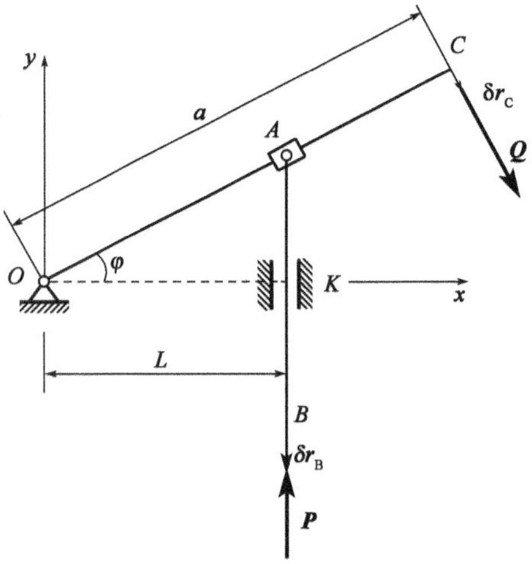

图　14-5

解：系统只有一个自由度，在点 B、C 处任给虚位移 δr_B、δr_C，如图 14-5 所示。根据虚位移原理，有：

$$\sum \delta W_F = 0 \quad Q\delta r_C - P\delta r_B = 0 \tag{14-14}$$

因为仅有一个虚位移是独立的，所以需建立两个虚位移之间的关系，根据几何条件有：

$$\frac{\delta r_B \cos\varphi}{\dfrac{L}{\cos\varphi}} = \frac{\delta r_C}{a}$$

得：

$$\delta r_C = \frac{a\cos^2\varphi}{L}\delta r_B \tag{14-15}$$

将式(14-15)代入式(14-14),得:

$$\left(Q\frac{a\cos^2\varphi}{L}-P\right)\delta r_{B}=0$$

由于 $\delta r_B \neq 0$,因此

$$Q\frac{a\cos^2\varphi}{L}-P=0$$

得:

$$P=Q\frac{a\cos^2\varphi}{L}$$

[**例 14-5**] 求图 14-6 所示组合梁支座 A 处的约束反力。

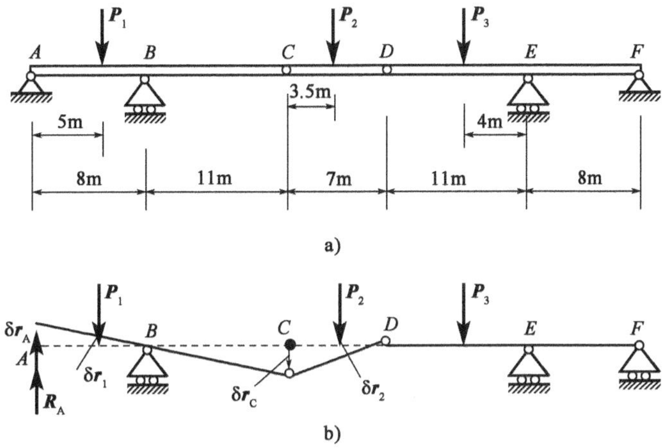

图 14-6

解:本题中结构的自由度为零。因为虚位移原理是借助做功来进行计算的,所以,为应用虚位移原理解题,必须解除待求约束反力处的约束(比如本题的 A 处),并以约束反力代之,同时,为满足应用定理的条件(理想约束),把该约束反力归入主动力。

基于上述基本思想,解除 A 处的约束,并代之以约束反力 R_A,由于主动力没有水平方向的分量,故不可能引起水平方向的约束反力。此时,系统为一个自由度的问题。

给 A 处一个虚位移 δr_A,由此引起点 C 及 P_1 与 P_2 作用点处的虚位移如图 14-6b)所示。

应用虚位移原理有:

$$R_A\delta r_A-P_1\delta r_1+P_2\delta r_2=0 \tag{14-16}$$

由三角形的等比关系,可得各虚位移之间的关系为:

$$\frac{\delta r_1}{\delta r_A}=\frac{3}{8},\frac{\delta r_2}{\delta r_A}=\frac{\delta r_2}{\delta r_C}\cdot\frac{\delta r_C}{\delta r_A}=\frac{1}{2}\cdot\frac{11}{8}=\frac{11}{16} \tag{14-17}$$

将式(14-17)代入式(14-16),得:

$$R_A=\frac{3}{8}P_1-\frac{11}{16}P_2$$

习题

14-1　如题 14-1 图所示,已知差动滑轮的半径为 r_1、r_2,求平衡时主动力 F 和 G 的大小及关系。

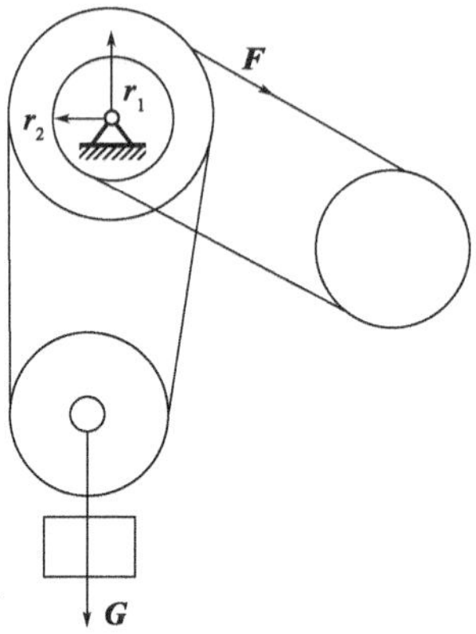

题 14-1 图

14-2　如题 14-2 图所示,两等长均质杆 AB 和 BC 在 B 处用铰链连接,放置于粗糙水平地面上。设梯子与地面间的摩擦因数为 f_s,试求平衡时梯子与水平面所成的最小角度 φ。

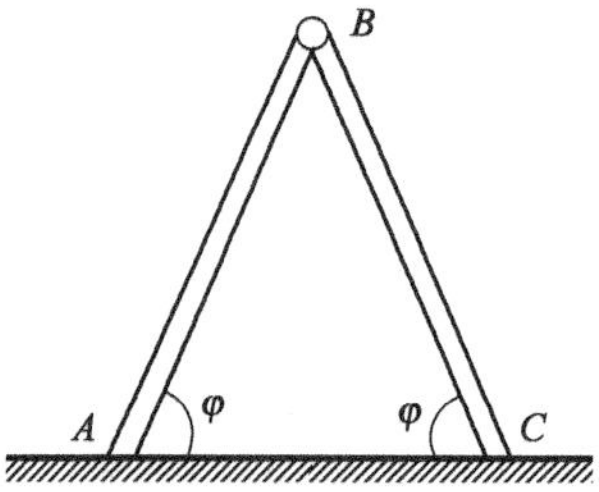

题 14-2 图

14-3　如题 14-3 图所示,已知重物 A 和 B 的重量相等,重物 A 系于一绳的两端,可沿水平方向移动,绳绕过定滑轮 C 和动滑轮 D 后,再绕过定滑轮 E 在绳的另一端挂上重物 B。动滑轮 D 的轴上挂有重为 Q 的重物 K。求平衡时重物 A、B 的重量 P,以及重物 A 与水平面之间的滑动摩擦系数 f。

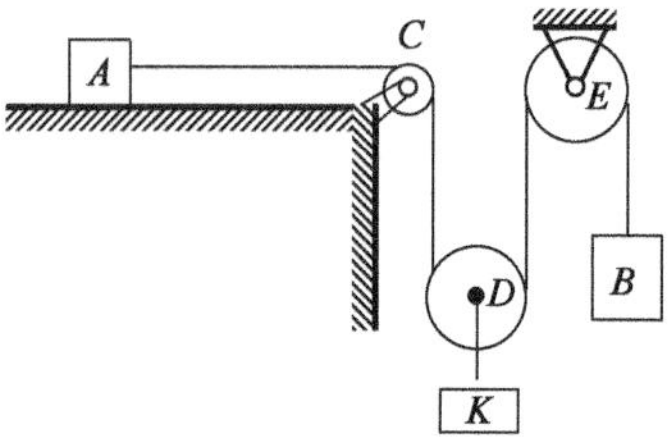

题 14-3 图

14-4　用虚位移原理求题 14-4 图示桁架中杆 3 的内力。

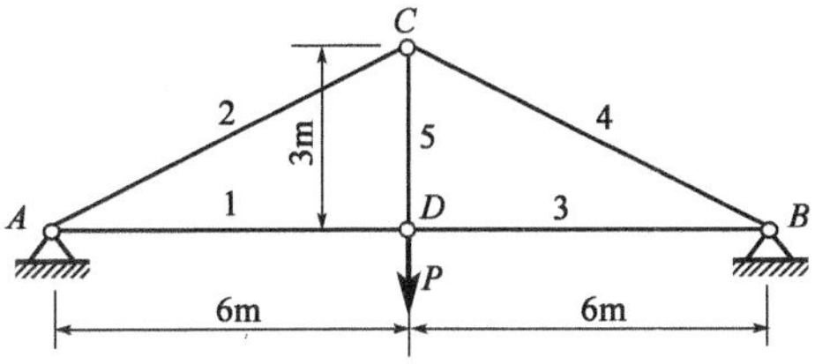

题 14-4 图

14-5　一组合梁如题 14-5 图所示，梁上作用三个铅垂力，分别为 30kN、60kN 和 20kN。求支座 A、B、D 三处的约束反力。

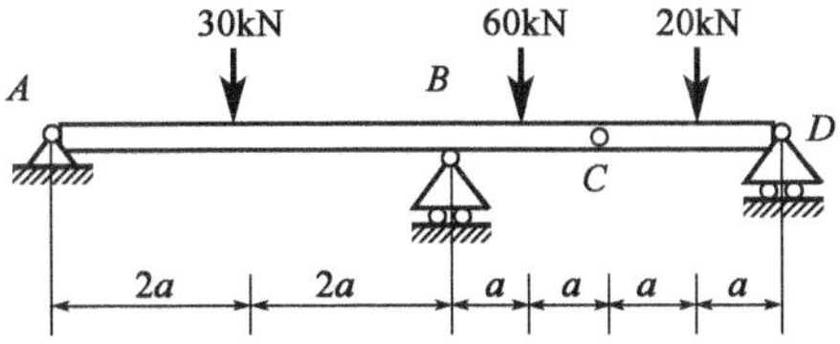

题 14-5 图

参考文献

[1] 周新伟,刘恂,严实.理论力学[M].哈尔滨:哈尔滨工程大学出版社,2020.
[2] 费学博,蔡承文,黄纯明,等.理论力学[M].5版.北京:高等教育出版社,2019.
[3] 金江,袁继峰,葛文璇,等.理论力学[M].南京:东南大学出版社,2019.
[4] 李雪,刘成,江旻路,等.工程力学[M].成都:西南交通大学出版社,2018.
[5] 张克义,王珍吾,符春生,等.理论力学[M].南京:南京东南大学出版社,2017.
[6] 徐凯燕.工程力学[M].重庆:重庆大学出版社,2017.
[7] 哈尔滨工业大学理论力学教研室.理论力学[M].8版.北京:高等教育出版社,2016.
[8] 邓国红,郭长文,丁军,等.理论力学[M].重庆:重庆大学出版社,2013.
[9] 金江.理论力学[M].南京:东南大学出版社,2013.
[10] 刘延柱,朱本华,杨海兴.理论力学[M].北京:高等教育出版社,2011.